《大数据与数据科学专著系列》编委会

“十四五”时期国家重点出版物出版专项规划项目

大数据与数据科学专著系列 4

压缩感知的若干基本理论

李 松 沈 益 林俊宏 著

科学出版社
龍門書局
北京

内 容 简 介

本书主要介绍函数逼近理论与小波框架理论方法. 全书共 6 章. 第 1 章介绍求解 l_p $(0 \leqslant p \leqslant 1)$ 优化模型的几个基本核心概念, 限制等距性质(RIP)、零空间性质(NSP)以及矩阵相互相干性 (MC) 条件等, 也介绍作者们解决的关于 RIP 最优上界的一个猜想; 第 2 章通过给出构造确定性测量矩阵的方法, 介绍作者们解决的 l_0 优化模型及其求解算法中的两个公开问题; 第 3 章介绍冗余字典下的压缩感知理论; 第 4 章介绍压缩采样下的信号分离理论与重构算法, 其中包括作者们解决的一个公开问题; 第 5 章介绍 One-bit 压缩感知的几个重要理论与算法; 第 6 章介绍基于傅里叶测量下相位恢复理论与算法.

本书可作为数学、统计学、计算机科学、人工智能等学科领域的教学和科研参考书, 也可供科研和教育主管部门、电子信息产业的从业人员参考.

图书在版编目(CIP)数据

压缩感知的若干基本理论 / 李松, 沈益, 林俊宏著. -- 北京: 龙门书局, 2024. 11. -- (大数据与数据科学专著系列). -- ISBN 978-7-5088-6466-2

I. TN911.72

中国国家版本馆 CIP 数据核字第 2024JJ0428 号

责任编辑: 李静科 贾晓瑞 / 责任校对: 彭珍珍
责任印制: 赵 博 / 封面设计: 无极书装

科学出版社 出版
北京东黄城根北街 16 号
邮政编码: 100717
http://www.sciencep.com
北京市金木堂数码科技有限公司印刷
科学出版社发行 各地新华书店经销
*
2024 年 11 月第 一 版 开本: 720 × 1000 1/16
2025 年 1 月第二次印刷 印张: 10 1/4
字数: 197 000

定价: 88.00 元

(如有印装质量问题, 我社负责调换)

《大数据与数据科学专著系列》序

随着以互联网、大数据、人工智能等为代表的新一代信息技术的发展, 人类社会已进入了大数据时代. 谈论大数据是时代话题、拥有大数据是时代特征、解读大数据是时代任务、应用大数据是时代机遇. 作为一个时代、一项技术、一个挑战、一种文化, 大数据正在走进并深刻影响我们的生活.

信息技术革命与经济社会活动的交融自然产生了大数据. 大数据是社会经济、现实世界、管理决策的片断记录, 蕴含着碎片化信息. 随着分析技术与计算技术的突破, 解读这些碎片化信息成为可能, 这是大数据成为一项新的高新技术、一类新的科研范式、一种新的决策方式乃至一种文化的原由.

大数据具有大价值. 大数据的价值主要体现在: 提供社会科学的方法论, 实现基于数据的决策, 助推管理范式革命; 形成科学研究的新范式, 支持基于数据的科学发现, 减少对精确模型与假设的依赖, 使得过去不可能解决的问题变得有可能解决; 形成高新科技的新领域, 推动互联网、云计算、人工智能等行业的深化发展, 形成大数据产业; 成为社会进步的新引擎, 深刻改变人类的思维、生产和生活方式, 推动社会变革和进步. 大数据正在且必将引领未来生活新变化、孕育社会发展新思路、开辟国家治理新途径、重塑国际战略新格局.

大数据的价值必须运用全新的科学思维和解译技术来实现. 实现大数据价值的技术称为大数据技术, 而支撑大数据技术的科学基础、理论方法、应用实践被称为数据科学. 数据从采集、汇聚、传输、存储、加工、分析到应用形成了一条完整的数据链, 伴随这一数据链的是从数据到信息、从信息到知识、从知识到决策这样的一个数据价值增值过程 (称为数据价值链). 大数据技术即是实现数据链及其数据价值增值过程的技术, 而数据科学即是有关数据价值链实现的基础理论与方法学. 它们运用分析、建模、计算和学习杂糅的方法研究从数据到信息、从信息到知识、从知识到决策的转换, 并实现对现实世界的认知与操控.

数据科学的最基本出发点是将数据作为信息空间中的元素来认识, 而人类社会、物理世界与信息空间 (或称数据空间、虚拟空间) 被认为是当今社会构成的三元世界. 这些三元世界彼此间的关联与交互决定了社会发展的技术特征. 例如, 感知人类社会和物理世界的基本方式是数字化, 联结人类社会和物理世界的基本方式是网络化, 信息空间作用于物理世界与人类社会的方式是智能化. 数字化、网络化和智能化是新一轮科技革命的突出特征, 其新近发展正是新一代信息技术的核心所在.

数字化的新近发展是数据化, 即大数据技术的广泛普及与运用; 网络化的新近发展是信息物理融合系统, 即人–机–物广泛互联互通的技术化; 智能化的新近发展是新一代人工智能, 即运用信息空间 (数据空间) 的办法实现对现实世界的类人操控. 在这样的信息技术革命化时代, 基于数据认知物理世界、基于数据扩展人的认知、基于数据来管理与决策已成为一种基本的认识论与科学方法论. 所有这些呼唤“让数据变得有用”成为一种科学理论和技术体系. 由此, 数据科学呼之而出便是再自然不过的事了.

然而, 数据科学到底是什么? 它对于科学技术发展、社会进步有什么特别的意义? 它有没有独特的内涵与研究方法论? 它与数学、统计学、计算机科学、人工智能等学科有着怎样的关联与区别? 它的发展规律、发展趋势又是什么? 澄清和科学认识这些问题非常重要, 特别是对于准确把握数据科学发展方向、促进以数据为基础的科学技术与数字经济发展、高质量培养数据科学人才等都有着极为重要而现实的意义.

本丛书编撰的目的是对上述系列问题提供一个“多学科认知”视角的解答. 换言之, 本丛书的定位是: 邀请不同学科的专家学者, 以专著的形式, 发表对数据科学概念、方法、原理的多学科阐释, 以推动数据科学学科体系的形成, 并更好服务于当代数字经济与社会发展. 这种阐释可以是跨学科、宏观的, 也可以是聚焦在某一科学领域、某一科学方向上对数据科学进展的深入阐述. 然而, 无论是哪一类选题, 我们希望所出版的著作都能突出体现从传统学科方法论到数据科学方法论的跃升, 体现数据科学新思想、新观念、新理论、新方法所带来的新价值, 体现科学的统一性和数据科学的综合交叉性.

本丛书的读者对象主要是数学、统计学、计算机科学、人工智能、管理科学等学科领域的大数据、人工智能、数据科学研究者以及信息产业从业者, 也可以是科研和教育主管部门、企事业研发部门、信息产业与数字经济行业的决策者.

徐宗本
2022 年 1 月

前　　言

众所周知, 数据科学是近十余年国际科学与工程等若干重要领域中的热点问题. 毫不夸张地说, 数据科学几乎触及自然科学、人文社科、工程技术等若干重要领域. 数学理论被公认为是其重要的理论基石, 例如: 医疗仪器 CT 扫描仪的数学理论基础 “Radon 变换理论” (其理论创立者为数学家 J. Radon 与 A. Cormack, 后者与工程师 G. Hounsfield 共同获得 1979 年诺贝尔生理学或医学奖) 以及作为新一代核磁共振的数学理论基础 “压缩感知理论” (该领域公认的开拓者为 D. Donoho (美国国家科学院院士, 国际数学家大会 (ICM) 高斯奖得主, 2018)、E. Candès (美国国家科学院院士, ICM 1 小时报告人, 2014)、T. Tao (菲尔兹奖得主, 2006)) 就是两个著名的实例. 2017 年经美国食品药品监督管理局批准, 西门子与通用电气公司利用压缩感知理论开发了新的核磁共振仪器. 临床表明, 在保证图像诊断质量的前提下, 新开发仪器扫描人体心脏与大脑所需的时间仅是传统仪器的八分之一. 这个革命性的创举又进一步推动了压缩感知理论与应用的发展. 随着计算机能力的提高, 压缩感知理论在单像素照相机研制与雷达成像等应用中也取得了巨大成功.

压缩感知采样理论突破了传统的奈奎斯特采样率, 其作为较新的数据科学与人工智能领域中的数学基础理论, 是当前数学与医学、数学与信息技术以及数学与计算机科学等交叉领域中迅速发展起来较新的研究领域. 它不仅在大数据与人工智能理论及应用中发挥了重要作用, 而且其理论本身也已经渗透到整个纯粹数学与应用数学领域之中. 由于这个领域成功地将纯粹数学家、应用数学家、医生以及工程师汇集在一起, 并开创了新的理论体系与有效算法, 因此它被公认为是当代数学理论及其应用领域中的重要组成部分. 迄今为止, 有众多来自于数学不同领域的优秀学者投入到该领域的研究中, 在这个新兴领域的发展过程中, 许多国际一流数学家的名字都与这个研究领域密切地联系了起来, 除前面提及的三位杰出数学家之外, S. Osher (美国国家科学院院士, ICM 高斯奖得主, 2014)、R. DeVore (美国国家科学院院士, ICM 1 小时报告人, 2006)、徐宗本 (中国科学院院士, ICM 45 分钟报告人, 2010)、R. Baraniuk (美国艺术与科学院院士) 以及 J. Tropp (美国加州理工学院教授) 等国际著名学者在这个领域的理论分析与算法研究方面也做出了重大贡献.

《2025 年的数学科学》(美国科学院国家研究理事会编著, 刘小平, 李泽霞译)

一书评价压缩感知理论是最近二十余年来数学学科中最活跃的理论之一, 也是非常复杂的数学理论之一. 压缩感知利用了概率论、组合数学、几何学、调和分析和优化等理论, 为逼近论的基本问题带来了新的认知. 基于此, 国际上一些优秀学者已经撰写出一些相关著作, 这些著作对于压缩感知理论与应用的发展具有重要的推动作用. 近十年以来, 从逼近论的视角出发, 本书的作者与合作者们一起在这一研究领域取得了一系列重要的前沿性研究成果. 为了及时总结这些最新的理论成果, 我们开始撰写这部新的专著, 本书内容不仅包含作者与合作者们一起在压缩感知理论方面所取得的最新研究成果, 而且也包含了与该领域密切相关的两个前沿领域 (One-bit 压缩感知、相位恢复) 中作者们最新的研究进展.

本书是关于压缩感知理论及其应用的专著, 侧重于函数逼近与小波框架理论方法; 汇聚了作者与合作者们近十年的重要科研成果, 包括: 解决了本领域中若干基本核心问题, 提出了一些新的具有可解释性的数学模型以及系统地建立了冗余字典下的压缩感知理论等; 研究内容具有国际前沿性、系统性和独创性. 我们相信本书的内容将成为数据科学中数学理论的重要组成部分, 对数据科学理论与应用的发展具有较好的推动作用. 本书第 1 章介绍该研究领域中的基本核心工具——限制等距性质 (RIP) 及其应用 (包括作者解决的关于 RIP 最优上界的猜想), 介绍利用凸与非凸优化模型恢复稀疏解的若干理论, 特别是 l_1 与 l_p ($0 \leqslant p \leqslant 1$, 包括 $p = 1/2$ 时的情形) 优化模型的理论结果. 第 2 章通过构造确定性的测量矩阵证明压缩感知理论中若干不等式是最优的. 我们的工作解决了正交匹配追踪算法的一个猜想, 解决了关于多正交基并的公开问题. 第 3 章和第 4 章系统地介绍冗余字典下的压缩感知理论, 重点介绍作者们所提出的分析 Dantzig 选择器 (Analysis Dantzig Selector, ADS) 等模型以及在多个字典表示下的稀疏信号分离理论, 包括: 作者们解决的一个关于分离分析模型的公开问题、作者与合作者们提出的 $\boldsymbol{D}$-RE 概念及相关理论. 第 5 章介绍非线性压缩感知的一个特例: One-bit 压缩感知理论. 相对于经典压缩感知理论, 研究其理论与算法是具有挑战性的课题. 我们重点介绍它的几个求解算法, 例如: 利用梯度投影方法求解其模型 (其中包括作者们部分解决的一个公开问题). 第 6 章介绍傅里叶测量下的相位恢复理论 (数学家 H. Hauptman 与 J. Karle 提出了求解该模型的直接方法, 由此而获得 1985 年诺贝尔化学奖), 它是继压缩感知之后国际应用数学又一个热点研究领域. 我们重点介绍基于压缩感知与低秩矩阵恢复方法的相位恢复理论, 特别是近年来作者与合作者们所取得新理论和算法的研究成果.

本书作者李松教授 (浙江大学求是特聘教授, 二级教授) 与沈益教授 (国家优秀青年基金获得者) 以及林俊宏研究员 (国家"万人计划"青年拔尖人才计划入选者) 自 2009 年开始从事压缩感知理论的研究工作. 本书的主要内容来自于作者与合作者一起所获得的重要研究成果. 特别需要指出的是课题组的重要成员莫群副教授, 他是国内较早进入这个领域的优秀学者, 并与我们一起取得了一些重要研究成果. 我们的其他合作人员包括: 华为公司 (香港) 主任工程师章瑞、杭州师范大学副教授夏羽、华为公司 (上海) 高级工程师刘德凯、杭州师范大学讲师栗会平等. 虽然他们不是本书的作者, 但是他们的主要工作构成了本书的重要内容, 在此表示深深的谢意. 此外, 在撰写本书的过程中, 我们得到了徐航博士的大力帮助, 在此也表示感谢. 最后感谢国家出版基金、国家自然科学基金 (重点项目、区域创新发展联合基金重点支持项目、优秀青年科学基金项目、面上项目)、国家 “万人计划” 青年拔尖人才项目以及科技部重点研发项目的资助.

作　者

2023 年 7 月 1 日

目　录

第 1 章　l_p 优化模型 $(0 \leqslant p \leqslant 1)$

压缩感知的主要理论由 D. Donoho, E. Candès 和 T. Tao 等数学家在 2004 年左右提出[42,58]. 很多情况下, 数字信号和图像的获得需要经历采样的过程, 例如医学上的 CT 成像、核磁共振成像、雷达成像等. 压缩感知理论表明: 对于稀疏信号, 使用满足一定条件的测量矩阵获得信号的测量信息, 在测量信息的维度远低于信号维度的情况下, 仍然能通过求解数学模型的方式精确地恢复原始信号. 数学上用向量 $\boldsymbol{x} = (x_1, \cdots, x_n)^{\mathrm{T}}$ 表示离散的数字化信号, 它的测量值建模为

$$\boldsymbol{y} = \boldsymbol{A}\boldsymbol{x}, \tag{1.0.1}$$

其中 $\boldsymbol{y} \in \mathbb{R}^m$ 称为测量值, 矩阵 $\boldsymbol{A}$ 称为测量矩阵. 压缩感知理论考虑的测量矩阵为 $m \times n$ $(m < n)$ 的行满秩矩阵, 如图 1.1. 这样的测量矩阵也被称为 "字典". 在 $m < n$ 的情况下, 线性方程组的解 (1.0.1) 不唯一. 因此压缩感知理论考虑的问题是在欠采样的情况下, 如何从数学的角度建立模型, 提出算法, 恢复原始信号.

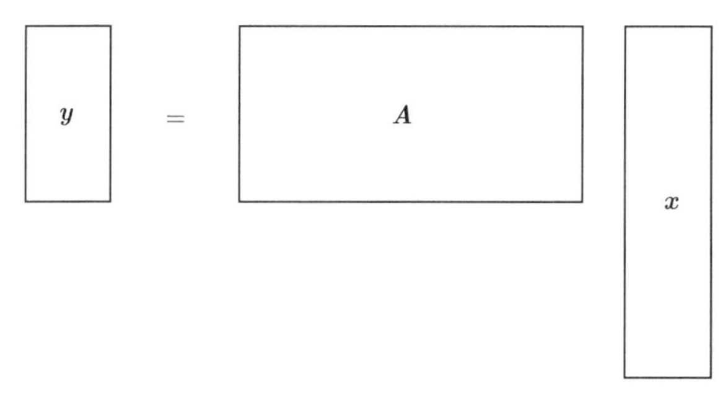

图 1.1　压缩感知

1.1　稀　疏　性

压缩感知理论中一个核心的假设是原始信号的稀疏性. 向量 $\boldsymbol{x}$ 中不为零的分量的个数记为

$$\|\boldsymbol{x}\|_0 = \sharp\{i: \ x_i \neq 0\}.$$

虽然 $\|\cdot\|_0$ 不是范数, 我们习惯上仍然称它为 "l_0 范数". 如果向量中不为零的分量个数不超过 s, 我们就称向量是 s-稀疏的. 压缩感知理论的目标是找到与测量结

果一致的稀疏信号, 最自然的重构模型是 l_0 模型:

$$\min_{\boldsymbol{x}} \|\boldsymbol{x}\|_0 \quad \text{s.t.} \quad \boldsymbol{A}\boldsymbol{x} = \boldsymbol{y}. \tag{1.1.1}$$

对于 l_0 模型 (1.1.1), 首先需要在理论上保证稀疏解的存在唯一性. 由于压缩感知理论假设测量矩阵是满秩的, 因此模型的解总是存在的. 模型稀疏解的唯一性可以通过测量矩阵的相互相干性 (Mutual Coherence, MC) 条件或限制等距性质 (Restricted Isometry Property, RIP) 等保证. 其中, 限制等距性质由 E. Candès 和 T. Tao 在 [42] 中提出.

定义 1.1.1 (RIP)　若对矩阵 $\boldsymbol{A} \in \mathbb{C}^{m\times n}$, 存在常数 $\delta_s \in (0,1)$ 使得, 对任意的 s-稀疏向量 $\boldsymbol{x} \in \mathbb{C}^n$,

$$(1-\delta_s)\|\boldsymbol{x}\|_2^2 \leqslant \|\boldsymbol{A}\boldsymbol{x}\|_2^2 \leqslant (1+\delta_s)\|\boldsymbol{x}\|_2^2 \tag{1.1.2}$$

成立, 则称 $\boldsymbol{A}$ 满足 s 阶限制等距性质. 最小的常数 δ_s 称为矩阵 $\boldsymbol{A}$ 的 s 阶限制等距常数 (Restricted Isometry Constant, RIC).

利用测量矩阵的限制等距性质, 我们有如下线性方程组存在最稀疏解的唯一性定理.

定理 1.1.1　假设线性方程组 (1.0.1) 的最稀疏解是 s-稀疏的. 如果矩阵 $\boldsymbol{A}$ 的 $2s$ 阶限制等距常数满足 $\delta_{2s} < 1$, 则线性方程组 (1.0.1) 的 s-稀疏解是唯一的.

证明　假设 $\boldsymbol{x}, \boldsymbol{x}'$ 均为线性方程组 $\boldsymbol{y} = \boldsymbol{A}\boldsymbol{x}$ 的 s-稀疏解, 则向量 $\boldsymbol{h} = \boldsymbol{x} - \boldsymbol{x}'$ 是 $2s$-稀疏向量, 且满足

$$\boldsymbol{A}\boldsymbol{h} = \boldsymbol{A}(\boldsymbol{x}-\boldsymbol{x}') = \boldsymbol{A}\boldsymbol{x} - \boldsymbol{A}\boldsymbol{x}' = \boldsymbol{0}.$$

由约束等距性质可知

$$\|\boldsymbol{x}-\boldsymbol{x}'\|_2^2 = \|\boldsymbol{h}\|_2^2 \leqslant \frac{1}{1-\delta_{2s}}\|\boldsymbol{A}\boldsymbol{h}\|_2^2 = 0.$$

因此, $\boldsymbol{x} = \boldsymbol{x}'$.　□

在最稀疏解存在且唯一的情况下, 可以通过求解模型 (1.1.1) 找到该稀疏解. 然而由于 $\|\cdot\|_0$ 的存在, 模型 (1.1.1) 是非凸的优化问题, 求解模型 (1.1.1) 是 NP-难的. 这一性质决定了模型 (1.1.1) 在理论上无法适用于高维数据分析. 为了克服这一不足, 学者们提出了两类方法. 一类是以正交匹配追踪算法与迭代硬阈值算法为代表的贪婪算法. 另一类方法是通过对非凸项作松弛的方式将问题转化为其他容易求解的问题, 其中最著名是 D. Donoho 等提出的凸松弛模型[62]:

$$\min_{\boldsymbol{x}} \|\boldsymbol{x}\|_1 \quad \text{s.t.} \quad \boldsymbol{A}\boldsymbol{x} = \boldsymbol{y}. \tag{1.1.3}$$

由于模型 (1.1.3) 是一个凸优化模型, 因此可以通过多项式时间算法求解, 从而恢复原始信号. 该模型被命名为基追踪 (Basis Pursuit, BP) 算法. 虽然我们使用 "BP 算法" 这个词, 但事实上 (1.1.3) 是模型而不是算法. 非凸优化模型 (1.1.1) 和凸优化模型 (1.1.3) 的等价性是压缩感知最核心的问题之一.

另一种寻找未知稀疏向量的替代方法是 l_p 优化模型[48, 49].

$$\min_{\boldsymbol{x}} \|\boldsymbol{x}\|_p \quad \text{s.t.} \quad \boldsymbol{A}\boldsymbol{x} = \boldsymbol{y}, \tag{1.1.4}$$

这里 $\|\boldsymbol{x}\|_p = \left(\sum\limits_{i=1}^{n} |\boldsymbol{x}_i|^p\right)^{\frac{1}{p}}$, $0 < p < 1$. 基于一个基本的逼近性质:

$$\lim_{p \to 0} \|\boldsymbol{x}\|_p = \|\boldsymbol{x}\|_0.$$

模型 (1.1.4) 可以直观地理解为 l_0 模型 (1.1.1) 的连续逼近. 优化问题 (1.1.4) 仍然是非凸的, 但在理论上可以证明, 对于某些测量矩阵, 通过求解模型 (1.1.4) 来恢复稀疏解所需的测量次数要少于使用凸方法 (1.1.3)[49]. 同时, 也存在基于求解模型 (1.1.4) 的快速重构算法[49, 192].

模型 (1.1.3) 和模型 (1.1.4) 的共同特点是修改了目标函数. 一个很自然的问题是, 修改后模型的最优解和原模型 (1.1.1) 的最优解之间有什么联系? 最理想的情况当然是两个解相同. 基于此, R. Gribonval 等通过矩阵的零空间性质 (Null Space Property, NSP), 刻画了模型间的等价性[88].

定义 1.1.2 (NSP) 给定 p, $0 < p \leqslant 1$, 我们称矩阵 $\boldsymbol{A}$ 满足 s 阶零空间性质, 如果对于任意的非零向量 $\boldsymbol{h} \in \ker(\boldsymbol{A})$ 和基数为 s 的坐标集合 $T \subset \{1, 2, \cdots, n\}$, 有

$$\|\boldsymbol{h}_T\|_p^p < \|\boldsymbol{h}_{T^c}\|_p^p.$$

定理 1.1.2 对于 p, $0 < p \leqslant 1$, 模型 (1.1.4) 的解是 s-稀疏解当且仅当测量矩阵 $\boldsymbol{A}$ 满足 s 阶零空间性质.

证明 (1) 假设矩阵 $\boldsymbol{A}$ 满足 s 阶零空间性质, 记满足线性方程组 $\boldsymbol{A}\boldsymbol{x} = \boldsymbol{y}$ 的 s-稀疏解为 $\boldsymbol{x}^*$, 向量 $\boldsymbol{x}^*$ 的支集记为 $T = \operatorname{supp}(\boldsymbol{x}^*)$. 对于任意属于测量矩阵零空间的非零向量 $\boldsymbol{h}$, 有

$$\begin{aligned} \|\boldsymbol{x}^* + \boldsymbol{h}\|_p^p &= \|\boldsymbol{x}^* + \boldsymbol{h}_T + \boldsymbol{h}_{T^c}\|_p^p = \|\boldsymbol{x}^* + \boldsymbol{h}_T\|_p^p + \|\boldsymbol{h}_{T^c}\|_p^p \\ &\geqslant \|\boldsymbol{x}^*\|_p^p - \|\boldsymbol{h}_T\|_p^p + \|\boldsymbol{h}_{T^c}\|_p^p > \|\boldsymbol{x}^*\|_p^p. \end{aligned}$$

因此 $\boldsymbol{x}^*$ 是模型 (1.1.4) 的解.

(2) 假设矩阵 $\boldsymbol{A}$ 不满足 s 阶零空间性质, 则存在属于零空间的非零向量 $\boldsymbol{h}$ 和基数为 s 的指标集合 T, 使得 $\|\boldsymbol{h}_{T^c}\|_p^p \leqslant \|\boldsymbol{h}_T\|_p^p$. 对于向量 $-\boldsymbol{h}_{T^c}$,

$$\|-\boldsymbol{h}_{T^c}\|_p^p \leqslant \|\boldsymbol{h}_T\|_p^p, \quad \boldsymbol{A}(-\boldsymbol{h}_{T^c}) = \boldsymbol{A}\boldsymbol{h}_T$$

成立. 因此, 向量 $\boldsymbol{h}_T$ 不是优化问题

$$\min_{\boldsymbol{x}} \|\boldsymbol{x}\|_p \quad \text{s.t.} \quad \boldsymbol{A}\boldsymbol{x} = \boldsymbol{A}\boldsymbol{h}_T$$

的唯一解. 另一方面, 向量 $\boldsymbol{h}_T$ 是 s-稀疏向量. 由假设, 它是优化问题

$$\min_{\boldsymbol{x}} \|\boldsymbol{x}\|_p \quad \text{s.t.} \quad \boldsymbol{A}\boldsymbol{x} = \boldsymbol{A}\boldsymbol{h}_T$$

的唯一解. 两者矛盾. □

注 1.1.1　零空间性质提供了寻找 s-稀疏解的充要条件. 对于一般的测量矩阵, 直接验证它的零空间性质是 NP-难的. 因此, 零空间性质常常被作为一个非常有效的工具和其他性质结合使用.

1.2　限制等距性质

限制等距性质是压缩感知理论中被广泛使用的一个性质. 压缩感知领域中几乎所有具有代表性的模型的稳定性、算法的收敛性都可以通过基于限制等距性质的条件来刻画. 限制等距性质是由 E. Candès 和 T. Tao 在 2005 年为刻画模型 (1.1.1) 和模型 (1.1.3) 的等价性而提出的[42]. 和零空间性质类似, 对于给定的测量矩阵, 精确计算它的限制等距常数是 NP-难的. 但是理论上可以证明很多类型的随机矩阵, 特别是压缩感知理论中最重要的高斯随机矩阵和随机部分傅里叶矩阵, 都高概率地满足限制等距性质.

我们称 $m \times n$ 的测量矩阵 $\boldsymbol{A}$ 是高斯随机矩阵, 如果矩阵中所有的元素 $a(i,j)$ 都是独立同分布的高斯随机变量, 满足

$$a(i,j) \sim N(0,1).$$

对于给定的正常数 δ 和稀疏度 s, 当高斯随机矩阵的行列数满足

$$m \geqslant C\delta^{-2} s \log \frac{n}{s} \tag{1.2.1}$$

时, 规范化的高斯随机矩阵 $\sqrt{\dfrac{1}{m}}\boldsymbol{A}$ 的限制等距常数高概率地满足 $\delta_s < \delta$. 其中, 不等式 (1.2.1) 中 C 是独立于其他变量的正常数. 这一结论对于次高斯矩阵也成

立[13,43,131,152]. 不等式 (1.2.1) 的意义在于给出了测量次数的下界. 通过 Gelfand 宽度理论, 可以进一步证明这个下界是最优的[79].

离散傅里叶矩阵 $\boldsymbol{F}$ 中的元素定义为

$$f(k,l)=\frac{1}{\sqrt{n}}e^{-\mathrm{i}2\pi(k-1)(l-1)/n},\quad k=1,2,\cdots,n,\ l=1,2,\cdots,n.$$

构造基数为 m 的指标集合 $\Omega=\{\omega_1,\cdots,\omega_m\}$, 其中 ω_i 是从集合 $\{1,2,\cdots,n\}$ 中随机选取 m 个不同的元素, 且每个元素被选取的概率相等. 不失一般性, 假设指标集合 Ω 满足

$$\omega_1<\omega_2<\cdots<\omega_m.$$

压缩感知理论最关注的随机部分傅里叶矩阵定义为

$$\boldsymbol{A}=\begin{pmatrix} f(\omega_1,1) & f(\omega_1,2) & \cdots & f(\omega_1,n) \\ f(\omega_2,1) & f(\omega_2,2) & \cdots & f(\omega_2,n) \\ \vdots & \vdots & & \vdots \\ f(\omega_m,1) & f(\omega_m,2) & \cdots & f(\omega_m,n) \end{pmatrix}\in\mathbb{C}^{m\times n}.$$

类似于高斯随机矩阵, 当测量值 m 满足

$$m\geqslant C\delta^{-4}s\log^2\frac{s}{\delta}\log n \tag{1.2.2}$$

时, 部分随机傅里叶矩阵高概率地满足限制等距常数为 δ 的 s 阶限制等距条件[17,43,93,152].

注 1.2.1 虽然相比于高斯随机矩阵, 部分随机傅里叶矩阵的测量下界 (1.2.2) 不是最优的. 但是测量次数 m 相对于信号的维数 n 还是本质上下降了许多, 采样率的突破为医学成像等工程问题带来了革命性的改变. 随着压缩感知理论的发展和成熟, 随机采样的思想也被广泛应用到低秩矩阵恢复、相位恢复等其他问题中.

寻找行数较少的矩阵 (即 m 较小) 满足 RIP 条件及其构造方法是一个基本问题, 也是 T. Tao 提出的一个公开问题①. 与随机 RIP 矩阵的构造相比, 构造满足 RIP 条件更少行的确定性矩阵更为重要, 这是一个更具挑战性的问题. 在所有的构造方法中, 我们必须提到两个著名的构造, 分别来自于 R. DeVore 和 J. Bourgain[18,57].

定理 1.2.1 ([57]) 对较大的 s, 若 $m\geqslant Cs^2$, 这里 C 为常数, 则我们可以构造具体的 s 阶 RIP 矩阵.

① https://terrytao.wordpress.com/2007/07/02/open-question-deterministic-uup-matrices/.

在证明中, R. DeVore 利用有限域理论给出了满足 RIP 条件矩阵 $\boldsymbol{A}$ 的构造方法. 然而, R. DeVore 的方法表明确定性矩阵的行是 $O(s^2)$ 阶的, 这意味着比随机方法需要更多的行, 见文献 [115]. 为了克服障碍 $m = O(s^2)$, J. Bourgain 等[18]利用组合方法构造了 $m \geqslant Cs^{2-\epsilon}$ 的 s 阶 RIP 矩阵, 其中 ϵ 是一较小的正常数. 这是对确定性矩阵满足 RIP 的一个重要贡献.

值得一提的是, 还有一种与 RIP 相似的定义, 限制 p-等距性[49], 即对任意的 s-稀疏向量 $\boldsymbol{x} \in \mathbb{R}^n$ 和 $0 < p \leqslant 1$,

$$(1-\delta)\|\boldsymbol{x}\|_2^p \leqslant \|\boldsymbol{A}\boldsymbol{x}\|_p^p \leqslant (1+\delta)\|\boldsymbol{x}\|_2^p$$

成立. 在 [49] 中表明, 如果 $\boldsymbol{A}$ 是一个 $m \times n$ 高斯随机矩阵, 任意的 s-稀疏向量 $\boldsymbol{x}$ 都可以通过求解 (1.1.4) 获得高概率的精确恢复, 且测量次数为

$$m \geqslant C_1(p)s + pC_2(p)s\log\left(\frac{n}{s}\right),$$

这里 $C_1(p)$ 和 $C_2(p)$ 关于 p 一致有界. 当 $p \to 0$ 时, 我们只需 $O(s)$ 次测量即可.

1.3　非线性逼近

稀疏性是一个非常理想的假设. 在实际生活中, 很少有数字信号或图像能严格满足这一要求, 例如人的语音、手机拍摄的照片. 一个相对合理的假设是"可压缩"数据. 例如自然图像的小波系数往往能将图像的大部分信息集中在少量的小波系数中, 大部分的小波系数绝对值都很小, 只贡献少量的图像信息[56]. 数学上, 我们可以通过 l_p 拟范数刻画向量的可压缩性. 对于向量 $\boldsymbol{x} \in \mathbb{R}^n$, 将 $\boldsymbol{x}$ 中的元素按照绝对值从大到小重新排列, 不失一般性, 重排后的向量仍然记为 $\boldsymbol{x}$. 我们称向量 $\boldsymbol{x}$ 属于弱 l_p 空间, 如果存在 $M > 0$, 使得

$$|x_i| \leqslant M \cdot i^{-1/p}, \quad i \geqslant 1 \tag{1.3.1}$$

成立. (1.3.1) 成立的最小正数 $M = M(\boldsymbol{x})$ 被称为向量的弱 l_p 拟范数, 记为 $\|\boldsymbol{x}\|_{wl_p} = M$. 其中, p 值的大小能准确地反映向量 $\boldsymbol{x}$ 的衰减情况. 弱 l_p 空间在非线性逼近、小波分析中有着较重要的应用. 对于给定的向量 $\boldsymbol{x}$, 它的 s 项最佳逼近定义为

$$\sigma_s(\boldsymbol{x})_p := \inf_{\|\boldsymbol{z}\|_0 \leqslant s} \|\boldsymbol{x} - \boldsymbol{z}\|_p.$$

性质 1.3.1　假设 $\boldsymbol{x} \in \mathbb{R}^n$ 属于弱 l_p 空间, 满足 $\|\boldsymbol{x}\|_{wl_p} = M$, 则有

(1) 当 $0 < p < 2$ 时,

$$\sigma_s(\boldsymbol{x})_2^2 \leqslant C(p) \cdot M^2 \cdot s^{-2r};$$

(2) 当 $0 < p < 1$ 时,

$$\frac{\sigma_s(\boldsymbol{x})_1}{\sqrt{s}} \leqslant C(p) \cdot M \cdot s^{-r},$$

其中 $r = \frac{1}{p} - \frac{1}{2}$.

证明 由非线性逼近的定义和弱 l_p 空间的定义, 我们有

$$\begin{aligned}\sigma_s(\boldsymbol{x})_2^2 &= \sum_{i=s+1}^{n} |x_i|^2 \leqslant M^2 \sum_{i=s+1}^{n} i^{-2/p} \leqslant M^2 \int_s^n t^{-2/p} dt \leqslant M^2 \frac{p}{2-p} s^{1-2/p} \\ &= C(p) \cdot M^2 s^{-2r}.\end{aligned}$$

类似地,

$$\sigma_s(\boldsymbol{x})_1 = \sum_{i=s+1}^{n} |x_i| \leqslant M \sum_{i=s+1}^{n} i^{-1/p} \leqslant M \int_s^n t^{-1/p} dt \leqslant M \frac{p}{1-p} s^{1-1/p}. \qquad \square$$

1.4 优化模型的稳定性

在实际应用中, 真实信号的数字化, 外界对仪器设备的干扰, 以及测量本身都会带来测量上的误差. 这些误差被统一假设为噪声. 在这一假设下, 原问题 (1.0.1) 修正为

$$\boldsymbol{y} = \boldsymbol{A}\boldsymbol{x} + \boldsymbol{z}, \tag{1.4.1}$$

这里 $\boldsymbol{z}$ 代表未知噪声. 与之对应地, 恢复稀疏信号的模型也修正为

$$\min_{\boldsymbol{x}} \|\boldsymbol{x}\|_1 \quad \text{s.t.} \quad \boldsymbol{y} - \boldsymbol{A}\boldsymbol{x} \in \mathcal{B}, \tag{1.4.2}$$

其中, $\mathcal{B}$ 的选择依赖于噪声的先验分布. 压缩感知中常用带噪声的模型有两类, 一类是带 l_2 约束模型, 针对 l_2 范数的有界噪声 (参见 [61]), 集合 $\mathcal{B}$ 选为

$$\mathcal{B}^{l_2} = \{\boldsymbol{z} : \|\boldsymbol{z}\|_2 \leqslant \epsilon_1\}. \tag{1.4.3}$$

另一类是 Dantzig 选择器 (Dantzig Selector, DS) 模型[44], 集合 $\mathcal{B}$ 选为

$$\mathcal{B}^{\text{DS}} = \{\boldsymbol{z} : \|\boldsymbol{A}^*\boldsymbol{z}\|_\infty \leqslant \epsilon_2\}. \tag{1.4.4}$$

一个很自然的问题是, 对于模型 (1.4.1) 和模型 (1.4.2) 的解, 能否估计它们和原信号之间的差异? 在数学上, 误差分析是数值分析、函数逼近论、数据分析等

研究领域共同关心的数学问题. 从应用的角度而言, 误差分析同时让模型和算法具有了可解释性, 也为它们的实际应用提供理论保证. 据我们所知, 通过限制等距性质刻画模型 (1.4.2) 稳定性的第一个结果来自于 [40].

定理 1.4.1 ([40]) 若矩阵 $\boldsymbol{A}$ 满足

$$\delta_{3s} + 3\delta_{4s} < 1,$$

则在噪声(1.4.3) 的条件下, 模型 (1.4.2) 的解 $\hat{\boldsymbol{x}}$ 满足

$$\|\hat{\boldsymbol{x}} - \boldsymbol{x}\|_2 \leqslant C_1\epsilon_1 + C_2\frac{\sigma_k(\boldsymbol{x})_1}{\sqrt{s}}, \tag{1.4.5}$$

这里 C_1, C_2 是仅依赖于 δ_{3s}, δ_{4s} 的常数.

不等式 (1.4.5) 被称为模型的稳定性估计. 注意到在无噪声以及真实信号是严格 s-稀疏的情况下, 估计式 (1.4.5) 的右边为零. 这也意味着求解模型可以精确地恢复原始信号. 模型的稳定性估计也推动了压缩感知中迭代算法的收敛性分析, 这部分内容我们会在后面的章节中介绍. 利用 δ_{2s} 刻画模型的稳定性是一个更自然的条件. 因为 $\delta_{2s} < 1$ 是保证 s-稀疏解唯一性的紧条件. 在 [32] 中给出了这样一个充分条件.

定理 1.4.2 ([32]) 若矩阵 $\boldsymbol{A}$ 满足 $\delta_{2s} < \sqrt{2} - 1$, 模型 (1.4.2) 的解是稳定的.

此外还有许多相关内容的其他文献, 参见 [29, 31, 73, 78, 81, 136, 199, 202]. 特别地, 在论文 [31] 中, T. Cai 和 A. Zhang 引入了一个关键的技术, 即对给定多边形中的任意点都可以分解为稀疏向量的凸组合. 他们称之为多面体的稀疏表示, 从而证明了以下定理.

定理 1.4.3 ([31]) 考虑在 $\|\boldsymbol{z}\|_2 \leqslant \epsilon$ 下的信号恢复模型 (1.4.1). 令 $\hat{\boldsymbol{x}}^{l_2}$ 为 (1.4.2) 在 $\mathcal{B}^{l_2}(\eta)$ 对某一 $\eta \geqslant \epsilon$ 条件下的最小解. 若对于 $t \geqslant \dfrac{4}{3}$ 有 $\delta_{ts} < \sqrt{\dfrac{t-1}{t}}$ 成立, 则

$$\begin{aligned}\|\hat{\boldsymbol{x}}^{l_2} - \boldsymbol{x}\|_2 \leqslant{} & \frac{\sqrt{2(1+\delta_{ts})}}{1 - \sqrt{\dfrac{t-1}{t}}\delta_{ts}}(\epsilon + \eta) \\ & + \left(\frac{\sqrt{2}\delta_{ts} + \sqrt{t\left(\sqrt{\dfrac{t-1}{t}} - \delta_{ts}\right)\delta_{ts}}}{t\left(\sqrt{\dfrac{t-1}{t}} - \delta_{ts}\right)} + 1\right)\frac{2\sigma_s(\boldsymbol{x})_1}{\sqrt{s}}.\end{aligned}$$

假设 $\|\boldsymbol{A}^{\mathrm{T}}\boldsymbol{z}\|_\infty \leqslant \epsilon$, 令 $\hat{\boldsymbol{x}}^{\mathrm{DS}}$ 为 (1.4.2) 在 $\mathcal{B}^{\mathrm{DS}}(\eta)$ 对某一 $\eta \geqslant \epsilon$ 条件下的最小解. 若对于 $t \geqslant \frac{4}{3}$ 有 $\delta_{ts} < \sqrt{\frac{t-1}{t}}$ 成立, 则

$$\|\hat{\boldsymbol{x}}^{\mathrm{DS}} - \boldsymbol{x}\|_2 \leqslant \frac{\sqrt{2ts}}{1-\sqrt{\frac{t-1}{t}}\delta_{ts}}(\epsilon+\eta) + \left(\frac{\sqrt{2}\delta_{ts} + \sqrt{t\left(\sqrt{\frac{t-1}{t}} - \delta_{ts}\right)\delta_{ts}}}{t\left(\sqrt{\frac{t-1}{t}} - \delta_{ts}\right)} + 1\right)\frac{2\sigma_s(\boldsymbol{x})_1}{\sqrt{s}}.$$

定理 1.4.4 ([31]) 令 $t \geqslant \frac{4}{3}$, 对任意的 $\epsilon > 0$ 以及 $s \geqslant \frac{5}{\epsilon}$, 存在矩阵 $\boldsymbol{A}$ 满足 $\delta_{ts} < \sqrt{\frac{t-1}{t}} + \epsilon$ 以及 s-稀疏向量 $\boldsymbol{x}^*$ 满足 $\boldsymbol{y} = \boldsymbol{A}\boldsymbol{x}^*$, 使得 l_1 优化模型 (1.1.3) 不能完全恢复 s-稀疏向量 $\boldsymbol{x}^*$, 即 $\hat{\boldsymbol{x}} \neq \boldsymbol{x}^*$, 这里 $\hat{\boldsymbol{x}}$ 为模型 (1.1.3) 的解.

在 $0 < t < \frac{4}{3}$ 的情况下, 文献 [31] 的作者猜测 $\delta_{ts} < \frac{t}{4-t}$ 是最佳条件, 但只证明当 ts 是一个偶数且 $0 < t \leqslant 1$ 时是成立的 (见 [31] 命题 4.1 和命题 4.2). 对于 $t = 1$ 的特殊情况, 参见 [30] 中的另一种证明. 最近, 通过对 [31] 的方法进行改进, 并结合一些组合技术, 这一猜想由 R. Zhang 和 S. Li 在 [199] 一文中得到了证实. 这一结论被 T. Cai 等在 [23] 中重点引用.

定理 1.4.5 ([199]) 考虑在 $\|\boldsymbol{z}\|_2 \leqslant \epsilon$ 下的信号恢复模型. 令 $\hat{\boldsymbol{x}}^{l_2}$ 为 (1.4.2) 在 $\mathcal{B}^{l_2}(\eta)$ 对某一 $\eta \geqslant \epsilon$ 条件下的最小解. 若对于 $0 < t < \frac{4}{3}$ 有 $\delta_{ts} < \frac{t}{4-t}$ 成立, 则

$$\|\hat{\boldsymbol{x}}^{l_2} - \boldsymbol{x}\|_2 \leqslant \frac{\max(\sqrt{t},1)\sqrt{2t(1+\delta_{ts})}}{t-(4-t)\delta_{ts}}(\epsilon+\eta) + 2\sqrt{2}\left(\frac{2\delta_{ts} + \sqrt{[t-(4-t)\delta_{ts}]\delta_{ts}}}{t-(4-t)\delta_{ts}} + \frac{1}{4}\right)\frac{\sigma_s(\boldsymbol{x})_1}{\sqrt{s}}.$$

假设 $\|\boldsymbol{A}^{\mathrm{T}}\boldsymbol{z}\|_\infty \leqslant \epsilon$, 令 $\hat{\boldsymbol{x}}^{\mathrm{DS}}$ 为 (1.4.2) 在 $\mathcal{B}^{\mathrm{DS}}(\eta)$ 对某一 $\eta \geqslant \epsilon$ 条件下的最小解. 若对于 $0 < t < \frac{4}{3}$ 有 $\delta_{ts} < \frac{t}{4-t}$ 成立, 则

$$\|\hat{\boldsymbol{x}}^{\mathrm{DS}} - \boldsymbol{x}\|_2 \leqslant \frac{\max(\sqrt{t},1)\sqrt{2t(1+\delta_{ts})}}{t-(4-t)\delta_{ts}}(\epsilon+\eta)$$

$$+ 2\sqrt{2}\left(\frac{2\delta_{ts} + \sqrt{[t-(4-t)\delta_{ts}]\delta_{ts}}}{t-(4-t)\delta_{ts}} + \frac{1}{4}\right)\frac{\sigma_s(\boldsymbol{x})_1}{\sqrt{s}}.$$

证明 我们首先考虑噪声情形 $\mathcal{B}^{l_2}$, 假设 ts 是一个整数. 令 $\boldsymbol{h} = \hat{\boldsymbol{x}}^{l_2} - \boldsymbol{x}$, 我们有

$$\|\boldsymbol{h}_{T^c}\|_1 \leqslant \|\boldsymbol{h}\|_1 + 2\sigma_s(\boldsymbol{x}),$$

这里 T 是指标集且满足 $|T|=s$, T^c 是 T 的补集. 对给定的正常数 a 和 b $(a+b=ts, b \leqslant a \leqslant k)$, 可以有指标集 $T_i, S_j \subset \{1,2,\cdots,s\}$ 使得 $|T_i| = a$, $|S_j| = b$,

$$\boldsymbol{h}_{T^c} = \sum_l \lambda_l' \boldsymbol{v}_l = \sum_l \lambda_l \boldsymbol{u}_l = \sum_l \lambda_l'' \boldsymbol{w}_l,$$

这里 $\boldsymbol{v}_l, \boldsymbol{u}_l, \boldsymbol{w}_l$ 分别是 a, b, $(t-1)s$-稀疏的向量. 因此有

$$\sum_l \lambda_l \|\boldsymbol{u}_l\|_2^2 \leqslant \frac{s^2}{b}\alpha^2,$$

$$\sum_l \lambda_l' \|\boldsymbol{v}_l\|_2^2 \leqslant \frac{s^2}{a}\alpha^2,$$

$$\sum_l \lambda_l'' \|\boldsymbol{w}_l\|_2^2 \leqslant \frac{s\alpha^2}{t-1},$$

这里可以参考 [199] 中定理 1 的证明. 此外,

$$\|\boldsymbol{A}\boldsymbol{h}\|_2 \leqslant \|\boldsymbol{y} - \boldsymbol{A}\boldsymbol{x}\|_2 + \|\boldsymbol{y} - \boldsymbol{A}\hat{\boldsymbol{x}}^{l_2}\|_2 \leqslant \epsilon + \eta.$$

设定 $\alpha = (\|\boldsymbol{h}_T\|_1 + 2\sigma_s(\boldsymbol{x}))/s$, 由于 h_T 是 s-稀疏的, 我们有

$$\alpha^2 \leqslant \frac{\|\boldsymbol{h}_T\|_2^2}{s} + \frac{4\sigma_s(\boldsymbol{x})\|\boldsymbol{h}_T\|_2}{s^{3/2}} + \frac{4\sigma_s(\boldsymbol{x})^2}{s^2}.$$

在 $1 \leqslant t < 4/3$ 的情形中, 结合 [199] 中的式子 (14), (16) 和 (17), 我们有

$$\begin{aligned}
0 \geqslant\, & (4-3t)\left[\left(t(a-b)^2 - (2-t)(a^2+b^2)\delta_{ts}\right)\|\boldsymbol{h}_T\|_2^2 - 2(2-t)\delta_{ts} abs\alpha^2\right] \\
& - \left[(a-b)^2 - 2(2-t)ab\right]\left[\left((1-\delta_{ts}) - (t-1)^2(1+\delta_{ts})\right)\|\boldsymbol{h}_T\|_2^2 - 2(t-1)\delta_{ts} s\alpha^2\right] \\
& - 2t^3\left[ab - (t-1)s^2\right]\langle \boldsymbol{A}\boldsymbol{h}_T, \boldsymbol{A}\boldsymbol{h}\rangle \\
\geqslant\, & 2t^2\left(ab - (t-1)s^2\right)\Bigg\{\left[t-(4-t)\delta_{ts}\right]\|\boldsymbol{h}_T\|_2^2 - t\sqrt{1+\delta_{ts}}\cdot(\epsilon+\eta)\|\boldsymbol{h}_T\|_2 \\
& - \delta_{ts}\left[\frac{4\sigma_s(\boldsymbol{x})^2}{s} + \frac{4\sigma_s(\boldsymbol{x})\|\boldsymbol{h}_T\|_2}{s^{1/2}}\right]\Bigg\}.
\end{aligned}$$

这里 $\langle \boldsymbol{A}\boldsymbol{h}_T, \boldsymbol{A}\boldsymbol{h}\rangle \leqslant \|\boldsymbol{A}\boldsymbol{h}_T\|_2\|\boldsymbol{A}\boldsymbol{h}\|_2 \leqslant \sqrt{1+\delta_{ts}}\|\boldsymbol{h}_T\|_2(\epsilon+\eta)$.

在 $0<t<1$ 的情形中, 结合 [199] 中的式子 (15), (16) 和 (18), 我们有

$$\begin{aligned}
0 \geqslant & t\left[\left(t(a-b)^2-(2-t)(a^2+b^2)\delta_{ts}\right)\|\boldsymbol{h}_T\|_2^2-2(2-t)\delta_{ts}abs\alpha^2\right] \\
& -\left[(a-b)^2-2(2-t)ab\right]t\left[t-(2-t)\delta_{ts}\right]\|\boldsymbol{h}_T\|_2^2 \\
& +2t^2(2-t)ab\langle \boldsymbol{A}\boldsymbol{h}_T, \boldsymbol{A}\boldsymbol{h}\rangle \\
\geqslant & 2t(2-t)ab\Bigg\{\left[t-(4-t)\delta_{ts}\right]\|\boldsymbol{h}_T\|_2^2-\sqrt{t(1+\delta_{ts})}\|\boldsymbol{h}_T\|_2\cdot(\epsilon+\eta) \\
& -\delta_{ts}\left[\frac{4\sigma_s(\boldsymbol{x})^2}{s}+\frac{4\sigma_s(\boldsymbol{x})\|\boldsymbol{h}_T\|_2}{s^{1/2}}\right]\Bigg\},
\end{aligned}$$

这里 $\|\boldsymbol{A}\boldsymbol{h}_T\|_2 \leqslant \sqrt{(2/t-1)\delta_{ts}+1}\|\boldsymbol{h}_T\|_2 \leqslant \sqrt{\dfrac{1+\delta_{ts}}{t}}\|\boldsymbol{h}_T\|_2$ (参见 [30] 中引理 4.1).

到目前为止, 我们得到了两个关于 $\|\boldsymbol{h}_T\|_2$ 的一元二次不等式. 当 $\delta_{ts}<t/(4-t)$ 时, 通过简单的计算可得

$$\begin{aligned}
\|\boldsymbol{h}_T\|_2 \leqslant & \left[2(t-(4-t)\delta_{ts})\right]^{-1}\cdot\Bigg\{\left(t'\sqrt{1+\delta_{ts}}(\epsilon+\eta)+\frac{4\delta_{ts}}{s^{1/2}}\sigma_s(\boldsymbol{x})\right) \\
& +\left[\left(t'\sqrt{1+\delta_{ts}}(\epsilon+\eta)+\frac{4\delta_{ts}}{s^{1/2}}\sigma_s(\boldsymbol{x})\right)^2+16\left[t-(4-t)\delta_{ts}\right]\frac{\delta_{ts}}{s}\sigma_s(\boldsymbol{x})^2\right]^{1/2}\Bigg\} \\
\leqslant & \frac{t'\sqrt{1+\delta_{ts}}}{t-(4-t)\delta_{ts}}(\epsilon+\eta)+\frac{4\delta_{ts}+2\sqrt{\left[t-(4-t)\delta_{ts}\right]\delta_{ts}}}{\left[t-(4-t)\delta_{ts}\right]\sqrt{s}}\sigma_s(\boldsymbol{x}),
\end{aligned}$$

这里 $t'=\sqrt{t}\max(\sqrt{t},1)$.

因为

$$\|\boldsymbol{h}_{T^c}\|_2^2 \leqslant \|\boldsymbol{h}_{T^c}\|_1\|\boldsymbol{h}_{T^c}\|_\infty \leqslant (\|\boldsymbol{h}_T\|_1+2\sigma_s(\boldsymbol{x}))\frac{\|\boldsymbol{h}_T\|_1}{s} \leqslant \|\boldsymbol{h}_T\|_2^2+2\sigma_s(\boldsymbol{x})\|\boldsymbol{h}_T\|_2/\sqrt{s},$$

我们有

$$\begin{aligned}
\|\boldsymbol{h}\|_2 = & \sqrt{\|\boldsymbol{h}_T\|_2^2+\|\boldsymbol{h}_{T^c}\|_2^2} \leqslant \sqrt{2\|\boldsymbol{h}_T\|_2^2+2\sigma_s(\boldsymbol{x})\|\boldsymbol{h}_T\|_2/\sqrt{s}} \\
\leqslant & \sqrt{2}\|\boldsymbol{h}_T\|_2+\frac{\sqrt{2}}{2}\sigma_s(\boldsymbol{x})/\sqrt{s} \\
\leqslant & \frac{t'\sqrt{2(1+\delta_{ts})}}{t-(4-t)\delta_{ts}}(\epsilon+\eta)+2\sqrt{2}\left(\frac{2\delta_{ts}+\sqrt{\left[t-(4-t)\delta_{ts}\right]\delta_{ts}}}{t-(4-t)\delta_{ts}}+\frac{1}{4}\right)\frac{\sigma_s(\boldsymbol{x})}{\sqrt{s}}.
\end{aligned}$$

考虑噪声情形 $\mathcal{B}^{\mathrm{DS}}$, 我们令 $\boldsymbol{h}=\hat{\boldsymbol{x}}^{\mathrm{DS}}-\boldsymbol{x}$, 可得

$$\|\boldsymbol{A}^{\mathrm{T}}\boldsymbol{A}\boldsymbol{h}\|_\infty \leqslant \|\boldsymbol{A}^{\mathrm{T}}(\boldsymbol{A}\hat{\boldsymbol{x}}^{\mathrm{DS}}-\boldsymbol{y})\|_\infty+\|\boldsymbol{A}^{\mathrm{T}}(\boldsymbol{A}\boldsymbol{x}-\boldsymbol{y})\|_\infty \leqslant \eta+\epsilon$$

和

$$\langle \boldsymbol{A}\boldsymbol{h}_T, \boldsymbol{A}\boldsymbol{h} \rangle \leqslant \|\boldsymbol{h}_T\|_1(\eta+\epsilon) \leqslant \sqrt{s}\|\boldsymbol{h}_T\|_2(\eta+\epsilon).$$

剩余步骤与噪声情形 $\mathcal{B}^{l_2}$ 类似, 因此我们在这里省略了.

当 ts 不是一个整数时, 有 $\lceil ts \rceil /s > t$. 当 $\lceil ts \rceil /s < \dfrac{4}{3}$ 时, 我们有

$$\delta_{\lceil ts \rceil} = \delta_{ts} < \frac{t}{4-t} \leqslant \frac{\lceil ts \rceil /s}{4 - \lceil ts \rceil /s},$$

这样就回到了前面的情形. 当 $\lceil ts \rceil /s \geqslant \dfrac{4}{3}$ 时, 我们有

$$\delta_{\lceil ts \rceil} = \delta_{ts} < \frac{t}{4-t} \leqslant \frac{1}{2} \leqslant \sqrt{\frac{\lceil ts \rceil /s - 1}{\lceil ts \rceil /s}},$$

这样就与文章 [31] 中一致. 因此我们完成了该定理的证明. □

结合下面的定理, 我们可以说明定理 1.4.5 中的界是最优的.

定理 1.4.6 ([31])　对于 $0 < t < \dfrac{4}{3}, \epsilon > 0$ 以及任意的整数 $s \geqslant 1$, 存在矩阵 $\boldsymbol{A}$ 有 $\delta_{ts} = \dfrac{t}{4-t}$ 以及 s-稀疏向量 $\boldsymbol{x}^*$ 使得 $\hat{\boldsymbol{x}} \neq \boldsymbol{x}^*$, 这里 $\boldsymbol{x}^*$ 为模型 (1.1.3) 的最优解.

注 1.4.1　至此, 对任意 $t > 0$, 学者们找到了基于最佳限制等距常数 δ_{ts} 上界的最优估计.

类似于凸模型的稳定性, 我们也分析基于 l_p 的模型 (图 1.2)

$$\min_{\boldsymbol{x}} \|\boldsymbol{x}\|_p \quad \text{s.t.} \quad \boldsymbol{y} - \boldsymbol{A}\boldsymbol{x} \in \mathcal{B} \tag{1.4.6}$$

的稳定性, 该模型在 $0 < p < 1$ 时是非凸模型. 基于限制等距性质的充分条件可见 [48,49,78,147,165,185,187] 等工作. 另一方面, 文献 [87] 给出了利用基于测量

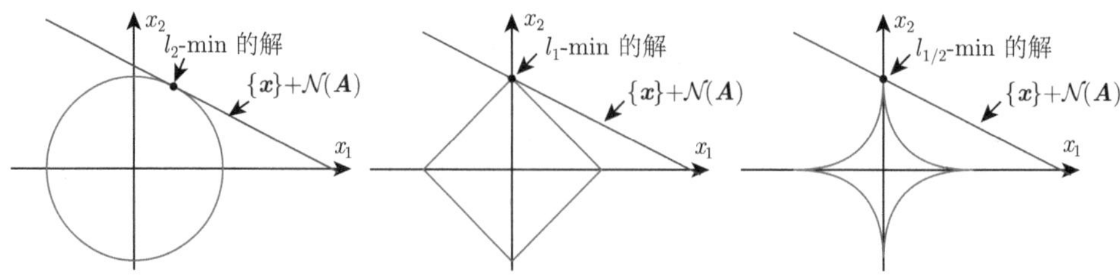

图 1.2　信号 $\boldsymbol{x}$ 从 $\boldsymbol{y} = \boldsymbol{A}\boldsymbol{x}$ 中, 通过求解 l_2-min, l_1-min, $l_{1/2}$-min 优化问题被恢复

矩阵限制等距常数 δ_{2s} 的必要条件. 在这些工作的基础上, 受 [31] 的方法启发, 我们给出了基于限制等距常数的最优条件的刻画. 为了简化定理的表述, 我们首先建立方程

$$\frac{p}{2}\mu^{\frac{2}{p}}+\mu-1+\frac{p}{2}=0. \tag{1.4.7}$$

可以证明, 在 $\left(1-p,1-\dfrac{p}{2}\right)$ 中, 该方程有唯一解, 记为 μ^*.

定理 1.4.7 ([200]) 对任意 $0<p\leqslant 1$, 考虑 $\|\boldsymbol{z}\|_2\leqslant\epsilon$ 时的信号恢复模型 (1.4.6). 假设 $\hat{\boldsymbol{x}}^{l_2}$ 为模型 (1.4.6) 在噪声设置 $\mathcal{B}^{l_2}(\eta)$ 对某一 $\eta\geqslant\epsilon$ 条件下的最小解. 记 $\delta(p):=\dfrac{\mu^*}{2-p-\mu^*}$. 对于 $\delta_{2s}<\delta(p)$, 我们有

$$\begin{aligned}&\|\hat{\boldsymbol{x}}^{l_2}-\boldsymbol{x}\|_2\\ \leqslant\ &\frac{\sqrt{2}(2-p)(1-\mu^*)\mu^*\sqrt{1+\delta_{2s}}+(2-p-\mu^*)\mu^*\sqrt{2(1-p)(\delta(p)-\delta_{2s})}}{(2-p-\mu^*)^2(\delta(p)-\delta_{2s})}(\epsilon+\eta).\end{aligned}$$

假设 $\hat{\boldsymbol{x}}^{\mathrm{DS}}$ 为 (1.4.6) 在噪声设置 $\mathcal{B}^{\mathrm{DS}}(\eta)$ 对某一 $\eta\geqslant\epsilon$ 条件下的最小解. 若 $\delta_{2s}<\delta(p)$, 则我们有

$$\begin{aligned}&\|\hat{\boldsymbol{x}}^{\mathrm{DS}}-\boldsymbol{x}\|_2\\ \leqslant\ &\frac{\sqrt{2}(2-p)(1-\mu^*)\mu^*\sqrt{1+\delta_{2s}}+(2-p-\mu^*)\mu^*\sqrt{2(1-p)(\delta(p)-\delta_{2s})}}{(2-p-\mu^*)^2(\delta(p)-\delta_{2s})}(\epsilon+\eta).\end{aligned}$$

证明 首先, 我们令 $\boldsymbol{h}=\hat{\boldsymbol{x}}^{l_2}-\boldsymbol{x}$ 和 $T=\mathrm{supp}(\boldsymbol{x})$. 因为 $\hat{\boldsymbol{x}}^{l_2}$ 是模型 (1.4.2) 的解, 我们有

$$\|\boldsymbol{x}\|_p^p\geqslant\|\boldsymbol{x}+\boldsymbol{h}\|_p^p=\|\boldsymbol{x}+\boldsymbol{h}_T\|_p^p+\|\boldsymbol{h}_{T^c}\|_p^p\geqslant\|\boldsymbol{x}\|_p^p-\|\boldsymbol{h}_T\|_p^p+\|\boldsymbol{h}_{T^c}\|_p^p,$$

这说明 $\|\boldsymbol{h}_T\|_p^p\geqslant\|\boldsymbol{h}_{T^c}\|_p^p$. 此外,

$$\|\boldsymbol{A}\boldsymbol{h}\|_2\leqslant\|\boldsymbol{y}-\boldsymbol{A}\boldsymbol{x}\|_2+\|\boldsymbol{y}-\boldsymbol{A}\hat{\boldsymbol{x}}^{l_2}\|_2\leqslant\eta+\epsilon. \tag{1.4.8}$$

定义 $\alpha^p=\|\boldsymbol{h}_T\|_p^p/s$, 那么有 $\|\boldsymbol{h}_{T^c}\|_p^p\leqslant s\alpha^p$ 和 $\|\boldsymbol{h}_{T^c}\|_\infty\leqslant\alpha$. 应用 [200] 中的引理 2.2, 我们可以将 $\boldsymbol{h}_{T^c}$ 表示成 $\boldsymbol{h}_{T^c}=\sum\lambda_i\boldsymbol{u}_i$, 这里向量 $\boldsymbol{u}_i$ 是 s-稀疏的, 且满足

$$\sum_i\lambda_i\|\boldsymbol{u}_i\|_2^2\leqslant\min\left\{\frac{n}{s}\|\boldsymbol{x}\|_2^2,\alpha^p\|\boldsymbol{x}\|_{2-p}^{2-p}\right\}.$$

在无噪声的情形中, 我们假设 $\mu^*\in\left(1-p,1-\dfrac{p}{2}\right)$ 是 (1.4.7) 唯一的正解. 对任意

$\rho \in \mathbb{R}$, 由 [200] 中等式 (21) 作差可得

$$
\begin{aligned}
0=&\sum_i \lambda_i \left\| \boldsymbol{A}\left(\rho \boldsymbol{h}+\left(1-\rho-\frac{p}{2}\right)\boldsymbol{h}_T-\frac{p}{2}\rho\boldsymbol{u}_i\right)\right\|_2^2+\frac{1-p}{2}\sum_{i,j}\rho^2\lambda_i\lambda_j\|\boldsymbol{A}(\boldsymbol{u}_i-\boldsymbol{u}_j)\|_2^2 \\
&-\left(1-\frac{p}{2}\right)^2\sum_i\lambda_i\|\boldsymbol{A}(\boldsymbol{h}_T+\rho\boldsymbol{u}_i)\|_2^2 \\
=&\sum_i \lambda_i \left\| \boldsymbol{A}\left(\left(1-\rho-\frac{p}{2}\right)\boldsymbol{h}_T-\frac{p}{2}\rho\boldsymbol{u}_i\right)\right\|_2^2+2\left\langle \boldsymbol{A}\left(\left(1-\rho-\frac{p}{2}\right)\boldsymbol{h}_T-\frac{p}{2}\rho\boldsymbol{u}_i\right),\rho\boldsymbol{A}\boldsymbol{h}\right\rangle \\
&+\rho^2\|\boldsymbol{A}\boldsymbol{h}\|_2^2+\frac{1-p}{2}\sum_{i,j}\rho^2\lambda_i\lambda_j\|\boldsymbol{A}(\boldsymbol{u}_i-\boldsymbol{u}_j)\|_2^2-\left(1-\frac{p}{2}\right)^2\sum_i\lambda_i\|\boldsymbol{A}(\boldsymbol{h}_T+\rho\boldsymbol{u}_i)\|_2^2 \\
=&(1-p)\rho^2\|\boldsymbol{A}\boldsymbol{h}\|_2^2+(2-p)\rho(1-\rho)\langle\boldsymbol{A}\boldsymbol{h}_T,\boldsymbol{A}\boldsymbol{h}\rangle+\frac{1-p}{2}\sum_{i,j}\rho^2\lambda_i\lambda_j\|\boldsymbol{A}(\boldsymbol{u}_i-\boldsymbol{u}_j)\|_2^2 \\
&+\sum_i \lambda_i \left\| \boldsymbol{A}\left(\left(1-\rho-\frac{p}{2}\right)\boldsymbol{h}_T-\frac{p}{2}\rho\boldsymbol{u}_i\right)\right\|_2^2-\left(1-\frac{p}{2}\right)^2\sum_i\lambda_i\|\boldsymbol{A}(\boldsymbol{h}_T+\rho\boldsymbol{u}_i)\|_2^2.
\end{aligned}
$$

因为 $\boldsymbol{u}_i-\boldsymbol{u}_j$, $\left(1-\rho-\frac{p}{2}\right)\boldsymbol{h}_T-\frac{p}{2}\rho\boldsymbol{u}_i$ 和 $\boldsymbol{h}_T+\rho\boldsymbol{u}_i$ 都是 $2s$-稀疏的, 根据 δ_{2s} 的定义以及不等式 (1.4.8), 我们可以得到

$$
\begin{aligned}
0\leqslant&(1-p)\rho^2(\eta+\epsilon)^2+(2-p)\rho(1-\rho)\sqrt{1+\delta_{2s}}\|\boldsymbol{h}_T\|_2(\eta+\epsilon) \\
&+(1+\delta_{2s})\left[\sum_i\lambda_i\left\|\left(1-\rho-\frac{p}{2}\right)\boldsymbol{h}_T-\frac{p}{2}\rho\boldsymbol{u}_i\right\|_2^2+\frac{1-p}{2}\sum_{i,j}\rho^2\lambda_i\lambda_j\|\boldsymbol{u}_i-\boldsymbol{u}_j\|_2^2\right] \\
&-(1-\delta_{2s})\left(1-\frac{p}{2}\right)^2\sum_i\lambda_i\|\boldsymbol{h}_T+\rho\boldsymbol{u}_i\|_2^2 \\
=&(2-p)(1-\rho)\rho\sqrt{1+\delta_{2s}}\|\boldsymbol{h}_T\|_2(\eta+\epsilon)+(1-p)\rho^2(\eta+\epsilon)^2 \\
&+\left[(1+\delta_{2s})\left(1-\rho-\frac{p}{2}\right)^2-(1-\delta_{2s})\left(1-\frac{p}{2}\right)^2\right]\|\boldsymbol{h}_T\|_2^2 \\
&+\left[2\left(1-\frac{p}{2}\right)^2\rho^2\delta_{2s}\right]\sum_i\lambda_i\|\boldsymbol{u}_i\|_2^2-(1-p)\rho^2(1+\delta_{2s})\|\boldsymbol{h}_{T^c}\|_2^2.
\end{aligned}
$$

我们选取 $\rho=\mu^*$, 有

$$
\begin{aligned}
0\leqslant&(2-p)(1-\mu^*)\mu^*\sqrt{1+\delta_{2s}}\|\boldsymbol{h}_T\|_2(\eta+\epsilon)+(1-p)(\mu^*)^2(\eta+\epsilon)^2 \\
&+\left[(1+\delta_{2s})\left(1-\mu^*-\frac{p}{2}\right)^2-(1-\delta_{2s})\left(1-\frac{p}{2}\right)^2\right]\|\boldsymbol{h}_T\|_2^2
\end{aligned}
$$

$$
\begin{aligned}
&+\left[2\left(1-\frac{p}{2}\right)^2(\mu^*)^2\delta_{2s}\right]\left(\|\boldsymbol{h}_{T^c}\|_2^2\right)^{\frac{2-2p}{2-p}}\left(\|\boldsymbol{h}_T\|_2^2\right)^{\frac{p}{2-p}}-(1-p)(\mu^*)^2(1+\delta_{2s})\|\boldsymbol{h}_{T^c}\|_2^2\\
\leqslant&(2-p)(1-\mu^*)\mu^*\sqrt{1+\delta_{2s}}\|\boldsymbol{h}_T\|_2(\eta+\epsilon)+(1-p)(\mu^*)^2(\eta+\epsilon)^2\\
&+\left[(1+\delta_{2s})\left(1-\mu^*-\frac{p}{2}\right)^2-(1-\delta_{2s})\left(1-\frac{p}{2}\right)^2\right]\|\boldsymbol{h}_T\|_2^2\\
&+\frac{p}{2}(1+\delta_{2s})\left(\frac{(2-p)\delta_{2s}}{1+\delta_{2s}}\right)^{\frac{2}{p}-1}(\mu^*)^2\|\boldsymbol{h}_T\|_2^2.
\end{aligned}
$$

在第一个不等式中我们用到了 [200] 中的结论 (23), 然后对关于 $\|\boldsymbol{h}_{T^c}\|_2$ 的函数求导来得到最大值. 这个形式仍然很复杂, 所以我们尝试在 $\delta_{2s}<\delta(p)-\dfrac{\mu^*}{2-p-\mu^*}$ 条件下简化上述结论,

$$
\begin{aligned}
0\leqslant&(2-p)(1-\mu^*)\mu^*\sqrt{1+\delta_{2s}}\|\boldsymbol{h}_T\|_2(\eta+\epsilon)+(1-p)(\mu^*)^2(\eta+\epsilon)^2\\
&+(2-p-\mu^*)\left[-\mu^*+\delta_{2s}(2-p-\mu^*)\right]\|\boldsymbol{h}_T\|_2^2.
\end{aligned}
$$

到目前为止, 我们已经得到了关于 $\|\boldsymbol{h}_T\|_2$ 的二阶不等式. 当 $\delta_{2s}<\delta(p)$ 时, 我们有

$$
\|\boldsymbol{h}_T\|_2\leqslant\frac{(2-p)(1-\mu^*)\mu^*\sqrt{1+\delta_{2s}}+(2-p-\mu^*)\mu^*\sqrt{(1-p)(\delta(p)-\delta_{2s})}}{(2-p-\mu^*)^2(\delta(p)-\delta_{2s})}(\eta+\epsilon).
$$

因为 $\|\boldsymbol{h}_{T^c}\|_2^2\leqslant\|\boldsymbol{h}_T\|_2^2$, 所以我们有

$$
\begin{aligned}
\|\boldsymbol{h}\|_2\leqslant&\sqrt{\|\boldsymbol{h}_T\|_2^2+\|\boldsymbol{h}_{T^c}\|_2^2}\leqslant\sqrt{2}\|\boldsymbol{h}_T\|_2\\
\leqslant&\frac{\sqrt{2}(2-p)(1-\mu^*)\mu^*\sqrt{1+\delta_{2s}}+(2-p-\mu^*)\mu^*\sqrt{2(1-p)(\delta(p)-\delta_{2s})}}{(2-p-\mu^*)^2(\delta(p)-\delta_{2s})}(\eta+\epsilon).
\end{aligned}
$$

第二种情形和第一种情形类似, 只需利用

$$
\|\boldsymbol{A}^{\mathrm{T}}\boldsymbol{A}\boldsymbol{h}\|_\infty\leqslant\|\boldsymbol{A}^{\mathrm{T}}(\boldsymbol{A}\hat{\boldsymbol{x}}^{\mathrm{DS}}-\boldsymbol{y})\|_\infty+\|\boldsymbol{A}^{\mathrm{T}}(\boldsymbol{A}\boldsymbol{x}-\boldsymbol{y})\|_\infty\leqslant\eta+\epsilon
$$

和

$$
\langle\boldsymbol{A}\boldsymbol{h}_T,\boldsymbol{A}\boldsymbol{h}\rangle\leqslant\langle\boldsymbol{h}_T,\boldsymbol{A}^{\mathrm{T}}\boldsymbol{A}\boldsymbol{h}\rangle\leqslant\|\boldsymbol{h}_T\|_1\|\boldsymbol{A}^{\mathrm{T}}\boldsymbol{A}\boldsymbol{h}\|_\infty\leqslant\sqrt{s}\|\boldsymbol{h}_T\|_2(\eta+\epsilon).
$$

因此我们就完成了该定理的证明. □

注意当 $p\to0$ 时 $\delta(p)\to1$ 以及当 $p=1$ 时 $\delta(1)=\dfrac{\sqrt{2}}{2}$, 此时上述定理与定理 1.4.3 中 $t=2$ 的情况完全相同. 因此结合定理 1.4.8, 我们给出了 $0<p\leqslant1$ 的一致最优上界.

定理 1.4.8 ([87, 200])　固定 $p \in (0,1]$, 则对任意的 $\epsilon > 0, s > \dfrac{2}{\epsilon}$, 存在矩阵 $\boldsymbol{A}$ 满足 $\delta_{2s} < \delta(p) + \epsilon(\delta_{2s} = \delta(p))$, 以及 s-稀疏向量 $\boldsymbol{x}^*$, 使得 $\mathcal{B} = \{0\}$ 的 l_p 优化模型 (1.4.6) 无法准确地恢复 s-稀疏向量 $\boldsymbol{x}^*$.

基于 $l_{1/2}$ 约束的正则化方法作为 l_p 优化中使用较为频繁的一类, 已经被成功地应用于超光谱分离[148]、合成孔径雷达成像[195,197]、机器学习[102,189]、基因选择[117] 和实用工程学[100] 中. 这一方法为解决广泛的稀疏信号处理问题提供了高效求解的新思路, 尤其是在突破传统奈奎斯特采样下进行雷达成像, 为稀疏雷达的实用化带来了可能. 基于 $l_{1/2}$ 约束的正则化模型表示为

$$\min_{\boldsymbol{x}} \|\boldsymbol{A}\boldsymbol{x} - \boldsymbol{y}\|_2^2 + \lambda \|\boldsymbol{x}\|_{\frac{1}{2}}^{\frac{1}{2}},$$

这里 $\lambda > 0$ 是正则化参数. $l_{1/2}$ 正则化允许对其求解进行阈值表示, 详细如下.

引理 1.4.1 ([192])　对任意实数 $\mu \in (0, \|\boldsymbol{A}\|_2^{-2})$, $l_{1/2}$ 模型的最小解 $\bar{\boldsymbol{x}}$ 满足

$$\bar{\boldsymbol{x}} = H_{\lambda\mu,\frac{1}{2}}(B_\mu(\bar{\boldsymbol{x}})),$$

这里半阈值算子 (Half Thresholding Operator) $H_{\lambda\mu,\frac{1}{2}}(\boldsymbol{z}) = \Big(h_{\lambda\mu,\frac{1}{2}}(z_1), \cdots, h_{\lambda\mu,\frac{1}{2}}(z_N)\Big)^{\mathrm{T}}$, $\boldsymbol{z} \in \mathbb{R}^N$, 其中

$$h_{\lambda\mu,\frac{1}{2}}(z_i) = \begin{cases} f_{\lambda\mu,\frac{1}{2}}(z_i), & |z_i| > \dfrac{\sqrt[3]{54}}{4}(\lambda\mu)^{\frac{2}{3}}, \\ 0, & \text{其他}. \end{cases}$$

$f_{\lambda\mu,\frac{1}{2}}(z_i) = \dfrac{2}{3} z_i \left(1 + \cos\left(\dfrac{2\pi}{3} - \dfrac{2}{3}\phi_{\lambda\mu}(z_i)\right)\right)$, $\phi_{\lambda\mu}(z_i) = \arccos\left(\dfrac{\lambda\mu}{8}\left(\dfrac{|z_i|}{3}\right)^{-3/2}\right)$, $B_\mu(\bar{\boldsymbol{x}}) = \bar{\boldsymbol{x}} - \mu \boldsymbol{A}^{\mathrm{T}}(\boldsymbol{A}\bar{\boldsymbol{x}} - \boldsymbol{y})$.

求解 $l_{1/2}$ 正则化模型的一类阈值算法可以很自然地表示如下:

$$\boldsymbol{x}_{t+1} = H_{\lambda\mu,\frac{1}{2}}\left(\boldsymbol{x}_t + \mu_t \boldsymbol{A}^{\mathrm{T}}(\boldsymbol{y} - \boldsymbol{A}\boldsymbol{x}_t)\right). \tag{1.4.9}$$

这类算法被称为迭代半阈值算法 (Iterative Half Thresholding Algorithm)[192]. 在如下的定理中, 我们知道 $\bar{\boldsymbol{x}}$ 在满足某些条件下是 $l_{1/2}$ 正则化模型的局部极小解.

定理 1.4.9 ([196])　假设由算法 (1.4.9) 得到的序列 $\{\boldsymbol{x}^{(n)}\}$ 收敛于 $\bar{\boldsymbol{x}}$, $I = \mathrm{supp}(\bar{\boldsymbol{x}})$. 如果

$$\sigma_{\min}(\boldsymbol{A}_I^{\mathrm{T}} \boldsymbol{A}_I) > \frac{\|\boldsymbol{A}\|_2^2}{4} \tag{1.4.10}$$

与

$$\frac{1}{4\sigma_{\min}(\boldsymbol{A}_I^{\mathrm{T}}\boldsymbol{A}_I)} < \mu < \frac{1}{\|\boldsymbol{A}\|_2^2},$$

那么, $\bar{\boldsymbol{x}}$ 是 $T_\lambda(\boldsymbol{x})$ 的局部极小解.

近些年来, 矩阵 $\boldsymbol{A}$ 的限制等距性质 (参见 (1.1.2)) 被引入来刻画 $\boldsymbol{A}$ 的 k 列子矩阵奇异值的集中程度[42]. 如果 $\boldsymbol{A}$ 满足 s 阶限制等距性质 ($\|\bar{\boldsymbol{x}}\|_0 \leqslant s$), 那么矩阵 $\boldsymbol{A}_I^{\mathrm{T}}\boldsymbol{A}_I$ 的条件数满足

$$\mathrm{Cond}(\boldsymbol{A}_I^{\mathrm{T}}\boldsymbol{A}_I) := \frac{\sigma_{\max}(\boldsymbol{A}_I^{\mathrm{T}}\boldsymbol{A}_I)}{\sigma_{\min}(\boldsymbol{A}_I^{\mathrm{T}}\boldsymbol{A}_I)} \leqslant \frac{1+\delta_s}{1-\delta_s} < 4.$$

也就是说, 当矩阵 $\boldsymbol{A}$ 满足某种 RIP 时, 定理 1.4.9 中的条件 (1.4.10) 成立.

性质 1.4.1 ([196]) 假设 $s < \dfrac{n}{2}$, 矩阵 $\boldsymbol{A}$ 满足 s 阶限制等距性质且 $\delta_s < \dfrac{3}{4+2n/s}$ 或 $\delta_{2s} < \dfrac{3}{4+n/s}$, 那么条件 (1.4.10) 成立.

文献 [196] 给出了下述定理来分析迭代半阈值算法的收敛性.

定理 1.4.10 ([196]) 假设由算法 (1.4.9) 得到的序列 $\{\boldsymbol{x}_t\}$ 收敛到 $\bar{\boldsymbol{x}}$, $I = \mathrm{supp}(\bar{\boldsymbol{x}})$, $e = \min\limits_{i\in I}|\bar{x}_i|$. 如果下列两个条件

- $\sigma_{\min}(\boldsymbol{A}_I^{\mathrm{T}}\boldsymbol{A}_I) > 0$ 且 $0 < \lambda < 8e^{3/2}\sigma_{\min}(\boldsymbol{A}_I^{\mathrm{T}}\boldsymbol{A}_I)$;
- $\sigma_{\min}(\boldsymbol{A}_I^{\mathrm{T}}\boldsymbol{A}_I) > \dfrac{\|\boldsymbol{A}\|_2^2}{4}$ 且 $\dfrac{1}{4\sigma_{\min}(\boldsymbol{A}_I^{\mathrm{T}}\boldsymbol{A}_I)} < \mu < \|\boldsymbol{A}\|_2^{-2}$

任一成立, 那么存在一个充分大的正常数 t_0 和 $\rho^* \in (0,1)$, 使得当 $t > t_0$ 时, 有

$$\|\boldsymbol{x}_{t+1} - \boldsymbol{x}^*\|_2 \leqslant \rho^* \|\boldsymbol{x}_t - \boldsymbol{x}^*\|_2 .$$

文献 [181] 用 RIP 条件来刻画针对 l_p 模型的迭代硬阈值算法

$$\boldsymbol{x}_{t+1} = \mathcal{H}\left(\boldsymbol{x}_t - \mu\boldsymbol{A}^{\mathrm{T}}(\boldsymbol{A}\boldsymbol{x}_t - \boldsymbol{b})\right)$$

的收敛性, 给出更一般性的结论, 这里 $\mathcal{H}(\cdot)$ 是一个分量阈值算子, 具体定义参见 [181].

定理 1.4.11 ([181]) 设 $\{\boldsymbol{x}_t\}$ 是由迭代硬阈值算法针对 $\boldsymbol{b} = \boldsymbol{A}\boldsymbol{x} + \boldsymbol{z}$ 模型得到的序列, $\boldsymbol{x}$ 是真实解. 假设矩阵 $\boldsymbol{A}$ 满足 RIP 条件且 $\delta_{3s+1} < \dfrac{\sqrt{5}-1}{2}$, 步长 $\mu = 1$, 那么有

$$\|\boldsymbol{x}_t - \boldsymbol{x}\|_2 \leqslant \rho^t\|\boldsymbol{x}_0 - \boldsymbol{x}\|_2 + \frac{\sqrt{5}+1}{2-2\rho}\|\boldsymbol{A}^{\mathrm{T}}\boldsymbol{z}\|_2,$$

这里 $\rho = \dfrac{\sqrt{5}+1}{2}\delta_{3s+1} < 1$. 特别地, 当噪声 $\boldsymbol{z} = \mathbf{0}$ 时, 有

$$\|\boldsymbol{x}_t - \boldsymbol{x}\|_2 \leqslant \rho^t \|\boldsymbol{x}_0 - \bar{\boldsymbol{x}}\|_2.$$

1.5 与相关领域的联系

稀疏向量的恢复结果在其他领域也具有重要意义. 现在, 我们以低秩矩阵恢复问题和适应于紧框架的压缩感知理论作为扩展.

1.5.1 低秩矩阵恢复

低秩矩阵恢复问题的核心是在其线性变换的基础上恢复一个未知低秩矩阵, 并且该矩阵可能包含一些噪声[151]. 假设我们有

$$\boldsymbol{b} = \mathcal{A}(\boldsymbol{X}^*) + \boldsymbol{z},$$

这里 $\mathcal{A}: \mathbb{R}^{n_1 \times n_2} \to \mathbb{R}^m$ 为已知的线性映射, $\boldsymbol{X}^* \in \mathbb{R}^{n_1 \times n_2} (n_1 \leqslant n_2)$ 为未知低秩矩阵, $\boldsymbol{z}$ 为某种类型的噪声. 约束核范数最小化方法[151] 可以用于寻找矩阵 $\boldsymbol{X}^*$, 这是一种类似于 l_1 优化 (1.4.2) 的方法:

$$\min_{\boldsymbol{X} \in \mathbb{R}^{n_1 \times n_2}} \|\boldsymbol{X}\|_* \quad \text{s.t.} \quad \mathcal{A}(\boldsymbol{X}) - \boldsymbol{b} \in \mathcal{B}, \tag{1.5.1}$$

这里 $\|\boldsymbol{X}\|_*$ 为矩阵 $\boldsymbol{X}$ 的核范数, 即 $\boldsymbol{X}$ 的所有奇异值的和. 集合 $\mathcal{B}$ 通常设置为 $\mathcal{B}^{l_2} = \{\boldsymbol{z} : \|\boldsymbol{z}\|_2 \leqslant \epsilon\}$ 或 $\mathcal{B}^{\mathrm{DS}} = \{\boldsymbol{z} : \|\mathcal{A}^*(\boldsymbol{z})\| \leqslant \epsilon\}$, $\|\cdot\|$ 表示谱范数以及 $\mathcal{A}^*$ 为 $\mathcal{A}$ 的对偶算子.

为了刻画模型 (1.5.1) 的性能, 我们还定义了线性映射 $\mathcal{A}$ 的限制等距性质, 这与矩阵的 RIP 定义 (1.1.2) 相似.

定义 1.5.1 ([151]) 对于线性映射 $\mathcal{A}$, 如果存在常数 $\delta_r \in (0,1)$ 使得, 对任意的秩小于等于 r 的矩阵 $\boldsymbol{X}$,

$$(1-\delta_r)\|\boldsymbol{X}\|_2^2 \leqslant \|\mathcal{A}(\boldsymbol{X})\|_F^2 \leqslant (1+\delta_r)\|\boldsymbol{X}\|_F^2 \tag{1.5.2}$$

成立, 则称 $\mathcal{A}$ 满足 r 阶限制等距性质, $\|\boldsymbol{X}\|_F$ 为矩阵的 Frobenius 范数. 最小的常数 δ_r 称为 $\mathcal{A}$ 的 r 阶限制等距常数.

类似地, 我们可以利用 RIP 条件, 通过核范数最小化 (1.5.1) 来保证低秩矩阵的精确 (稳定) 恢复 (见 [30, 31, 38, 138, 151, 166, 177, 178]). 文献 [31] 利用模型 (1.5.1) 证明了限制等距常数 $\delta_r < \sqrt{\dfrac{t-1}{t}} \left(t \geqslant \dfrac{4}{3}\right)$ 是秩-r 矩阵最优 RIP 上界. 结合文献 [199], 我们可以得到完整的结果. 当 $t < \dfrac{4}{3}$ 时, 最优上界为 $\delta_r < \dfrac{t}{4-t}$.

类似地, 我们可以建立另一个非凸低秩矩阵恢复模型, 该模型定义为

$$\min \|\boldsymbol{X}\|_p^p \quad \text{s.t.} \quad \mathcal{A}(\boldsymbol{X}) - \boldsymbol{b} \in \mathcal{B}, \tag{1.5.3}$$

这里 $\|\boldsymbol{X}\|_p$ 为 Schatten-p 拟范数, $\mathcal{B}$ 定义同上.

到目前为止, 许多论文利用矩阵 RIP 条件分析模型 (1.5.3) 的逼近恢复结果, 并提出了一些逼近算法. 结果表明, 在某些情况下, 模型 (1.5.3) 的解可以更好地逼近原始低秩矩阵的解 (见 [107,123]).

在模型 (1.5.3) 设置下, 我们得到了与 (1.4.6) 相似的恢复结果. 简而言之, 如果 $\delta_{2r} < \delta(p)$, 那么我们可以从较少的观测中稳定地恢复秩-r 矩阵[200]. 此外, 这个上界对于 $0 < p \leqslant 1$ 都是最佳的. 证明中使用了矩阵分析的一个非平凡结果, 即凹 Mirsky 不等式[76].

1.5.2 紧框架下的压缩感知理论

相对于标准的压缩感知, 我们将研究基于冗余字典下稀疏信号的恢复问题. 在 [33] 中, E. Candès 等给出了这种设定. 假设我们有一信号 $\boldsymbol{f} \in \mathbb{R}^n$ 可表示为 $\boldsymbol{f} = \boldsymbol{D}\boldsymbol{x}$, 这里 $\boldsymbol{D} \in \mathbb{R}^{n\times d}(d > m)$ 是一些相干和冗余字典 (可以假设 $\boldsymbol{D}$ 为紧框架, 即 $\boldsymbol{D}\boldsymbol{D}^{\mathrm{T}} = \boldsymbol{I}$), $\boldsymbol{x} \in \mathbb{R}^d$ 为稀疏向量. 我们希望从一个可能含有一些噪声的线性测量 $\boldsymbol{y}$ 中恢复信号 $\boldsymbol{f}$. 所以我们考虑下面的模型

$$\min_{\boldsymbol{f}\in\mathbb{R}^m} \|\boldsymbol{D}^{\mathrm{T}}\boldsymbol{f}\|_p^p \quad \text{s.t.} \quad \boldsymbol{A}\boldsymbol{f} - \boldsymbol{y} \in \mathcal{B}, \tag{1.5.4}$$

这里 $p \in [0, 1]$, $\mathcal{B}$ 为噪声集. 当 $p = 1$ 时, 该模型即为凸模型, 并且在 [33] 中, E. Candès 等定义了 $\boldsymbol{D}$-RIP, 它可以用来刻画感知矩阵 $\boldsymbol{A}$ 从模型 (1.5.4) 中恢复信号 $\boldsymbol{f}$ 的能力.

定义 1.5.2 ([33]) ($\boldsymbol{D}$-RIP) 对于测量矩阵 $\boldsymbol{A} \in \mathbb{C}^{m\times n}$, 如果存在常数 $0 < \delta_s^D < 1$ 使得, 对任意的 s-稀疏向量 $\boldsymbol{x}$,

$$(1 - \delta_s^D)\|\boldsymbol{D}\boldsymbol{x}\|_2^2 \leqslant \|\boldsymbol{A}\boldsymbol{D}\boldsymbol{x}\|_2^2 \leqslant (1 + \delta_s^D)\|\boldsymbol{D}\boldsymbol{x}\|_2^2 \tag{1.5.5}$$

成立, 则称 $\boldsymbol{A}$ 满足适应于字典 $\boldsymbol{D}$ 的限制等距性质 (缩写为 $\boldsymbol{D}$-RIP). δ_s^D 为满足上述不等式的最小的常数.

注意, 如果 $\boldsymbol{D} = \boldsymbol{I}$, 这就是标准 RIP (1.1.2). 次高斯矩阵, 特别是高斯矩阵和伯努利矩阵, 如果其行数与 $s\log n$ 同阶 (参见 [33]), 则高概率满足 $\boldsymbol{D}$-RIP.

一些工作[33, 120, 125, 198-200] 致力于寻找 $\boldsymbol{D}$-RIP 最优上界. 上述论文表明最优 $\boldsymbol{D}$-RIP 界与标准压缩感知上界相同.

第 2 章 特殊结构的测量矩阵及其应用

在压缩感知理论发展和完善的过程中, 为了分析模型的稳定性, 建立算法的收敛性, 学者们建立了很多重要定理. 这些定理的成立往往依赖于不等式. 一个常见的表达方式是: 如果不等式

$$f(\boldsymbol{x}) > g(\boldsymbol{x}) \tag{2.0.1}$$

成立, 则某事件成立. 如果存在 $\boldsymbol{x}^*$ 使得 $f(\boldsymbol{x}^*) = g(\boldsymbol{x}^*)$ 并且事件不成立, 则我们称不等式 (2.0.1) 是最佳的. 因为它给出了最严格的限制或最优的结果. 这样的不等式通常被用于逼近问题或最优化理论中. 证明不等式是否最佳通常依赖于反例的构造. 本章通过构造性证明对压缩感知中几个关于最佳充分条件的公开问题给出肯定的回答. 对这些公开问题的研究往往需要引入新的数学工具, 提出新的方法. 公开问题的解决除了问题本身的价值以外, 也进一步推动了压缩感知理论的完善和发展, 并使得压缩感知理论与其他研究领域 (信息论、统计学、量子理论等) 建立了新的联系.

2.1 正交匹配追踪算法

我们首先介绍正交匹配追踪 (Orthogonal Matching Pursuit, OMP) 算法[145]. OMP 的基本思想是在每一次迭代中做一个当前的最佳选择. 因此, OMP 隶属于贪婪算法. 算法的提出可以追溯到 1993 年 S. Mallat 等学者的工作[130]. 2004 年, J. Tropp 将 OMP 算法成功地引入压缩感知领域中[171]. 在每一次的迭代中, OMP 将所选的测量矩阵的列依次进行 Schmidt 正交化, 然后将待分解信号减去在正交化后的矩阵列上各自的分量, 即可得残差. 对于 s-稀疏的信号, OMP 一个自然的停止准则是在迭代 s 次后停止. 我们在本节中证明当测量矩阵的限制等距常数满足

$$\delta_{s+1} < \frac{1}{\sqrt{s}+1} \tag{2.1.1}$$

时, OMP 能够在 s 步迭代后精确地恢复 s-稀疏的信号. 另一方面, 存在满足

$$\delta_{s+1} = \frac{1}{\sqrt{s}}$$

的测量矩阵和特定的 s-稀疏信号, 使得 OMP 无法准确地选取非零元素的坐标[137]. 以上两个结果的建立源自 W. Dai 和 O. Milenkovic 在论著中提出的关于 OMP 算法收敛性的一个猜想[52]. 充分条件 (2.1.1) 可以被改进为紧的估计 $\delta_{s+1} < \frac{1}{\sqrt{s+1}}$[135].

OMP 算法没有选择参数的需求, 实现也非常容易, 计算复杂度不高, 因此被广泛地应用到图像压缩、图像去噪、字典学习等各类问题中[19]. 稀疏表示是字典学习的核心思想, 确定的字典包括小波基、冗余紧框架、Gabor 框架等. 确定字典的基本假设是信号可以通过字典中的几个甚至一个元素表示. 但是给定的字典总是具有局限性, 例如在小波分析中, 我们往往假设信号具有一定的光滑性. 另一种选择字典的方法是自适应的, 字典学习考虑从数据本身出发, 通过一定的方法, 例如求解优化模型、构造适用于该数据或者类似数据的表示系统. 从优化角度理解, OMP 算法通过迭代的方式求解优化问题:

$$\min_{\tilde{\boldsymbol{x}}} \frac{1}{2}\|\boldsymbol{A}\tilde{\boldsymbol{x}} - \boldsymbol{y}\|_2^2 \quad \text{s.t.} \quad \|\tilde{\boldsymbol{x}}\|_0 \leqslant s.$$

算法 1 正交匹配追踪算法 (OMP)

输入 $\boldsymbol{A}, \boldsymbol{y}$

令 $\gamma_0 = \varnothing$, $\boldsymbol{r}_0 = \boldsymbol{y}$, $j = 1$, 更新

$$\begin{cases} \gamma_j = \gamma_{j-1} \cup \arg\max\limits_i |\langle \boldsymbol{A}\boldsymbol{e}_i, \boldsymbol{r}_{j-1}\rangle| & (2.1.2) \\ \boldsymbol{x}_j = \arg\min\limits_{\boldsymbol{w}} \|\boldsymbol{A}_{\gamma_j}\boldsymbol{w} - \boldsymbol{y}\|_2^2 & (2.1.3) \\ \boldsymbol{r}_j = \boldsymbol{y} - \boldsymbol{A}_{\gamma_j}\boldsymbol{x}_j & (2.1.4) \\ j = j+1 \end{cases}$$

得到 $\hat{\boldsymbol{x}}_{\gamma_j} = \boldsymbol{x}_j$, $\hat{\boldsymbol{x}}_{\gamma_j^C} = \boldsymbol{0}$, 输出 $\hat{\boldsymbol{x}}$.

OMP 算法的伪代码见算法 1. 对于一个 s-稀疏的信号, 如果 OMP 在某一步做了一个错的选择, 那么这个错误的指标就会一直保留在向量里. 对于任意给定的指标集 γ_j, OMP 需要求解最小二乘子问题

$$\min_{\boldsymbol{w}} \|\boldsymbol{A}_{\gamma_j}\boldsymbol{w} - \boldsymbol{y}\|_2^2. \tag{2.1.5}$$

如果 $\boldsymbol{A}_{\gamma_j}^{\mathrm{T}}\boldsymbol{A}_{\gamma_j}$ 可逆, 最小值问题 (2.1.5) 的解为

$$\boldsymbol{x}_j = (\boldsymbol{A}_{\gamma_j}^{\mathrm{T}}\boldsymbol{A}_{\gamma_j})^{-1}\boldsymbol{A}_{\gamma_j}^{\mathrm{T}}\boldsymbol{y}.$$

解 $\boldsymbol{x}_j$ 满足

$$\boldsymbol{A}_{\gamma_j}^{\mathrm{T}}\boldsymbol{A}_{\gamma_j}\boldsymbol{x} = \boldsymbol{A}_{\gamma_j}^{\mathrm{T}}\boldsymbol{y}.$$

因此

$$\langle \boldsymbol{A}\boldsymbol{e}_i, \boldsymbol{A}_{\gamma_j}\boldsymbol{x}_j - \boldsymbol{y}\rangle = 0, \quad i \in \gamma_j.$$

这意味着 OMP 在每次迭代中都选择不同的坐标. 这一性质是许多其他贪婪算法, 例如匹配追踪 (Matching Pursuit)[130] 和 Frank-Wolfe 算法[126], 所不具备的. 基于限制等距性质或者相互相干性条件, 我们可以为这些算法建立类似的收敛性分析.

我们采用限制等距性质 (1.1.2) 刻画 OMP 的收敛性. 不失一般性, 假设 s-稀疏向量 $\boldsymbol{x}$ 的非零元素为 x_1, x_2, $\cdots$, x_s. 给定矩阵 $\boldsymbol{A}$, 我们定义

$$S_i := \langle \boldsymbol{A}\boldsymbol{e}_i, \boldsymbol{A}\boldsymbol{x}\rangle, \quad i = 1, \cdots, n.$$

记

$$S_0 := \max_{i\in\{1,\cdots,s\}} |S_i|.$$

首先我们介绍一个引理[32, Lemma 2.1].

引理 2.1.1 假设测量矩阵 $\boldsymbol{A}$ 满足限制等距性质 (1.1.2), 对任意支撑集不相交的 s-稀疏和 s'-稀疏向量 $\boldsymbol{x}$, $\boldsymbol{x}'$ 有

$$|\langle \boldsymbol{A}\boldsymbol{x}, \boldsymbol{A}\boldsymbol{y}\rangle| \leqslant \delta_{s+s'}\|\boldsymbol{x}\|_2\|\boldsymbol{x}'\|_2.$$

证明 不失一般性, 令 $\boldsymbol{x}$, $\boldsymbol{x}'$ 均为单位向量, 我们有

$$\begin{aligned}\|\boldsymbol{A}\boldsymbol{x} \pm \boldsymbol{A}\boldsymbol{x}'\|_2^2 &= \|\boldsymbol{A}(\boldsymbol{x} \pm \boldsymbol{x}')\|_2 \leqslant (1+\delta_{s+s'})\|\boldsymbol{x} \pm \boldsymbol{x}'\|_2^2 \\ &= (1+\delta_{s+s'})(\|\boldsymbol{x}\|_2^2 + \|\boldsymbol{x}'\|_2^2) = 2(1+\delta_{s+s'}).\end{aligned}$$

同理, 可得

$$2(1-\delta_{s+s'}) \leqslant \|\boldsymbol{A}\boldsymbol{x} \pm \boldsymbol{A}\boldsymbol{x}'\|_2^2 \leqslant 2(1+\delta_{s+s'}).$$

由平行四边形恒等式得

$$|\langle \boldsymbol{A}\boldsymbol{x}, \boldsymbol{A}\boldsymbol{x}'\rangle| = \frac{1}{4}\left|\|\boldsymbol{A}\boldsymbol{x} + \boldsymbol{A}\boldsymbol{x}'\|_2^2 - \|\boldsymbol{A}\boldsymbol{x} - \boldsymbol{A}\boldsymbol{x}'\|_2^2\right| \leqslant \delta_{s+s'} = \delta_{s+s'}\|\boldsymbol{x}\|_2\|\boldsymbol{x}'\|_2. \quad \square$$

定理 2.1.1 ([137]) 假设测量矩阵的限制等距常数满足

$$\delta_{s+1} < \frac{1}{\sqrt{s+1}},$$

则对于任何 s-稀疏向量, OMP 在 s 步内从 $\boldsymbol{y} = \boldsymbol{A}\boldsymbol{x}$ 中恢复该向量.

证明 由引理 2.1.1,

$$|S_i| = |\langle \boldsymbol{A}\boldsymbol{e}_i, \boldsymbol{A}\boldsymbol{x}\rangle| \leqslant \delta_{s+1}\|\boldsymbol{e}_i\|_2\|\boldsymbol{x}\|_2 = \|\boldsymbol{e}_i\|_2\|\boldsymbol{x}\|_2 \tag{2.1.6}$$

对所有的 $i > s$ 成立. 对于任意给定的 s-稀疏向量 $\boldsymbol{x}$,

$$\langle \boldsymbol{A}\boldsymbol{x}, \boldsymbol{A}\boldsymbol{x}\rangle = \left\langle \boldsymbol{A}\sum_{i=1}^{s} x_i\boldsymbol{e}_i, \boldsymbol{A}\boldsymbol{x} \right\rangle = \sum_{i=1}^{s} x_i\langle \boldsymbol{A}\boldsymbol{e}_i, \boldsymbol{A}\boldsymbol{x}\rangle = \sum_{i=1}^{s} x_i S_i.$$

由限制等距性质 (1.1.2),

$$(1-\delta_{s+1})\|\boldsymbol{x}\|_2^2 \leqslant \langle \boldsymbol{A}\boldsymbol{x}, \boldsymbol{A}\boldsymbol{x}\rangle = \sum_{i=1}^{s} x_i S_i \leqslant S_0\|\boldsymbol{x}\|_1 \leqslant S_0\sqrt{s}\|\boldsymbol{x}\|_2.$$

综上,

$$\frac{(1-\delta_{s+1})\|\boldsymbol{x}\|_2}{\sqrt{s}} \leqslant S_0. \tag{2.1.7}$$

结合不等式 (2.1.6)和不等式 (2.1.7), 可得当

$$\delta_{s+1} < \frac{1}{\sqrt{s}+1} \tag{2.1.8}$$

时, $S_0 > |S_i|$ 对于所有 $i > s$.

考虑 OMP 的第一次迭代, 算法从集合 $\{1, \cdots, s\}$ 中选取正确指标的充分条件是

$$S_0 > |S_i| \quad 对于所有\ i > s.$$

由不等式 (2.1.8), 条件 $\delta_{s+1} < \dfrac{1}{\sqrt{s}+1}$ 可以保证上式成立. OMP 算法的每一次迭代都需要作正交投影, 由归纳法可以证明 OMP 每次迭代都从集合 $\{1, 2, \cdots, s\}$ 中选取一个不同的指标, 因此定理得证. □

定理 2.1.2 ([137]) 对于任意给定的整数 $s \geqslant 2$, 存在一个 s-稀疏的信号 $\boldsymbol{x}$ 和一个测量矩阵 $\boldsymbol{A}$ 满足

$$\delta_{s+1} = \frac{1}{\sqrt{s}},$$

使得 OMP 不能在 s 步内恢复该信号.

证明 对于任意给定的整数 $s \geqslant 2$, 令

$$A = \begin{pmatrix} & & & \frac{1}{s} \\ & I_s & & \vdots \\ & & & \frac{1}{s} \\ 0 & \cdots & 0 & \sqrt{\frac{s-1}{s}} \end{pmatrix}_{(s+1)\times(s+1)},$$

直接验证得

$$A^{\mathrm{T}}A = \begin{pmatrix} & & & \frac{1}{s} \\ & I_s & & \vdots \\ & & & \frac{1}{s} \\ \frac{1}{s} & \cdots & \frac{1}{s} & 1 \end{pmatrix}_{(s+1)\times(s+1)}.$$

矩阵 $A^{\mathrm{T}}A$ 的特征值 $\{\lambda_i\}_{i=1}^{s+1}$ 满足

$$\lambda_1 = \cdots = \lambda_{s-1} = 1, \quad \lambda_s = 1 - \frac{1}{\sqrt{s}}, \quad \lambda_{s+1} = 1 + \frac{1}{\sqrt{s}}.$$

因此矩阵 A 的限制等距常数 $\delta_{s+1} = \frac{1}{\sqrt{s}}$. 令

$$x = (1, 1, \cdots, 1, 0)^{\mathrm{T}} \in \mathbb{R}^{s+1},$$

则有

$$S_i = \langle Ae_i, Ax \rangle = 1 \quad 对于所有\ i \in \{1, \cdots, s+1\}.$$

这意味 OMP 算法在第一步迭代时就有可能出错了. □

注 2.1.1 从定理 2.1.2 中可以观察到: 如果增加 OMP 算法的迭代次数或者一次选多个下标参与迭代, 则有可能使得算法找到的指标集合包含所有非零元素的位置, 这样的策略目前已被诸多其他贪婪算法采用, 例如 CoSamp[142], Subspace Pursuit[52], 以及 IHT[16] 等算法. 增加 OMP 迭代的次数相关的工作可见 [190, 201]. 其中我们将在后面的章节中详细讨论一种 IHT 算法的变形算法: BIHT 算法.

注 2.1.2 正交匹配追踪算法是一个非常容易实现且有效的算法, 它不依赖于任何参数. 这是许多其他算法不具备的. 因此很多学者都投入到对它的研究中. 定理 2.1.2 中反例的构造推动了澳大利亚技术科学与工程院院士 F. De Hoog[193], 法国 IEEE 和 EURASIP 会士 R. Gribonval 教授[94] 等课题组的研究工作. S. Foucart 等在论著 [80] 中详细介绍了定理 2.1.2 及其证明, 并把定理 2.1.1 作为该书的习题 6.23.

2.2 稀疏解的唯一性

在本节的讨论中, 我们关注由两个标准正交基的并构成的测量矩阵. 首先回顾优化模型

$$\min_{\boldsymbol{x}} \|\boldsymbol{x}\|_0 \quad \text{s.t.} \quad \boldsymbol{A}\boldsymbol{x} = \boldsymbol{y}. \tag{2.2.1}$$

一个自然的要求是模型 (2.2.1) 的解是唯一的. 不同于第 1 章的限制等距性质, 本章讨论测量矩阵的另一个概念: Spark. 记矩阵的最小线性相关列的个数为 Spark($\boldsymbol{A}$). 在拟阵的研究中, Spark 也是一个非常基本的概念. 一个给定矩阵的 Spark 等于由这个矩阵的列向量生成的拟阵的周长[170]. 根据定义, 我们有

$$\text{Spark}(\boldsymbol{A}) = \min_{\boldsymbol{x}\in\ker(\boldsymbol{A})} \|\boldsymbol{x}\|_0.$$

通过矩阵的 Spark, 我们可以建立模型 (2.2.1) 解的唯一性定理.

定理 2.2.1 ([19]) *如果线性系统 $\boldsymbol{y} = \boldsymbol{A}\boldsymbol{x}$ 有一个解满足 $\|\boldsymbol{x}^*\|_0 < \text{Spark}(\boldsymbol{A})/2$, 那么解 $\boldsymbol{x}^*$ 为线性系统的最稀疏解.*

证明 假设存在另一向量 $\boldsymbol{x}$, 满足 $\boldsymbol{A}\boldsymbol{x}^* = \boldsymbol{A}\boldsymbol{x}$. 下面我们证明 $\boldsymbol{x}$ 不是优化问题 (2.2.1) 的解. 则 $\boldsymbol{A}(\boldsymbol{x}^* - \boldsymbol{x}) = \boldsymbol{A}\boldsymbol{x}^* - \boldsymbol{A}\boldsymbol{x} = \boldsymbol{0}$. 因此 $\boldsymbol{x}^* - \boldsymbol{x}$ 属于 $\boldsymbol{A}$ 的零空间. 注意到

$$\|\boldsymbol{x}^*\|_0 + \|\boldsymbol{x}\|_0 \geqslant \|\boldsymbol{x}^* - \boldsymbol{x}\|_0 \geqslant \text{Spark}(\boldsymbol{A}).$$

联合条件 $\|\boldsymbol{x}^*\|_0 < \text{Spark}(\boldsymbol{A})/2$, 有

$$\|\boldsymbol{x}^*\|_0 < \text{Spark}(\boldsymbol{A})/2 < \|\boldsymbol{x}\|_0.$$

□

定理 2.2.1 从理论上保证可以通过求解非凸优化问题 (2.2.1) 恢复稀疏向量 $\boldsymbol{x}$. 定理 2.2.1 同时也说明 Spark 越大, 可以通过优化模型恢复的稀疏解的集合就越大. 计算一个矩阵的 Spark 数是一个 NP-难的问题[19]. 为此, D. Donoho 等定义了矩阵的相互相干性常数并通过它估计矩阵的 Spark.

定义 2.2.1 ([62]) *令 $\boldsymbol{A}$ 是一个 $m \times n$ 矩阵, 其中 $m < n$. 相互相干性常数 μ 定义为*

$$\mu = \max_{i\neq j} \frac{|\langle A_i, A_j\rangle|}{\|A_i\|_2\|A_j\|_2}.$$

相较于计算矩阵的 Spark, 相互相干性常数的计算是多项式时间的. 对于一些具有特定结构的矩阵, 相互相干性常数往往可以直接观察而得.

例 2.2.1　对于矩阵

$$\boldsymbol{A} = [\boldsymbol{I}, \boldsymbol{F}],$$

其中, $\boldsymbol{I}$ 是单位矩阵. $\boldsymbol{F} \in \mathbb{C}^{n\times n}$ 是离散傅里叶正交矩阵. 容易验证测量矩阵 $\boldsymbol{A}$ 的相互相干性常数为 $\mu(\boldsymbol{A}) = \dfrac{1}{\sqrt{n}}$.

矩阵的 Spark 和相互相干性常数之间的关系可以通过下面的定理体现:

定理 2.2.2 ([19,62])　令 $\boldsymbol{A}$ 是一个 $m \times n$ 矩阵, 则总有

$$\operatorname{Spark}(\boldsymbol{A}) \geqslant 1 + \frac{1}{\mu} \tag{2.2.2}$$

成立.

证明　不失一般性, 将矩阵 $\boldsymbol{A}$ 的列向量模长均标准化为 1, 则归一化后的矩阵保持了原矩阵的 Spark 数和相互相干性常数. 考虑 $\boldsymbol{A}$ 的 p 列列向量组成的子矩阵 $\boldsymbol{A}_\gamma$ 及其对应 Gram 矩阵 $\boldsymbol{G} = \boldsymbol{A}_\gamma^{\mathrm{T}} \boldsymbol{A}_\gamma$, 满足

$$\boldsymbol{G}_{k,k} = 1, \quad 1 \leqslant k \leqslant m \tag{2.2.3}$$

和

$$|\boldsymbol{G}_{k,j}| \leqslant \mu, \quad 1 \leqslant k, j \leqslant m,\ k \neq j. \tag{2.2.4}$$

由圆盘定理可知, 如果

$$\sum_{j\neq i} |\boldsymbol{G}_{i,j}| < \boldsymbol{G}_{i,i},$$

则 $\boldsymbol{G}$ 是正定的, 从而选取的 p 列列向量线性无关. 反之, 如果 p 列列向量线性相关, 则有

$$\sum_{j\neq i} |\boldsymbol{G}_{i,j}| \geqslant \boldsymbol{G}_{i,i} = 1.$$

结合 (2.2.3) 和 (2.2.4), 有

$$(p-1)\mu \geqslant \sum_{j\neq i} |\boldsymbol{G}_{i,j}| \geqslant \boldsymbol{G}_{i,i} = 1.$$

因此,

$$\operatorname{Spark}(\boldsymbol{A}) = p \geqslant 1 + \frac{1}{\mu}.$$ □

结合定理 2.2.1 和定理 2.2.2, 我们有

定理 2.2.3 ([19]) 如果线性系统 $\boldsymbol{y}=\boldsymbol{A}\boldsymbol{x}$ 有一个解满足

$$\|\boldsymbol{x}\|_0<\frac{1}{2}\left(1+\frac{1}{\mu}\right),$$

那么解 $\boldsymbol{x}$ 为线性系统的最稀疏解.

注 2.2.1 定理 2.2.3 对设计测量矩阵提出了要求: 测量矩阵 $\boldsymbol{A}$ 的相互相干性常数越小, 则优化模型 (2.2.1) 所适用的向量就越多.

2.3 无 偏 基

定理 2.2.2 和定理 2.2.3 适用于任意的满秩矩阵. 对于不等式 (2.2.2), 当测量矩阵具有一些特殊结构时, 我们可以得到更强的结果. 特别地, 对于任意的正整数 q, 设测量矩阵

$$\boldsymbol{A}=\begin{pmatrix}\boldsymbol{B}_0 & \boldsymbol{B}_1 & \cdots & \boldsymbol{B}_q\end{pmatrix}, \tag{2.3.1}$$

其中 $\boldsymbol{B}_i,\ i=0,1,\cdots,q$ 为 $\mathbb{R}^n$ 空间中的正交矩阵. 对于式(2.3.1) 所定义的矩阵, R. Gribonval 和 M. Nielsen 在 [88, Lemma 3] 中证明:

$$\operatorname{Spark}(\boldsymbol{A})\geqslant\left(1+\frac{1}{q}\right)\frac{1}{\mu(\boldsymbol{A})}. \tag{2.3.2}$$

当 $q=1$ 时, 我们得到一个比不等式 (2.2.2) 更强的估计:

$$\operatorname{Spark}(\boldsymbol{A})\geqslant\frac{2}{\mu(\boldsymbol{A})}. \tag{2.3.3}$$

特别地, 当 $\boldsymbol{B}_0$ 是单位矩阵, $\boldsymbol{B}_1$ 是离散傅里叶矩阵时, 不等式 (2.3.3) 首先由 D. Donoho 和 X. Huo 在 [62, Theorem VI.4] 中得到, 并被称为支集测不准定理. M. Elad 和 A. Bruckstein 将这一结果推广到任意的两个正交矩阵[65, Theorem 1]. 不等式 (2.3.3) 是最佳的, 例如

例 2.3.1 由单位阵和 Hadamard 矩阵构造测量矩阵

$$\boldsymbol{A}=\frac{1}{2}\begin{pmatrix}2&0&0&0&1&1&1&1\\0&2&0&0&1&-1&1&-1\\0&0&2&0&1&1&-1&-1\\0&0&0&2&1&-1&-1&1\end{pmatrix}.$$

向量

$$\boldsymbol{x}=\begin{pmatrix}1&1&0&0&-1&0&-1&0\end{pmatrix}^{\mathrm{T}}$$

属于测量矩阵零空间. 直接计算可得

$$\mathrm{Spark}(\boldsymbol{A}) = \frac{2}{\mu(\boldsymbol{A})} = 4.$$

注 2.3.1　对于两个正交矩阵并的情况, 在随机采样的情况下, E. Candès, J. Romberg 和 T. Tao 做出了一系列突破性的工作[39,42], 从本质上降低了采样的要求, 由此也迎来了压缩感知理论及其应用研究的最高峰.

对于多个正交矩阵的并构成的测量矩阵, R. Gribonval 和 M. Nielsen 在 [88, Lemma 3] 中建立不等式 (2.3.2) 的同时, 很自然地提出了一个公开问题:

是否存在一组标准正交基 $\boldsymbol{B}_i$, $i=0,1,\cdots,q$, 使得不等式 (2.3.2) 中的等号成立?

他们在此后的工作 [89, Section 6.3] 中再次讨论了该公开问题. A. Bruckstein, D. Donoho 和 M. Elad 在论文 [19] 也提出了关于多个正交基并所构成的测量矩阵的一系列公开问题. 为了分析这个公开问题, 我们考虑一类特殊的正交矩阵——“相互无偏基”.

定义 2.3.1　对于正交矩阵

$$\boldsymbol{B} = \begin{pmatrix} \boldsymbol{b}_1 & \boldsymbol{b}_2 & \cdots & \boldsymbol{b}_n \end{pmatrix}, \quad \boldsymbol{B}' = \begin{pmatrix} \boldsymbol{b}_1' & \boldsymbol{b}_2' & \cdots & \boldsymbol{b}_n' \end{pmatrix},$$

如果

$$|\langle \boldsymbol{b}_i, \boldsymbol{b}_j' \rangle| = \frac{1}{\sqrt{n}}$$

对于任意的 i, j 都成立, 则称 $\boldsymbol{B}$ 和 $\boldsymbol{B}'$ 为相互无偏基. 如果集合 $\{\boldsymbol{B}_0,\cdots,\boldsymbol{B}_q\}$ 中任意两个矩阵都是无偏基, 则称集合为相互无偏基 (Mutually Unbiased Bases, MUB).

无偏基是量子力学和量子信息学中一个重要的研究对象. 在 n 维空间中, 相互无偏基的个数不会超过 $n+1$ 个. 对于 $n=6$ 时, 相互无偏基最多有多少个仍然是公开问题[1,168]. 从应用调和分析的角度来看, 形如 (2.3.1) 矩阵的列向量全体构成了 $\mathbb{R}^n$ 空间中的等范数紧框架. 等范数紧框架的性质及其在通信领域的应用可以参阅 T. Strohmer 和 R. Heath 的工作[162]. 事实上大多数现存的无偏基的结构并不简单, 这给分析零空间的结构带来了很大的困难. 下面我们利用量子信息学的相关论文中构造的无偏基构造具有清晰结构的测量矩阵, 并给出对应的稀疏向量, 从而对 R. Gribonval 和 M. Nielsen 提出的公开问题给出正面的回答.

例 2.3.2　令 $q=2$. 通过 [186, Example 4] 中构造的无偏基

$$B_0=\frac{1}{\sqrt{2}}\begin{pmatrix}1&1&0&0\\0&0&1&1\\1&-1&0&0\\0&0&1&-1\end{pmatrix},\quad B_1=\frac{1}{\sqrt{2}}\begin{pmatrix}1&1&0&0\\0&0&1&1\\0&0&1&-1\\1&-1&0&0\end{pmatrix},$$

$$B_2=\frac{1}{\sqrt{2}}\begin{pmatrix}1&1&0&0\\1&-1&0&0\\0&0&1&1\\0&0&1&-1\end{pmatrix},$$

我们构造测量矩阵

$$A=\frac{1}{\sqrt{2}}\begin{pmatrix}1&1&0&0&1&1&0&0&1&1&0&0\\0&0&1&1&0&0&1&1&1&-1&0&0\\1&-1&0&0&0&0&1&-1&0&0&1&1\\0&0&1&-1&1&-1&0&0&0&0&1&-1\end{pmatrix}.$$

验证可知

$$x=\begin{pmatrix}1&0&0&0&0&0&0&1&-1&0&0&0\end{pmatrix}^{\mathrm{T}}$$

属于矩阵 A 的零空间, 即 $Ax=\mathbf{0}$, 矩阵和向量如图 2.1. 直接计算可得

$$\mu(A)=\frac{1}{2},\quad \mathrm{Spark}(A)=3.$$

因此, 测量矩阵 A 满足

$$\mu(A)\,\mathrm{Spark}(A)=\left.\left(1+\frac{1}{q}\right)\right|_{q=2}=\frac{1}{2}\times 3,$$

以及

$$\mathrm{Spark}(A)=1+\frac{1}{\mu(A)}=3.$$

在例 2.3.2 中, 不等式 (2.2.2) 和不等式 (2.3.2) 的等号同时成立. 下面的例子则可以看到两个不等式的区别.

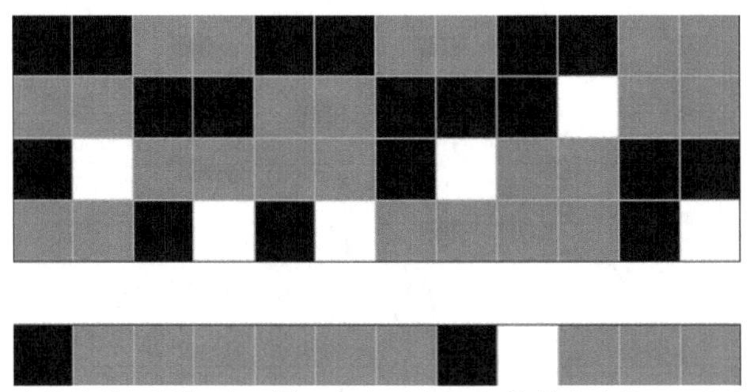

图 2.1　例 2.3.2 中构造的测量矩阵 $\sqrt{2}\boldsymbol{A}$ 和它零空间中的稀疏向量 $\boldsymbol{x}$. 白色方块代表 -1, 黑色方块代表 1, 灰色方块代表 0

例 2.3.3　构造测量矩阵

$$\boldsymbol{A}=\frac{1}{2}\begin{pmatrix}\boldsymbol{B}_0 & \boldsymbol{B}_1 & \boldsymbol{B}_2\end{pmatrix},$$

其中

$$\boldsymbol{B}_0=\begin{pmatrix}
1 & 1 & 1 & 1 & 0 & 0 & 0 & 0 & 0 & 0 & 0 & 0 & 0 & 0 & 0 & 0\\
0 & 0 & 0 & 0 & 1 & 1 & 1 & 1 & 0 & 0 & 0 & 0 & 0 & 0 & 0 & 0\\
0 & 0 & 0 & 0 & 0 & 0 & 0 & 0 & 1 & 1 & 1 & 1 & 0 & 0 & 0 & 0\\
0 & 0 & 0 & 0 & 0 & 0 & 0 & 0 & 0 & 0 & 0 & 0 & 1 & 1 & 1 & 1\\
1 & -1 & 1 & -1 & 0 & 0 & 0 & 0 & 0 & 0 & 0 & 0 & 0 & 0 & 0 & 0\\
0 & 0 & 0 & 0 & 1 & -1 & 1 & -1 & 0 & 0 & 0 & 0 & 0 & 0 & 0 & 0\\
0 & 0 & 0 & 0 & 0 & 0 & 0 & 0 & 1 & -1 & 1 & -1 & 0 & 0 & 0 & 0\\
0 & 0 & 0 & 0 & 0 & 0 & 0 & 0 & 0 & 0 & 0 & 0 & 1 & -1 & 1 & -1\\
1 & -1 & -1 & 1 & 0 & 0 & 0 & 0 & 0 & 0 & 0 & 0 & 0 & 0 & 0 & 0\\
0 & 0 & 0 & 0 & 1 & -1 & -1 & 1 & 0 & 0 & 0 & 0 & 0 & 0 & 0 & 0\\
0 & 0 & 0 & 0 & 0 & 0 & 0 & 0 & 1 & -1 & -1 & 1 & 0 & 0 & 0 & 0\\
0 & 0 & 0 & 0 & 0 & 0 & 0 & 0 & 0 & 0 & 0 & 0 & 1 & -1 & -1 & 1\\
1 & 1 & -1 & -1 & 0 & 0 & 0 & 0 & 0 & 0 & 0 & 0 & 0 & 0 & 0 & 0\\
0 & 0 & 0 & 0 & 1 & 1 & -1 & -1 & 0 & 0 & 0 & 0 & 0 & 0 & 0 & 0\\
0 & 0 & 0 & 0 & 0 & 0 & 0 & 0 & 1 & 1 & -1 & -1 & 0 & 0 & 0 & 0\\
0 & 0 & 0 & 0 & 0 & 0 & 0 & 0 & 0 & 0 & 0 & 0 & 1 & 1 & -1 & -1
\end{pmatrix},$$

$$
\boldsymbol{B}_1=\begin{pmatrix}
1&1&1&1&0&0&0&0&0&0&0&0&0&0&0&0\\
0&0&0&0&1&1&1&1&0&0&0&0&0&0&0&0\\
0&0&0&0&0&0&0&0&1&1&1&1&0&0&0&0\\
0&0&0&0&0&0&0&0&0&0&0&0&1&1&1&1\\
0&0&0&0&1&-1&1&-1&0&0&0&0&0&0&0&0\\
1&-1&1&-1&0&0&0&0&0&0&0&0&0&0&0&0\\
0&0&0&0&0&0&0&0&0&0&0&0&1&-1&1&-1\\
0&0&0&0&0&0&0&0&1&-1&1&-1&0&0&0&0\\
0&0&0&0&0&0&0&0&1&-1&-1&1&0&0&0&0\\
0&0&0&0&0&0&0&0&0&0&0&0&1&-1&-1&1\\
1&-1&-1&1&0&0&0&0&0&0&0&0&0&0&0&0\\
0&0&0&0&1&-1&-1&1&0&0&0&0&0&0&0&0\\
0&0&0&0&0&0&0&0&0&0&0&0&1&1&-1&-1\\
0&0&0&0&0&0&0&0&1&1&-1&-1&0&0&0&0\\
0&0&0&0&1&1&-1&-1&0&0&0&0&0&0&0&0\\
1&1&-1&-1&0&0&0&0&0&0&0&0&0&0&0&0
\end{pmatrix},
$$

以及

$$
\boldsymbol{B}_2=\begin{pmatrix}
1&1&1&1&0&0&0&0&0&0&0&0&0&0&0&0\\
1&-1&1&-1&0&0&0&0&0&0&0&0&0&0&0&0\\
1&-1&-1&1&0&0&0&0&0&0&0&0&0&0&0&0\\
1&1&-1&-1&0&0&0&0&0&0&0&0&0&0&0&0\\
0&0&0&0&1&1&1&1&0&0&0&0&0&0&0&0\\
0&0&0&0&1&-1&1&-1&0&0&0&0&0&0&0&0\\
0&0&0&0&1&-1&-1&1&0&0&0&0&0&0&0&0\\
0&0&0&0&1&1&-1&-1&0&0&0&0&0&0&0&0\\
0&0&0&0&0&0&0&0&1&1&1&1&0&0&0&0\\
0&0&0&0&0&0&0&0&1&-1&1&-1&0&0&0&0\\
0&0&0&0&0&0&0&0&1&-1&-1&1&0&0&0&0\\
0&0&0&0&0&0&0&0&1&1&-1&-1&0&0&0&0\\
0&0&0&0&0&0&0&0&0&0&0&0&1&1&1&1\\
0&0&0&0&0&0&0&0&0&0&0&0&1&-1&1&-1\\
0&0&0&0&0&0&0&0&0&0&0&0&1&-1&-1&1\\
0&0&0&0&0&0&0&0&0&0&0&0&1&1&-1&-1
\end{pmatrix}.
$$

测量矩阵 $\boldsymbol{A}$ 满足 $\mu(\boldsymbol{A})=1/4$. 构造属于 $\boldsymbol{A}$ 的零空间的稀疏向量

$$\boldsymbol{x}=\begin{pmatrix}\boldsymbol{x}^0\\ \boldsymbol{x}^1\\ \boldsymbol{x}^2\end{pmatrix}$$

满足

$$\boldsymbol{x}^0=\begin{pmatrix}1&0&0&0&1&0&0&0&0&0&0&0&0&0&0&0\end{pmatrix}^{\mathrm{T}},$$

$$\boldsymbol{x}^1=\begin{pmatrix}0&0&0&0&0&0&0&0&0&0&1&0&0&0&1&0\end{pmatrix}^{\mathrm{T}},$$

以及

$$\boldsymbol{x}^2=\begin{pmatrix}-1&0&0&0&-1&0&0&0&0&0&0&0&0&0&0&0\end{pmatrix}^{\mathrm{T}}.$$

矩阵和向量如图 2.2. 因此测量矩阵 $\boldsymbol{A}$ 满足 $\mathrm{Spark}\,(\boldsymbol{A})=6$. 直接验证可得

$$\mu\,(\boldsymbol{A})\,\mathrm{Spark}\,(\boldsymbol{A})=\frac{1}{4}\times 6=\left.\left(1+\frac{1}{q}\right)\right|_{q=2},$$

以及

$$\mathrm{Spark}\,(\boldsymbol{A})=6>1+\frac{1}{\mu\,(\boldsymbol{A})}=5.$$

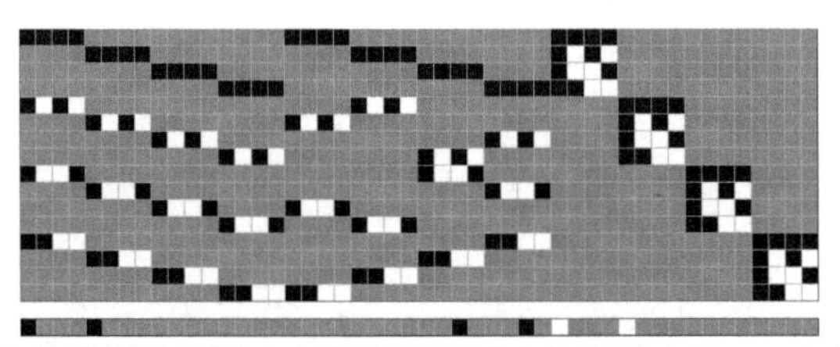

图 2.2 例 2.3.3 中构造的测量矩阵 $2\boldsymbol{A}$ 和它零空间中的稀疏向量 $\boldsymbol{x}$. 白色方块代表 -1, 黑色方块代表 1, 灰色方块代表 0

以上两个例子中无偏基的构造涉及了 Hadamard 矩阵、拉丁方以及有限域的知识[186]. 我们在论文 [160] 构造了两类矩阵, 得到了更一般的结果:

定理 2.3.1 ([160]) 对于任意的 $q=2^m$, $m=1,2,3,\cdots$, 存在由 $q+1$ 个标准正交矩阵构成的测量矩阵 $\boldsymbol{A}$ 满足 $\mathrm{Spark}(\boldsymbol{A})=q+1$, $\mu(\boldsymbol{A})=1/q$. 因此,

$$\mathrm{Spark}(\boldsymbol{A})=1+\frac{1}{\mu(\boldsymbol{A})},\quad \mathrm{Spark}(\boldsymbol{A})=\left(1+\frac{1}{q}\right)\frac{1}{\mu(\boldsymbol{A})}.$$

定理 2.3.2 ([160]) 对于任意的 $q = 2^m$, $m = 1, 2, 3, \cdots$, 存在由 $q + 1$ 个标准正交矩阵构成的测量矩阵 $\widetilde{\boldsymbol{A}}$ 满足 $\text{Spark}(\widetilde{\boldsymbol{A}}) = q^2 + q$, $\mu(\widetilde{\boldsymbol{A}}) = 1/q^2$. 因此,

$$\text{Spark}(\widetilde{\boldsymbol{A}}) > 1 + \frac{1}{\mu(\widetilde{\boldsymbol{A}})}, \quad \text{Spark}(\widetilde{\boldsymbol{A}}) = \left(1 + \frac{1}{q}\right) \frac{1}{\mu(\widetilde{\boldsymbol{A}})}.$$

2.4 贪婪算法和基追踪

对于多个正交基的并构成的测量矩阵, 2.2 节中的定理讨论了非凸优化模型 (2.2.1) 稀疏解的存在唯一性. 然而模型的求解仍然是一个 NP-难问题. 在压缩感知的理论中, 普遍采用两类方法逼近模型 (2.2.1) 的解. 一类是贪婪算法, 其中一个代表性的算法是 2.1 节中讨论的正交匹配追踪算法. 正交匹配追踪算法的收敛性也可以通过相互相干性常数刻画[19,25,171]. 另一类是用凸松弛的模型代替原模型, 其中一个代表性的模型由 D. Donoho 等学者提出的基追踪 (Basis Pursuit, BP) 模型[62], 对于由多个正交矩阵构成的测量矩阵, R. Gribonval 和 M. Nielsen 给出了基于相互相干性常数的等价性条件[88]. J. Tropp 则在 [171] 中证明了这一充分条件也适用于正交匹配追踪算法. 两篇论文的工作可以统一表示为如下定理.

定理 2.4.1 ([88, 171]) 假设测量矩阵

$$\boldsymbol{A} = \begin{pmatrix} \boldsymbol{B}_0 & \boldsymbol{B}_1 & \cdots & \boldsymbol{B}_q \end{pmatrix},$$

其中 $\boldsymbol{B}_i$, $i = 0, 1, \cdots, q$ 是 $\mathbb{R}^n$ 中的标准正交矩阵. 记测量矩阵 $\boldsymbol{A}$ 的相互相干性常数为 μ, 如果向量

$$\boldsymbol{x} = \begin{pmatrix} \boldsymbol{x}^0 \\ \boldsymbol{x}^1 \\ \vdots \\ \boldsymbol{x}^q \end{pmatrix} \in \mathbb{R}^{(q+1)n}$$

满足

$$0 < \|\boldsymbol{x}^0\|_0 \leqslant \|\boldsymbol{x}^1\|_0 \leqslant \cdots \leqslant \|\boldsymbol{x}^q\|_0 \tag{2.4.1}$$

和

$$\sum_{l=1}^{q} \frac{\mu\|\boldsymbol{x}^l\|_0}{1 + \mu\|\boldsymbol{x}^l\|_0} < \frac{1}{2(1 + \mu\|\boldsymbol{x}^0\|_0)}, \tag{2.4.2}$$

则通过 OMP 算法或求解 BP 模型均可以精确恢复 $\boldsymbol{x}$.

类似于 2.3 节, 我们考虑不等式 (2.4.2) 在等号成立时算法的有效性. 需要指出的是 J. Tropp 在 [171] 中证明不等式 (2.4.2) 对于正交匹配追踪算法是最佳的. 在某些维度, 对于两个正交基的并, A. Feuer 等在论文 [71] 中证明不等式 (2.4.2) 对于基追踪算法是最佳的. 首先我们考虑如下例子.

例 2.4.1 构造测量矩阵 $\boldsymbol{A}$ 如下:

$$\boldsymbol{A} = \frac{1}{\sqrt{2}}\begin{pmatrix} 1 & 1 & 0 & 0 & 1 & 1 & 0 & 0 \\ 0 & 0 & 1 & 1 & 1 & -1 & 0 & 0 \\ 1 & -1 & 0 & 0 & 0 & 0 & 1 & 1 \\ 0 & 0 & 1 & -1 & 0 & 0 & 1 & -1 \end{pmatrix}.$$

测量矩阵 $\boldsymbol{A}$ 的相互相干性常数 $\mu = 1/2$. 构造向量 $\boldsymbol{\alpha}$

$$\boldsymbol{\alpha} = \begin{pmatrix} \boldsymbol{\alpha}_0 \\ \boldsymbol{\alpha}_1 \end{pmatrix},$$

其中

$$\boldsymbol{\alpha}_0 = \begin{pmatrix} 1 & 0 & 0 & 0 \end{pmatrix}^{\mathrm{T}}, \quad \boldsymbol{\alpha}_1 = \begin{pmatrix} -1 & 0 & 0 & 0 \end{pmatrix}^{\mathrm{T}}.$$

构造向量

$$\boldsymbol{\beta} = \begin{pmatrix} 0 & -1 & 0 & 0 & 0 & 1 & 0 & 0 \end{pmatrix}^{\mathrm{T}}.$$

则向量满足

$$\frac{\mu\|\boldsymbol{\alpha}^1\|_0}{1+\mu\|\boldsymbol{\alpha}^1\|_0} = \frac{1}{2\left(1+\mu\|\boldsymbol{\alpha}^0\|_0\right)} = \frac{1}{3}. \tag{2.4.3}$$

直接验证可得

$$\boldsymbol{A}\boldsymbol{\alpha} = \boldsymbol{A}\boldsymbol{\beta}.$$

下面我们说明存在向量 $\boldsymbol{x}$ 满足等式 (2.4.3), 并使得正交匹配追踪算法和基追踪算法均无法通过 $\boldsymbol{A}$ 和 $\boldsymbol{y} = \boldsymbol{A}\boldsymbol{x}$ 精确恢复 $\boldsymbol{x}$.

- 对于向量 $\boldsymbol{\alpha}$ 而言, 假设我们获得的测量值为 $\boldsymbol{y} = \boldsymbol{A}\boldsymbol{\alpha}$. 由于 BP 问题

$$\min_{\boldsymbol{x}} \|\boldsymbol{x}\|_1 \quad \text{s.t.} \quad \boldsymbol{y} = \boldsymbol{A}\boldsymbol{x}$$

存在两个最优解 $\boldsymbol{\alpha}$ 和 $\boldsymbol{\beta}$. 因此, 无法通过求解以上的 BP 问题从测量值 $\boldsymbol{y}$ 和测量矩阵 $\boldsymbol{A}$ 唯一地恢复 $\boldsymbol{\alpha}$.

- 注意到 $\boldsymbol{\alpha}$ 和 $\boldsymbol{\beta}$ 的支集是不相交的. 假设

$$i=\arg\max_{i\in\{1,2,\cdots,n\}}|\langle\boldsymbol{a}_i,\boldsymbol{y}\rangle|.$$

则下面两个事件相斥

$$i\in\operatorname{supp}(\boldsymbol{\alpha}),\quad i\in\operatorname{supp}(\boldsymbol{\beta}).$$

因此, 正交匹配追踪算法的第一步迭代不能同时成功找到 $\boldsymbol{\alpha}$ 和 $\boldsymbol{\beta}$ 的支集. 换言之, 正交匹配追踪算法无法同时从测量值 $\boldsymbol{y}$ 和测量矩阵 $\boldsymbol{A}$ 唯一地恢复 $\boldsymbol{\alpha}$ 和 $\boldsymbol{\beta}$.

例 2.4.2 在例 2.3.3 的基础上, 我们构造 $\boldsymbol{\alpha}=\begin{pmatrix}\boldsymbol{\alpha}_0\\\boldsymbol{\alpha}_1\\\boldsymbol{\alpha}_2\end{pmatrix}$ 满足

$$\boldsymbol{\alpha}_0=\begin{pmatrix}1&0&0&0&0&0&0&0&0&0&0&0&0&0&0&0\end{pmatrix}^{\mathrm{T}},$$

$$\boldsymbol{\alpha}_1=\begin{pmatrix}0&0&0&0&0&0&0&0&0&0&1&0&0&0&0&0\end{pmatrix}^{\mathrm{T}}$$

和

$$\boldsymbol{\alpha}_2=\begin{pmatrix}-1&0&0&0&0&0&0&0&0&0&0&0&0&0&0&0\end{pmatrix}^{\mathrm{T}}.$$

构造向量 $\boldsymbol{\beta}=\begin{pmatrix}\boldsymbol{\beta}_0\\\boldsymbol{\beta}_1\\\boldsymbol{\beta}_2\end{pmatrix}$ 满足

$$\boldsymbol{\beta}_0=\begin{pmatrix}0&0&0&0&-1&0&0&0&0&0&0&0&0&0&0&0\end{pmatrix}^{\mathrm{T}},$$

$$\boldsymbol{\beta}_1=\begin{pmatrix}0&0&0&0&0&0&0&0&0&0&0&0&0&0&-1&0\end{pmatrix}^{\mathrm{T}}$$

和

$$\boldsymbol{\beta}_2=\begin{pmatrix}0&0&0&0&1&0&0&0&0&0&0&0&0&0&0&0\end{pmatrix}^{\mathrm{T}}.$$

直接验证可知

$$\frac{\mu\|\boldsymbol{\alpha}_1\|_0}{1+\mu\|\boldsymbol{\alpha}_1\|_0}+\frac{\mu\|\boldsymbol{\alpha}_2\|_0}{1+\mu\|\boldsymbol{\alpha}_2\|_0}=\frac{1}{2\left(1+\mu\|\boldsymbol{\alpha}_0\|_0\right)}=\frac{2}{5}.\tag{2.4.4}$$

类似于例 2.4.1, 存在向量 $\boldsymbol{x}$ 满足等式 (2.4.4), 并使得正交匹配追踪算法和基追踪算法均无法通过 $\boldsymbol{A}$ 和 $\boldsymbol{y}=\boldsymbol{A}\boldsymbol{x}$ 精确恢复 $\boldsymbol{x}$.

以上的例子分别对应于 $q=1$ 和 $q=2$ 的情况. 在论文 [161] 中, 我们证明了更一般的结论.

定理 2.4.2 ([161], Theorem 1.2) 对于给定的 $n=2^{2r}$, $r=1,2,\cdots$, 存在由 2 个 $\mathbb{R}^n$ 中的正交矩阵构成的测量矩阵 $\boldsymbol{A}$ 和向量 $\boldsymbol{x}=\begin{pmatrix}\boldsymbol{x}^0\\ \boldsymbol{x}^1\end{pmatrix}\in\mathbb{R}^n$ 满足

$$\|\boldsymbol{x}^0\|_0=\|\boldsymbol{x}^1\|_0$$

和

$$\frac{\mu\|\boldsymbol{x}^l\|_0}{1+\mu\|\boldsymbol{x}^l\|_0}=\frac{1}{2(1+\mu\|\boldsymbol{x}^0\|_0)},\tag{2.4.5}$$

使得 OMP 算法和求解 BP 模型均无法精确恢复 $\boldsymbol{x}$.

定理 2.4.3 ([161], Theorem 1.3) 对于给定的 $q=2^r$ 和 $n=q^4$, $r=1,2,\cdots$, 存在由 $q+1$ 个 $\mathbb{R}^n$ 中的正交矩阵构成的测量矩阵 $\boldsymbol{A}$ 和向量

$$\boldsymbol{x}=\begin{pmatrix}\boldsymbol{x}^0\\ \boldsymbol{x}^1\\ \vdots\\ \boldsymbol{x}^q\end{pmatrix}\in\mathbb{R}^{(q+1)n}$$

满足

$$\|\boldsymbol{x}^0\|_0=\|\boldsymbol{x}^1\|_0=\cdots=\|\boldsymbol{x}^q\|_0$$

和

$$\sum_{l=1}^{q}\frac{\mu\|\boldsymbol{x}^l\|_0}{1+\mu\|\boldsymbol{x}^l\|_0}=\frac{1}{2(1+\mu\|\boldsymbol{x}^0\|_0)},\tag{2.4.6}$$

使得 OMP 算法和求解 BP 模型均无法精确恢复 $\boldsymbol{x}$.

注 2.4.1 对于基追踪算法, 定理 2.4.2 和论文 [71] 中的主要结果的不同在于: A. Feuer 和 A. Nemirovski 在论文 [71] 中考虑了 $n=2^{2r-1}$ 的情况, 定理 2.4.2 考虑了 $n=2^{2r}$ 的情况. A. Feuer 和 A. Nemirovski 的构造使用了单位阵和 Hadamard 矩阵. 本节构造的测量矩阵同样依赖于单位阵和 Hadamard 矩阵, 但还需要借助 Net 生成一组相互无偏基, 从而在给定 n 维空间中获得足够多的正交矩阵. 定理 2.4.2 和定理 2.4.3 的构造性证明依赖于 [160, 186] 中构造无偏基及对应的测量矩阵. 这与 [171, Theorem 3.10] 中关于正交匹配追踪算法收敛性的证明有着本质的不同.

第 3 章 冗余字典下的压缩感知理论

经典压缩感知假设目标信号本身稀疏 (或者在标准正交基下稀疏). 许多实例, 目标信号不在标准正交基下稀疏, 而在冗余字典下稀疏, 即目标信号可写成 $\boldsymbol{f}=\boldsymbol{D}\boldsymbol{x}$, 其中 $\boldsymbol{D}\in\mathbb{R}^{n\times d}$ $(d\geqslant n)$ 为冗余字典, $\boldsymbol{x}$ 为 (逼近) 稀疏 d 维向量. 具体例子包括: 阵列信号模型、 反射雷达和声呐信号 (Gabor 框架) 模型, 以及图像曲线 (曲波 (Curvelet) 框架) 模型等. 详见 [19, 33, 50] 及其文献.

此时, 线性测量 $\boldsymbol{y}=\boldsymbol{A}\boldsymbol{f}+\boldsymbol{z}$ 可表示为 $\boldsymbol{y}=\boldsymbol{A}\boldsymbol{D}\boldsymbol{x}+\boldsymbol{z}$. 借助经典稀疏恢复方法, 可先重构信号系数 $\hat{\boldsymbol{x}}$, 再利用合成算子, 即 $\hat{\boldsymbol{f}}=\boldsymbol{D}\hat{\boldsymbol{x}}$, 逼近目标信号. 该方法为合成法[50, 66, 150]. 实验表明 l_1 合成法有效可行. [150] 基于 $\boldsymbol{AD}$ 满足经典 RIP 条件, 给出该方面的逼近恢复理论. 然而, 如果字典 $\boldsymbol{D}$ 的列与列之间的相干性较大, $\boldsymbol{AD}$ 不满足经典 RIP. 而且, $\boldsymbol{AD}$ 也不满足相互相干性条件 $\mu(2s-1)<1$[60, 61, 88].

不同于合成法, l_1 分析法直接通过某种 l_1 最小化模型逼近重构信号. [33] 研究分析基追踪 (Analysis Basis Pursuit, ABP)

$$(\mathrm{ABP}):\quad \hat{\boldsymbol{f}}=\underset{\tilde{\boldsymbol{f}}\in\mathbb{R}^n}{\operatorname{argmin}}\|\boldsymbol{D}^*\tilde{\boldsymbol{f}}\|_1\quad \text{s.t.}\quad \|\boldsymbol{A}\tilde{\boldsymbol{f}}-\boldsymbol{y}\|_2\leqslant\varepsilon. \tag{3.0.1}$$

[66, 169]①研究分析 LASSO (Analysis LASSO, ALASSO)

$$(\mathrm{ALASSO}):\quad \hat{\boldsymbol{f}}^{\mathrm{AL}}=\underset{\tilde{\boldsymbol{f}}\in\mathbb{R}^n}{\operatorname{argmin}}\frac{1}{2}\|\boldsymbol{A}\tilde{\boldsymbol{f}}-\boldsymbol{y}\|_2^2+\tilde{\lambda}\|\boldsymbol{D}^*\tilde{\boldsymbol{f}}\|_1, \tag{3.0.2}$$

其中 $\tilde{\lambda}$ 为大于零的参数, ε 为噪声 l_2 范数上界.

分析法前期工作可参见 [2,33,66,124,125,141,155,194]. 如果 $\boldsymbol{D}$ 的列与列之间相互正交, l_1 分析法与 l_1 合成法等价, 否则两者将存在很大的差异, 特别是当 $\boldsymbol{D}$ 为冗余字典时[66]. 许多数值实验表明, 在信号去噪[66]、信号和图像复原[155] 等方面分析法表现优异. ALASSO 模型具体求解迭代算法前期工作可参见 [21, 85, 128] 等.

[33] 证明了如果 $\boldsymbol{D}$ 为 $\mathbb{R}^n$ 的紧框架、测量矩阵 $\boldsymbol{A}$ 满足 $\boldsymbol{D}$-RIP 条件 $\delta_{2s}<0.08$, 则 ABP 的解 $\hat{\boldsymbol{f}}$ 满足

$$\|\hat{\boldsymbol{f}}-\boldsymbol{f}\|_2\leqslant C_0\frac{\|\boldsymbol{D}^*\boldsymbol{f}-(\boldsymbol{D}^*\boldsymbol{f})_{[s]}\|_1}{\sqrt{s}}+C_1\varepsilon, \tag{3.0.3}$$

---

① 这里的命名对应于 l_1 合成法中的 BP 和 LASSO 算法. 特别地, 如果 $\boldsymbol{D}$ 为离散微分算子, 则 ALASSO 为 [169] 一文中提及的 Fused LASSO 模型.

其中符号 $\boldsymbol{x}_{[s]}$ 为向量 $\boldsymbol{x}$ 的最佳 s-稀疏逼近. 称 $\boldsymbol{D}$ 为框架界 $\mathcal{L}$ 和 $\mathcal{U}(0<\mathcal{L}\leqslant\mathcal{U}<\infty)$ 的框架, 如果

$$\mathcal{L}\|\tilde{\boldsymbol{f}}\|_2^2\leqslant\sum_k|\langle\tilde{\boldsymbol{f}},\boldsymbol{D}_k\rangle|^2\leqslant\mathcal{U}\|\tilde{\boldsymbol{f}}\|_2^2,\quad\forall\tilde{\boldsymbol{f}}\in\mathbb{R}^n,$$

其中, 用符号 $\boldsymbol{D}_k$ $(k=1,\cdots,d)$ 表示 $\boldsymbol{D}$ 的第 k 列. 特别地, 当 $\mathcal{L}=\mathcal{U}=1$ 时, 称 $\boldsymbol{D}\in\mathbb{R}^{n\times d}$ 为紧框架①. 基于 [33] 的工作基础, [125] 研究一般框架稀疏表示信号恢复理论. [2] 证明 ABP 不仅对噪声稳定, 而且对测量矩阵的扰动也稳定. 测量矩阵的 $\boldsymbol{D}$-RIP 定义详见定义 1.5.2, 它是经典 RIP 的自然推广[33].

有一大类随机矩阵满足 $\boldsymbol{D}$-RIP. [33] 指出, 利用 [13] (或 [150]) 基于覆盖数工具的证明方法, 可证: 假设存在正常数 γ 和 c, 使得 $m\times n$ 随机矩阵 $\boldsymbol{A}$ 对于任意的 $\boldsymbol{\nu}\in\mathbb{R}^n$ 都有

$$\mathbb{P}\left(\left|\|\boldsymbol{A\nu}\|_2^2-\|\boldsymbol{\nu}\|_2^2\right|\geqslant\delta\|\boldsymbol{\nu}\|_2^2\right)\leqslant ce^{-\gamma m\delta^2},\quad\delta\in(0,1),\tag{3.0.4}$$

则当 $m\geqslant C\delta^{-2}s\log(d/s)$ 时, 矩阵 $\boldsymbol{A}$ 以高概率满足 $\boldsymbol{D}$-RIP 条件 $\delta_s\leqslant\delta$. 许多随机矩阵满足 (3.0.4). 例如高斯矩阵或次高斯矩阵[13] 及行向量独立同分布于 ψ_2-isotropic 向量的随机矩阵 $\boldsymbol{A}$, 其中 ψ_2-isotropic 向量 $\boldsymbol{a}\in\mathbb{R}^n$ 的定义如下: 存在正常数 α, 使得

$$\mathbb{E}|\langle\boldsymbol{a},\boldsymbol{v}\rangle|^2=\|\boldsymbol{v}\|_2^2\quad 且\quad\inf\{t:\mathbb{E}\exp(\langle\boldsymbol{a},\boldsymbol{v}\rangle^2/t^2)\leqslant 2\}\leqslant\alpha\|\boldsymbol{v}\|_2$$

对任意向量 $\boldsymbol{v}\in\mathbb{R}^n$ 成立[131]. 由于列向量符号随机化的经典 RIP 矩阵满足[106] Johnson-Lindenstrauss 引理. 因此, 经典 RIP 随机矩阵可用于 $\boldsymbol{D}$-RIP 矩阵构造. 据前面章节, 随机部分傅里叶矩阵满足经典 RIP, 因此, 列向量符号随机化的随机部分傅里叶矩阵以高概率满足 $\boldsymbol{D}$-RIP.

3.1 ADS 和 ALASSO 模型

本节讨论在较少随机测量及紧框架稀疏表示下信号恢复问题. 设测量模型

$$\boldsymbol{y}=\boldsymbol{Af}+\boldsymbol{z},$$

其中未知信号 $\boldsymbol{f}$ 在紧框架 $\boldsymbol{D}$ 下 (逼近) 稀疏, $\boldsymbol{A}$ 为 $m\times n$ 矩阵 $(m<n)$, $\boldsymbol{z}$ 为噪声. 特别地, 假设 $\boldsymbol{D}^*\boldsymbol{f}$ (逼近) 稀疏[33]. 基于给定的 $\boldsymbol{y}$ 与 $\boldsymbol{A}$, 我们重构信号 $\boldsymbol{f}$.

① 在一些经典书籍中, 紧框架指的是框架上下界相等的框架. 为了叙述方便, 本书的紧框架特指框架上下界都为 1 的紧框架.

基于经典稀疏恢复 DS 模型, 作者[118] 提出 l_1 分析模型:

$$(\mathrm{ADS}):\quad \hat{\boldsymbol{f}}^{\mathrm{ADS}}=\underset{\tilde{\boldsymbol{f}}\in\mathbb{R}^n}{\operatorname{argmin}}\|\boldsymbol{D}^*\tilde{\boldsymbol{f}}\|_1\quad \text{s.t.}\quad \|\boldsymbol{D}^*\boldsymbol{A}^*(\boldsymbol{A}\tilde{\boldsymbol{f}}-\boldsymbol{y})\|_\infty\leqslant\lambda. \tag{3.1.1}$$

称为分析 Dantzig 选择器 (Analysis Dantzig Selector, ADS). 该模型为凸优化模型, 可通过凸优化经典迭代算法求解. 本章节的剩余内容, 非特别说明, 始终假设 $\boldsymbol{D}$ 为 $n\times d$ $(n\leqslant d)$ 紧框架, δ_s 为测量矩阵 $\boldsymbol{A}$ 的 s 阶 $\boldsymbol{D}$-RIP 常数.

我们首先证明: 如果 $\boldsymbol{A}$ 满足 $\boldsymbol{D}$-RIP 条件 $\delta_{3s}<1/2$, 且噪声 $\boldsymbol{z}$ 满足$\|\boldsymbol{D}^*\boldsymbol{A}^*\boldsymbol{z}\|_\infty\leqslant\lambda$, 则 ADS 的解 $\hat{\boldsymbol{f}}^{\mathrm{ADS}}$ 满足

$$\|\hat{\boldsymbol{f}}^{\mathrm{ADS}}-\boldsymbol{f}\|_2\leqslant C_0\sqrt{s}\lambda+C_1\frac{\|\boldsymbol{D}^*\boldsymbol{f}-(\boldsymbol{D}^*\boldsymbol{f})_{[s]}\|_1}{\sqrt{s}}, \tag{3.1.2}$$

其中 C_0, C_1 为依赖于 $\boldsymbol{D}$-RIP 常数 δ_{3s} 的正常数. 高斯噪声 $\boldsymbol{z}\sim N(0,\sigma^2\boldsymbol{I})$ 可作为特例. 在高斯噪声和稀疏度的假设下, 相比于 ABP 理论结果[33, 125], ADS 模型误差界自适应于信号 (关于 $\boldsymbol{D}$ 的) 稀疏度, 从而, 若稀疏度 s 较小, 则 ADS 模型误差界会小许多. 此外, 作者[118] 给出 (关于 $\boldsymbol{D}$ 的) s-稀疏向量恢复模型极小极大风险 (Minimax Risk) 的下界. 该下界与 ADS 模型误差界仅相差 log 因子. 如果忽略 log 因子, 在稀疏性假设前提下, 误差界 (3.1.2) 一般不能进一步被改进. 最后, 作者[118] 给出 ALASSO 模型的逼近恢复理论, 证明了 ADS 模型与 ALASSO 模型具有类似误差上界.

3.1.1 ADS 模型逼近恢复结果

本节主要研究 ADS 模型. 我们给出下面定理.

定理 3.1.1 ([118]) 设 $\boldsymbol{D}$ 为 $n\times d$ 紧框架, $\boldsymbol{A}$ 满足 $\boldsymbol{D}$-RIP 条件 $\delta_{3s}<\dfrac{1}{2}$. 令 λ 满足 $\|\boldsymbol{D}^*\boldsymbol{A}^*\boldsymbol{z}\|_\infty\leqslant\lambda$. 则 ADS 模型 (3.1.1) 的解 $\hat{\boldsymbol{f}}^{\mathrm{ADS}}$ 满足

$$\|\hat{\boldsymbol{f}}^{\mathrm{ADS}}-\boldsymbol{f}\|_2\leqslant C_0\sqrt{s}\lambda+C_1\frac{\|\boldsymbol{D}^*\boldsymbol{f}-(\boldsymbol{D}^*\boldsymbol{f})_{[s]}\|_1}{\sqrt{s}},$$

其中 C_0, C_1 为依赖于 $\boldsymbol{D}$-RIP 常数 δ_{3s} 的正常数.

下面引理表明, 高斯噪声大概率有界.

引理 3.1.1 ([118]) 设 $\boldsymbol{D}$ 为 $n\times d$ 的紧框架, $\boldsymbol{A}$ 为 $m\times n$ 测量矩阵, 且其 $\boldsymbol{D}$-RIP 常数 $\delta_1\in(0,1)$. 则对于任意的 $\alpha>0$, 高斯噪声 $\boldsymbol{z}\sim N(0,\sigma^2\boldsymbol{I}_m)$ 满足

$$\mathbb{P}\left(\|\boldsymbol{D}^*\boldsymbol{A}^*\boldsymbol{z}\|_\infty\leqslant\sigma\sqrt{2(1+\alpha)(1+\delta_1)\log d}\right)\geqslant 1-\frac{1}{d^\alpha\sqrt{(1+\alpha)\pi\log d}}.$$

证明 根据 $\boldsymbol{D}$-RIP 定义, 有

$$\sqrt{1-\delta_1}\|\boldsymbol{D}_j\|_2 \leqslant \|\boldsymbol{A}\boldsymbol{D}_j\|_2 \leqslant \sqrt{1+\delta_1}\|\boldsymbol{D}_j\|_2 \leqslant \sqrt{1+\delta_1}, \quad \forall j \in [d]. \tag{3.1.3}$$

不失一般性, 考虑 $\|\boldsymbol{D}_j\|_2 \neq 0$, $\forall j \in [d]$. 由式 (3.1.3), 得 $\|\boldsymbol{A}\boldsymbol{D}_j\|_2 \neq 0$. 令 $\omega_j = \dfrac{\langle \boldsymbol{A}\boldsymbol{D}_j, \boldsymbol{z}\rangle}{\sigma\|\boldsymbol{A}\boldsymbol{D}_j\|_2}$. 则 ω_j 服从高斯正态分布 $N(0,1)$. 利用联合界, 再用不等式 (3.1.3),

$$\begin{aligned}
&\mathbb{P}\left(\|\boldsymbol{D}^*\boldsymbol{A}^*\boldsymbol{z}\|_\infty > \sigma\sqrt{2(1+\alpha)(1+\delta_1)\log d}\right)\\
\leqslant&\sum_{j=1}^{d}\mathbb{P}\left(|\omega_j|\|\boldsymbol{A}\boldsymbol{D}_j\|_2 > \sqrt{2(1+\alpha)(1+\delta_1)\log d}\right)\\
\leqslant&\sum_{j=1}^{d}\mathbb{P}\left(|\omega_j| > \sqrt{2(1+\alpha)\log d}\right)\\
=&d\cdot\mathbb{P}\left(|\omega_1| > \sqrt{2(1+\alpha)\log d}\right)\\
\leqslant&\frac{1}{d^\alpha\sqrt{(1+\alpha)\pi\log d}}.
\end{aligned}$$

最后一步根据高斯尾部概率的上界估计: 任意标准高斯变量 V 和任意正常数 t,

$$\mathbb{P}(|V|>t) \leqslant 2t^{-1}\frac{1}{\sqrt{2\pi}}e^{-\frac{1}{2}t^2}.$$

从而

$$\begin{aligned}
&\mathbb{P}\left(\|\boldsymbol{D}^*\boldsymbol{A}^*\boldsymbol{z}\|_\infty \leqslant \sigma\sqrt{2(1+\alpha)(1+\delta_1)\log d}\right)\\
=&1-\mathbb{P}\left(\|\boldsymbol{D}^*\boldsymbol{A}^*\boldsymbol{z}\|_\infty > \sigma\sqrt{2(1+\alpha)(1+\delta_1)\log d}\right)\\
\geqslant&1-\frac{1}{d^\alpha\sqrt{(1+\alpha)\pi\log d}}.
\end{aligned}$$

□

定理 3.1.1 的证明 证明借鉴 [32,33,38,44] 的证明思想. $\boldsymbol{f}$ 与 $\hat{\boldsymbol{f}}^{\mathrm{ADS}}$ 如定理所设. 记 $T_0 = T$ 为向量 $|\boldsymbol{D}^*\boldsymbol{f}|$ 的前 s 个最大分量的指标集合. 令 $\boldsymbol{h} = \hat{\boldsymbol{f}}^{\mathrm{ADS}} - \boldsymbol{f}$. 根据三角不等式,

$$\|\boldsymbol{D}^*\boldsymbol{A}^*\boldsymbol{A}\boldsymbol{h}\|_\infty \leqslant \|\boldsymbol{D}^*\boldsymbol{A}^*(\boldsymbol{A}\boldsymbol{f}-\boldsymbol{y})\|_\infty + \|\boldsymbol{D}^*\boldsymbol{A}^*(\boldsymbol{A}\hat{\boldsymbol{f}}^{\mathrm{ADS}}-\boldsymbol{y})\|_\infty \leqslant 2\lambda. \tag{3.1.4}$$

因为 $\hat{\boldsymbol{f}}^{\mathrm{ADS}}$ 为所考虑优化模型的解, 所以

$$\|\boldsymbol{D}^*\boldsymbol{f}\|_1 \geqslant \|\boldsymbol{D}^*\hat{\boldsymbol{f}}^{\mathrm{ADS}}\|_1.$$

即

$$\|\boldsymbol{D}_T^*\boldsymbol{f}\|_1+\|\boldsymbol{D}_{T^c}^*\boldsymbol{f}\|_1\geqslant\|\boldsymbol{D}_T^*\hat{\boldsymbol{f}}^{\text{ADS}}\|_1+\|\boldsymbol{D}_{T^c}^*\hat{\boldsymbol{f}}^{\text{ADS}}\|_1.$$

从而

$$\|\boldsymbol{D}_T^*\boldsymbol{f}\|_1+\|\boldsymbol{D}_{T^c}^*\boldsymbol{f}\|_1\geqslant\|\boldsymbol{D}_T^*\boldsymbol{f}\|_1-\|\boldsymbol{D}_T^*\boldsymbol{h}\|_1+\|\boldsymbol{D}_{T^c}^*\boldsymbol{h}\|_1-\|\boldsymbol{D}_{T^c}^*\boldsymbol{f}\|_1.$$

因此可推得

$$\|\boldsymbol{D}_{T^c}^*\boldsymbol{h}\|_1\leqslant 2\|\boldsymbol{D}_{T^c}^*\boldsymbol{f}\|_1+\|\boldsymbol{D}_T^*\boldsymbol{h}\|_1. \tag{3.1.5}$$

将指标集 T_0^c 按 $|\boldsymbol{D}_{T^c}^*\boldsymbol{h}|$ 的递减顺序划分为基数为 s 的子集之并. 记这些集合为 $T_1,T_2,\cdots$. 为了符号方便, 记 $T_{01}=T_0\cup T_1$. 对于任意 $j\geqslant 2$, 有

$$\|\boldsymbol{D}_{T_j}^*\boldsymbol{h}\|_2\leqslant s^{1/2}\|\boldsymbol{D}_{T_j}^*\boldsymbol{h}\|_\infty\leqslant s^{-1/2}\|\boldsymbol{D}_{T_{j-1}}^*\boldsymbol{h}\|_1.$$

故

$$\sum_{j\geqslant 2}\|\boldsymbol{D}_{T_j}^*\boldsymbol{h}\|_2\leqslant\sum_{j\geqslant 1}s^{-1/2}\|\boldsymbol{D}_{T_j}^*\boldsymbol{h}\|_1=s^{-1/2}\|\boldsymbol{D}_{T^c}^*\boldsymbol{h}\|_1. \tag{3.1.6}$$

令 $\boldsymbol{u}_{01}=\boldsymbol{D}_{T_{01}}^*\boldsymbol{h}/\|\boldsymbol{D}\boldsymbol{D}_{T_{01}}^*\boldsymbol{h}\|_2$. 对任意的 $j\geqslant 2$, 令 $\boldsymbol{u}_j=\boldsymbol{D}_{T_j}^*\boldsymbol{h}/\|\boldsymbol{D}\boldsymbol{D}_{T_j}^*\boldsymbol{h}\|_2$. 则对任意 $j\geqslant 2$, $\|\boldsymbol{D}\boldsymbol{u}_{01}\|_2=1$, $\|\boldsymbol{D}\boldsymbol{u}_j\|_2=1$. 由此可得

$$\begin{aligned}
&\frac{\langle\boldsymbol{A}\boldsymbol{D}\boldsymbol{D}_{T_{01}}^*\boldsymbol{h},\boldsymbol{A}\boldsymbol{D}\boldsymbol{D}_{T_j}^*\boldsymbol{h}\rangle}{\|\boldsymbol{D}\boldsymbol{D}_{T_{01}}^*\boldsymbol{h}\|_2\|\boldsymbol{D}\boldsymbol{D}_{T_j}^*\boldsymbol{h}\|_2}\\
=&\langle\boldsymbol{A}\boldsymbol{D}\boldsymbol{u}_j,\boldsymbol{A}\boldsymbol{D}\boldsymbol{u}_{01}\rangle\\
=&\frac{1}{4}\left\{\|\boldsymbol{A}\boldsymbol{D}\boldsymbol{u}_j+\boldsymbol{A}\boldsymbol{D}\boldsymbol{u}_{01}\|_2^2-\|\boldsymbol{A}\boldsymbol{D}\boldsymbol{u}_j-\boldsymbol{A}\boldsymbol{D}\boldsymbol{u}_{01}\|_2^2\right\}\\
\geqslant&\frac{1}{4}\left\{(1-\delta_{3s})\|\boldsymbol{D}\boldsymbol{u}_j+\boldsymbol{D}\boldsymbol{u}_{01}\|_2^2-(1+\delta_{3s})\|\boldsymbol{D}\boldsymbol{u}_j-\boldsymbol{D}\boldsymbol{u}_{01}\|_2^2\right\}\\
=&\langle\boldsymbol{D}\boldsymbol{u}_j,\boldsymbol{D}\boldsymbol{u}_{01}\rangle-\frac{\delta_{3s}}{2}\left\{\|\boldsymbol{D}\boldsymbol{u}_j\|_2^2+\|\boldsymbol{D}\boldsymbol{u}_{01}\|_2^2\right\}\\
=&\langle\boldsymbol{D}\boldsymbol{u}_j,\boldsymbol{D}\boldsymbol{u}_{01}\rangle-\delta_{3s}.
\end{aligned}$$

因此,

$$\begin{aligned}
&\langle\boldsymbol{A}\boldsymbol{h},\boldsymbol{A}\boldsymbol{D}\boldsymbol{D}_{T_{01}}^*\boldsymbol{h}\rangle\\
=&\langle\boldsymbol{A}\boldsymbol{D}\boldsymbol{D}_{T_{01}}^*\boldsymbol{h},\boldsymbol{A}\boldsymbol{D}\boldsymbol{D}_{T_{01}}^*\boldsymbol{h}\rangle+\sum_{j\geqslant 2}\langle\boldsymbol{A}\boldsymbol{D}\boldsymbol{D}_{T_j}^*\boldsymbol{h},\boldsymbol{A}\boldsymbol{D}\boldsymbol{D}_{T_{01}}^*\boldsymbol{h}\rangle\\
\geqslant&(1-\delta_{3s})\|\boldsymbol{D}\boldsymbol{D}_{T_{01}}^*\boldsymbol{h}\|_2^2-\delta_{3s}\|\boldsymbol{D}\boldsymbol{D}_{T_{01}}^*\boldsymbol{h}\|_2\sum_{j\geqslant 2}\|\boldsymbol{D}\boldsymbol{D}_{T_j}^*\boldsymbol{h}\|_2+\sum_{j\geqslant 2}\langle\boldsymbol{D}\boldsymbol{D}_{T_j}^*\boldsymbol{h},\boldsymbol{D}\boldsymbol{D}_{T_{01}}^*\boldsymbol{h}\rangle.
\end{aligned}$$

将等式

$$\sum_{j\geqslant 2}\langle \boldsymbol{D}\boldsymbol{D}_{T_j}^*\boldsymbol{h}, \boldsymbol{D}\boldsymbol{D}_{T_{01}}^*\boldsymbol{h}\rangle = \langle \boldsymbol{h}-\boldsymbol{D}\boldsymbol{D}_{T_{01}}^*\boldsymbol{h}, \boldsymbol{D}\boldsymbol{D}_{T_{01}}^*\boldsymbol{h}\rangle = \|\boldsymbol{D}_{T_{01}}^*\boldsymbol{h}\|_2^2 - \|\boldsymbol{D}\boldsymbol{D}_{T_{01}}^*\boldsymbol{h}\|_2^2$$

代入上面的不等式, 可得

$$\begin{aligned}\langle \boldsymbol{A}\boldsymbol{h}, \boldsymbol{A}\boldsymbol{D}\boldsymbol{D}_{T_{01}}^*\boldsymbol{h}\rangle &\geqslant \|\boldsymbol{D}_{T_{01}}^*\boldsymbol{h}\|_2^2 - \delta_{3s}\|\boldsymbol{D}\boldsymbol{D}_{T_{01}}^*\boldsymbol{h}\|_2^2 - \delta_{3s}\|\boldsymbol{D}\boldsymbol{D}_{T_{01}}^*\boldsymbol{h}\|_2\sum_{j\geqslant 2}\|\boldsymbol{D}\boldsymbol{D}_{T_j}^*\boldsymbol{h}\|_2\\ &\geqslant (1-\delta_{3s})\|\boldsymbol{D}_{T_{01}}^*\boldsymbol{h}\|_2^2 - \delta_{3s}\|\boldsymbol{D}_{T_{01}}^*\boldsymbol{h}\|_2\sum_{j\geqslant 2}\|\boldsymbol{D}_{T_j}^*\boldsymbol{h}\|_2.\end{aligned}$$

将不等式 (3.1.6) 代入上面的不等式, 可得

$$\langle \boldsymbol{A}\boldsymbol{h}, \boldsymbol{A}\boldsymbol{D}\boldsymbol{D}_{T_{01}}^*\boldsymbol{h}\rangle \geqslant (1-\delta_{3s})\|\boldsymbol{D}_{T_{01}}^*\boldsymbol{h}\|_2^2 - s^{-1/2}\delta_{3s}\|\boldsymbol{D}_{T_{01}}^*\boldsymbol{h}\|_2\|\boldsymbol{D}_{T^c}^*\boldsymbol{h}\|_1.$$

另外, 利用 Hölder 不等式和 (3.1.4), 有

$$\begin{aligned}\langle \boldsymbol{A}\boldsymbol{h}, \boldsymbol{A}\boldsymbol{D}\boldsymbol{D}_{T_{01}}^*\boldsymbol{h}\rangle &= \langle \boldsymbol{D}^*\boldsymbol{A}^*\boldsymbol{A}\boldsymbol{h}, \boldsymbol{D}_{T_{01}}^*\boldsymbol{h}\rangle \leqslant \|\boldsymbol{D}^*\boldsymbol{A}^*\boldsymbol{A}\boldsymbol{h}\|_\infty\|\boldsymbol{D}_{T_{01}}^*\boldsymbol{h}\|_1\\ &\leqslant 2\lambda\sqrt{2s}\|\boldsymbol{D}_{T_{01}}^*\boldsymbol{h}\|_2.\end{aligned}$$

结合上述两个不等式, 通过简单计算, 可得

$$\|\boldsymbol{D}_{T_{01}}^*\boldsymbol{h}\|_2 \leqslant \frac{2\lambda\sqrt{2s}+s^{-1/2}\delta_{3s}\|\boldsymbol{D}_{T^c}^*\boldsymbol{h}\|_1}{1-\delta_{3s}}. \tag{3.1.7}$$

因此

$$\|\boldsymbol{D}_T^*\boldsymbol{h}\|_1 \leqslant \sqrt{s}\|\boldsymbol{D}_T^*\boldsymbol{h}\|_2 \leqslant \sqrt{s}\|\boldsymbol{D}_{T_{01}}^*\boldsymbol{h}\|_2 \leqslant \frac{2\sqrt{2}\lambda s+\delta_{3s}\|\boldsymbol{D}_{T^c}^*\boldsymbol{h}\|_1}{1-\delta_{3s}}.$$

将上式代入 (3.1.5), 再通过简单运算, 可得

$$\|\boldsymbol{D}_{T^c}^*\boldsymbol{h}\|_1 \leqslant \frac{2(1-\delta_{3s})\|\boldsymbol{D}_{T^c}^*\boldsymbol{f}\|_1+2\sqrt{2}\lambda s}{1-2\delta_{3s}}. \tag{3.1.8}$$

最后我们给出误差上界. 首先

$$\|\boldsymbol{h}\|_2 = \|\boldsymbol{D}^*\boldsymbol{h}\|_2 = \|\boldsymbol{D}_{T_{01}}^*\boldsymbol{h}\|_2 + \sum_{j\geqslant 2}\|\boldsymbol{D}_{T_j}^*\boldsymbol{h}\|_2.$$

将式 (3.1.6) 与式 (3.1.7) 代入上式, 可得

$$\|\boldsymbol{h}\|_2 \leqslant \frac{2\lambda\sqrt{2s}+s^{-1/2}\|\boldsymbol{D}_{T^c}^*\boldsymbol{h}\|_1}{1-\delta_{3s}}.$$

利用式 (3.1.8), 可得

$$\|\boldsymbol{h}\|_2 \leqslant \frac{4\sqrt{2s}\lambda}{1-2\delta_{3s}} + \frac{2\|\boldsymbol{D}_{T^c}^*\boldsymbol{f}\|_1}{(1-2\delta_{3s})\sqrt{s}}.$$

即得定理的结论. □

结合引理 3.1.1 ($\alpha = 1$) 与定理 3.1.1, 利用 $\delta_1 \leqslant \delta_{3s}$, 可得下面的结论.

定理 3.1.2 ([118]) 设 $\boldsymbol{D}$ 为 $n \times d$ 的紧框架, $\boldsymbol{A}$ 为 $m \times n$ 测量矩阵, 且其 $\boldsymbol{D}$-RIP 常数满足 $\delta_{3s} < \dfrac{1}{2}$. 设 $\boldsymbol{z} \sim N(0, \sigma^2 \boldsymbol{I}_m)$, $\hat{\boldsymbol{f}}^{\mathrm{ADS}}$ 为 ADS 模型 (3.1.1) 的解, 且 $\lambda = 2\sigma\sqrt{2\log d}$. 则以大于 $1 - 1/(d\sqrt{2\pi\log d})$ 的概率,

$$\|\hat{\boldsymbol{f}}^{\mathrm{ADS}} - \boldsymbol{f}\|_2 \leqslant C_0\sigma\sqrt{s\log d} + C_1\frac{\|\boldsymbol{D}^*\boldsymbol{f} - (\boldsymbol{D}^*\boldsymbol{f})_{[s]}\|_1}{\sqrt{s}},$$

其中, 正常数 C_0 和 C_1 只与 δ_{3s} 相关.

注 3.1.1 (1) 在 s-精确稀疏的情形, 即 $\|\boldsymbol{D}^*\boldsymbol{f}\|_0 \leqslant s$, 由定理 3.1.2, 有

$$\|\hat{\boldsymbol{f}}^{\mathrm{ADS}} - \boldsymbol{f}\|_2^2 \leqslant C_0 \cdot \log d \cdot s\sigma^2. \tag{3.1.9}$$

特别地, 令 $\boldsymbol{D} = \boldsymbol{I}$ (即为经典压缩感知问题), 可得类似于 [44, Theorem 1.1] (或 [15,28]) 的经典稀疏恢复结果. [44] 指出标准 DS 模型恢复误差上界比理想均值平方误差 (Ideal Mean Squared Error) 多了 log 因子项. 因此, 若忽略 log 因子项, 不等式 (3.1.9) 的误差上界最优.

(2) 结合引理 3.1.1 和式 (3.0.3), 可得: 如果测量矩阵 $\boldsymbol{A}$ 的 $\boldsymbol{D}$-RIP 常数满足 $\delta_{2s} < 0.08$, 当 $\varepsilon = \sigma\sqrt{m + 2\sqrt{m\log m}}$ 时, 则 ABP (3.0.1) 的解 $\hat{\boldsymbol{f}}$ 以高概率满足

$$\|\hat{\boldsymbol{f}} - \boldsymbol{f}\|_2 \leqslant C_2\frac{\|\boldsymbol{D}^*\boldsymbol{f} - (\boldsymbol{D}^*\boldsymbol{f})_{[s]}\|_1}{\sqrt{s}} + C_3\sigma\sqrt{m + 2\sqrt{m\log m}}, \tag{3.1.10}$$

其中 C_2, C_3 为依赖于 δ_{2s} 的正常数. 特别地, 如果 $\|\boldsymbol{D}^*\boldsymbol{f}\|_0 \leqslant s$, 则

$$\|\hat{\boldsymbol{f}} - \boldsymbol{f}\|_2 \leqslant C_1\sigma\sqrt{m + 2\sqrt{m\log m}}. \tag{3.1.11}$$

不考虑 $\boldsymbol{D}$-RIP 条件和正常数以及成立概率, 如果 $m = O(s\log d)$, (3.1.11) 与 (3.1.9) 的估计上界并无本质区别. 此时, 两者区别微乎其微. 如果 m, n 给定而考虑 s 变动, 两者存在本质区别: ADS 模型误差上界随着 s 变小而变小, 而式 (3.1.11) 的上界不具备这种自适应性. 相比于 [33,125], 作者得到的理论误差界自适应于信号稀疏度.

(3) 如果信号 (在 $\boldsymbol{D}$ 下的) 变换系数满足幂法则 (Power-Law) 衰减, 即存在正常数 $R, 0<p\leqslant 1$, 使得向量 $|\boldsymbol{D}^*\boldsymbol{f}|$ 的第 j 个最大元满足

$$|\boldsymbol{D}^*\boldsymbol{f}|_j \leqslant R\cdot j^{-1/p}. \tag{3.1.12}$$

则高概率有

$$\|\hat{\boldsymbol{f}}^{\mathrm{ADS}}-\boldsymbol{f}\|_2^2 \leqslant \min_{1\leqslant k\leqslant s} C_0\cdot\left(\sigma^2 k\log d + R^2 k^{-2/p+1}\right).$$

此时, 同样可以和 ABP 模型误差界 (即把式 (3.1.12) 代入 (3.1.10) 所得的误差界) 进行对比. 特别地, 令 $\boldsymbol{D}=\boldsymbol{I}$(即为经典稀疏恢复问题), 可得类似于 [44, Theorem 1.3] 的结果.

(4) 作者在 [118] 一文中并未尝试改进 $\boldsymbol{D}$-RIP 条件. 结合 [32] 或 [27, 78, 136] 中的证明技巧, 可改进 $\boldsymbol{D}$-RIP 条件. 关于 $\boldsymbol{D}$-RIP 条件的后续改进已经取得实质性的进展[198, 200].

定理 3.1.3 ([118])　设 $\boldsymbol{D}$ 为 $n\times d$ 紧框架, $m\times n$ 测量矩阵 $\boldsymbol{A}$ 满足 s 阶 $\boldsymbol{D}$-RIP, $\boldsymbol{z}\sim N(0,\sigma^2\boldsymbol{I}_m)$. 假设存在基数为 s 的指标集 $T_0\in[d]$ 使得 $\Sigma_{T_0}\subset\{\boldsymbol{D}^*\tilde{\boldsymbol{f}}:\tilde{\boldsymbol{f}}\in\mathbb{R}^n\}$, 其中 $\Sigma_{T_0}=\{\boldsymbol{x}\in\mathbb{R}^d:\operatorname{supp}(\boldsymbol{x})\subset T_0\}$. 则

$$\inf_{\hat{\boldsymbol{f}}}\sup_{\|\boldsymbol{D}^*\boldsymbol{f}\|_0\leqslant s}\mathbb{E}\|\hat{\boldsymbol{f}}-\boldsymbol{f}\|_2^2 \geqslant \frac{1}{1+\delta_s}s\cdot\sigma^2,$$

其中下确界在所有关于 $\boldsymbol{y}$ 可测的函数 $\hat{\boldsymbol{f}}(\boldsymbol{y})$ 的集合中取.

注 3.1.2　如果 $\boldsymbol{D}$ 是恒等矩阵或正交矩阵, 显然有 $\Sigma_{T_0}\subset\{\boldsymbol{D}^*\tilde{\boldsymbol{f}}:\tilde{f}\in\mathbb{R}^n\}$.

接下来证明定理 3.1.3. 在证明之前, 先引入一个著名引理, 参见 [38, Lemma 3.11]. 该引理给出了从给定数据 $\boldsymbol{y}\in\mathbb{R}^m$ 和线性模型

$$\boldsymbol{y}=\boldsymbol{\Phi}\boldsymbol{x}+\boldsymbol{z} \tag{3.1.13}$$

(其中 $\boldsymbol{\Phi}\in\mathbb{R}^{m\times s}$, $\boldsymbol{z}\sim N(0,\sigma^2\boldsymbol{I}_m)$) 出发, 估计关于向量 $\boldsymbol{x}\in\mathbb{R}^s$ 的极小极大风险.

引理 3.1.2　设 $\boldsymbol{\Phi},\boldsymbol{x},\boldsymbol{y},\boldsymbol{z}$ 服从线性模型 (3.1.13). 记 $\lambda_i(\boldsymbol{\Phi}^*\boldsymbol{\Phi})$ 为矩阵 $\boldsymbol{\Phi}^*\boldsymbol{\Phi}$ 的特征值. 则

$$\inf_{\hat{\boldsymbol{x}}}\sup_{\boldsymbol{x}\in\mathbb{R}^s}\mathbb{E}\|\hat{\boldsymbol{x}}-\boldsymbol{x}\|_2^2=\sigma^2\operatorname{tr}((\boldsymbol{\Phi}^*\boldsymbol{\Phi})^{-1})=\sum_i\frac{\sigma^2}{\lambda_i(\boldsymbol{\Phi}^*\boldsymbol{\Phi})},$$

其中下确界在所有关于 $\boldsymbol{y}$ 的可测函数 $\hat{\boldsymbol{x}}(\boldsymbol{y})$ 之集取. 特别地, 如果存在零特征值, 则极小极大风险无界.

定理 3.1.3 的证明 对于所有 $\boldsymbol{v} \in \mathbb{R}^s$, 根据 $\boldsymbol{D}$-RIP 的定义, 有

$$\|\boldsymbol{A}\boldsymbol{D}_{T_0}\boldsymbol{v}\|_2^2 \leqslant (1+\delta_s)\|\boldsymbol{D}_{T_0}\boldsymbol{v}\|_2^2 \leqslant (1+\delta_s)\|\boldsymbol{v}\|_2^2.$$

因此可得

$$\lambda_{\max}(\boldsymbol{D}_{T_0}^*\boldsymbol{A}^*\boldsymbol{A}\boldsymbol{D}_{T_0}) \leqslant 1+\delta_s. \tag{3.1.14}$$

设 $\boldsymbol{v} \in \mathbb{R}^s, \boldsymbol{A}\boldsymbol{D}_{T_0}, \boldsymbol{y}, \boldsymbol{z}$ 服从线性模型 $\boldsymbol{y} = \boldsymbol{A}\boldsymbol{D}_{T_0}\boldsymbol{v} + \boldsymbol{z}$, 其中 $\boldsymbol{z} \sim N(0, \sigma^2\boldsymbol{I}_m)$. 利用引理 3.1.2 和式 (3.1.14), 可得

$$\inf_{\hat{\boldsymbol{v}}}\sup_{\boldsymbol{v}\in\mathbb{R}^s}\mathbb{E}\|\hat{\boldsymbol{v}}-\boldsymbol{v}\|_2^2 = \sum_i \frac{\sigma^2}{\lambda_i(\boldsymbol{D}_{T_0}^*\boldsymbol{A}^*\boldsymbol{A}\boldsymbol{D}_{T_0})} \geqslant \frac{1}{1+\delta_s}s\cdot\sigma^2, \tag{3.1.15}$$

其中下确界在所有关于 $\boldsymbol{y}$ 的可测函数 $\hat{\boldsymbol{x}}(\boldsymbol{y})$ 之集取. 注意

$$\begin{aligned}\inf_{\hat{\boldsymbol{f}}}\sup_{\|\boldsymbol{D}^*\boldsymbol{f}\|_0\leqslant s}\mathbb{E}\|\hat{\boldsymbol{f}}-\boldsymbol{f}\|_2^2 &\geqslant \inf_{\hat{\boldsymbol{f}}}\sup_{\boldsymbol{D}^*\boldsymbol{f}\in\Sigma_{T_0}}\mathbb{E}\|\hat{\boldsymbol{f}}-\boldsymbol{f}\|_2^2\\ &= \inf_{\hat{\boldsymbol{f}}}\sup_{\boldsymbol{D}^*\boldsymbol{f}\in\Sigma_{T_0}}\mathbb{E}\|\boldsymbol{D}^*\hat{\boldsymbol{f}}-\boldsymbol{D}^*\boldsymbol{f}\|_2^2\\ &\geqslant \inf_{\hat{\boldsymbol{f}}}\sup_{\boldsymbol{D}^*\boldsymbol{f}\in\Sigma_{T_0}}\mathbb{E}\|\boldsymbol{D}_{T_0}^*\hat{\boldsymbol{f}}-\boldsymbol{D}_{T_0}^*\boldsymbol{f}\|_2^2.\end{aligned}$$

由于 $\hat{\boldsymbol{f}}(\boldsymbol{y})$ 关于 $\boldsymbol{y}$ 可测, 故 $\boldsymbol{D}_{T_0}^*\hat{\boldsymbol{f}}(\boldsymbol{y})$ 也可测. 由假设条件 $\Sigma_{T_0} \subset \{\boldsymbol{D}^*\tilde{\boldsymbol{f}} : \tilde{\boldsymbol{f}} \in \mathbb{R}^n\}$,

$$\inf_{\hat{\boldsymbol{f}}}\sup_{\|\boldsymbol{D}^*\boldsymbol{f}\|_0\leqslant s}\mathbb{E}\|\hat{\boldsymbol{f}}-\boldsymbol{f}\|_2^2 \geqslant \inf_{\hat{\boldsymbol{f}}}\sup_{\boldsymbol{D}^*\boldsymbol{f}\in\Sigma_{T_0}}\mathbb{E}\|\boldsymbol{D}_{T_0}^*\hat{\boldsymbol{f}}-\boldsymbol{D}_{T_0}^*\boldsymbol{f}\|_2^2 \geqslant \inf_{\hat{\boldsymbol{v}}}\sup_{\boldsymbol{v}\in\mathbb{R}^s}\mathbb{E}\|\hat{\boldsymbol{v}}-\boldsymbol{v}\|_2^2.$$

将式 (3.1.15) 代入上面的不等式, 可得

$$\inf_{\hat{\boldsymbol{f}}}\sup_{\|\boldsymbol{D}^*\boldsymbol{f}\|_0\leqslant s}\mathbb{E}\|\hat{\boldsymbol{f}}-\boldsymbol{f}\|_2^2 \geqslant \frac{1}{1+\delta_s}s\cdot\sigma^2.$$ □

上述下界在均值意义下成立, 而理论上界在高概率意义下成立. 作为补充, 我们同时证明了:

定理 3.1.4 ([118]) 在定理 3.1.3 的假设下, 任意估计 $\hat{\boldsymbol{f}}(\boldsymbol{y})$ 满足

$$\sup_{\|\boldsymbol{D}^*\boldsymbol{f}\|_0\leqslant s}\mathbb{P}\left(\|\hat{\boldsymbol{f}}-\boldsymbol{f}\|_2^2 \geqslant \frac{1}{2(1+\delta_s)}s\cdot\sigma^2\right) \geqslant 1-e^{-\frac{s}{16}}.$$

我们介绍如下引理, 参见 [38, Lemma 3.14].

引理 3.1.3　设 $\boldsymbol{x},\boldsymbol{y},\boldsymbol{\Phi},\boldsymbol{z}$ 服从线性模型 (3.1.13), 其中 $\boldsymbol{z}\sim N(0,\sigma^2\boldsymbol{I})$. 则

$$\inf_{\hat{\boldsymbol{x}}}\sup_{\boldsymbol{x}\in\mathbb{R}^s}\mathbb{P}\left(\|\hat{\boldsymbol{x}}-\boldsymbol{x}\|_2^2\geqslant\frac{1}{2\|\boldsymbol{\Phi}\|^2}s\cdot\sigma^2\right)\geqslant 1-e^{-\frac{s}{16}}.$$

定理 3.1.4 的证明　根据紧框架的定义,

$$\begin{aligned}
&\sup_{\|\boldsymbol{D}^*\boldsymbol{f}\|_0\leqslant s}\mathbb{P}\left(\|\hat{\boldsymbol{f}}-\boldsymbol{f}\|_2^2\geqslant\frac{1}{2(1+\delta_s)}s\cdot\sigma^2\right)\\
=&\sup_{\|\boldsymbol{D}^*\boldsymbol{f}\|_0\leqslant s}\mathbb{P}\left(\|\boldsymbol{D}^*\hat{\boldsymbol{f}}-\boldsymbol{D}^*\boldsymbol{f}\|_2^2\geqslant\frac{1}{2(1+\delta_s)}s\cdot\sigma^2\right)\\
\geqslant&\sup_{\boldsymbol{D}^*\boldsymbol{f}\in\Sigma_{T_0}}\mathbb{P}\left(\|\boldsymbol{D}^*\hat{\boldsymbol{f}}-\boldsymbol{D}^*\boldsymbol{f}\|_2^2\geqslant\frac{1}{2(1+\delta_s)}s\cdot\sigma^2\right)\\
\geqslant&\sup_{\boldsymbol{D}^*\boldsymbol{f}\in\Sigma_{T_0}}\mathbb{P}\left(\|\boldsymbol{D}_{T_0}^*\hat{\boldsymbol{f}}-\boldsymbol{D}_{T_0}^*\boldsymbol{f}\|_2^2\geqslant\frac{1}{2(1+\delta_s)}s\cdot\sigma^2\right)\\
\geqslant&\sup_{\boldsymbol{D}^*\boldsymbol{f}\in\Sigma_{T_0}}\mathbb{P}\left(\|\boldsymbol{D}_{T_0}^*\hat{\boldsymbol{f}}-\boldsymbol{D}_{T_0}^*\boldsymbol{f}\|_2^2\geqslant\frac{1}{2\|\boldsymbol{A}\boldsymbol{D}_{T_0}\|^2}s\cdot\sigma^2\right),
\end{aligned}$$

最后一步利用式 (3.1.14). 由于 $\hat{\boldsymbol{f}}(\boldsymbol{y})$ 关于 $\boldsymbol{y}$ 可测, 故 $\boldsymbol{D}_{T_0}^*\hat{\boldsymbol{f}}(\boldsymbol{y})$ 也可测. 因此, 由假设条件 $\Sigma_{T_0}\subset\{\boldsymbol{D}^*\tilde{\boldsymbol{f}}:\tilde{\boldsymbol{f}}\in\mathbb{R}^n\}$, 可得

$$\begin{aligned}
&\sup_{\|\boldsymbol{D}^*\boldsymbol{f}\|_0\leqslant s}\mathbb{P}\left(\|\hat{\boldsymbol{f}}-\boldsymbol{f}\|_2^2\geqslant\frac{1}{2(1+\delta_s)}s\cdot\sigma^2\right)\\
\geqslant&\sup_{\boldsymbol{D}^*\boldsymbol{f}\in\Sigma_{T_0}}\mathbb{P}\left(\|\boldsymbol{D}_{T_0}^*\hat{\boldsymbol{f}}-\boldsymbol{D}_{T_0}^*\boldsymbol{f}\|_2^2\geqslant\frac{1}{2\|\boldsymbol{A}\boldsymbol{D}_{T_0}\|^2}s\cdot\sigma^2\right)\\
\geqslant&\inf_{\hat{\boldsymbol{v}}}\sup_{\boldsymbol{v}\in\mathbb{R}^s}\mathbb{P}\left(\|\hat{\boldsymbol{v}}-\boldsymbol{v}\|_2^2\geqslant\frac{1}{2\|\boldsymbol{A}\boldsymbol{D}_{T_0}\|^2}s\cdot\sigma^2\right)\\
\geqslant&1-e^{-\frac{s}{16}},
\end{aligned}$$

其中最后一步根据引理 3.1.3.　□

3.1.2　ALASSO 模型逼近恢复结果

本节研究噪声随机测量 ALASSO 模型恢复误差. 其中 $\boldsymbol{z}$ 满足某个 l_∞ 限制条件. 特别地, $\boldsymbol{z}$ 可取为高斯噪声. ALASSO 模型的逼近恢复理论上界和 ADS 模型的相似.

定理 3.1.5 ([118])　设 $\boldsymbol{D}$ 为 $n\times d$ 紧框架, $\boldsymbol{A}$ 为 $m\times n$ 测量矩阵, 且 $\boldsymbol{D}$-RIP 常数满足 $\delta_{3s}<\frac{1}{4}$. 取参数 μ, 使得 $\|\boldsymbol{D}^*\boldsymbol{A}^*\boldsymbol{z}\|_\infty\leqslant\mu/2$. 则 ALASSO 模型 (3.0.2) 的

解 $\hat{\boldsymbol{f}}^{\mathrm{AL}}$ 满足

$$\|\hat{\boldsymbol{f}}^{\mathrm{AL}}-\boldsymbol{f}\|_2 \leqslant C_0\sqrt{s}\mu + C_1\frac{\|\boldsymbol{D}^*\boldsymbol{f}-(\boldsymbol{D}^*\boldsymbol{f})_{[s]}\|_1}{\sqrt{s}},$$

其中正数 C_1 仅与 $\boldsymbol{D}$-RIP 常数 δ_{3s} 相关, C_0 与 δ_{3s} 及 $\|\boldsymbol{D}^*\boldsymbol{D}\|_{1,1}$ 相关.

证明 该定理的证明类似于定理 3.1.1 的证明. 令 $\boldsymbol{h}=\hat{\boldsymbol{f}}^{\mathrm{AL}}-\boldsymbol{f}$. 首先证明两个不等式:

- $\|\boldsymbol{D}^*\boldsymbol{A}^*(\boldsymbol{A}\hat{\boldsymbol{f}}^{\mathrm{AL}}-\boldsymbol{y})\|_\infty \leqslant \mu\|\boldsymbol{D}^*\boldsymbol{D}\|_{1,1}$;
- $\|\boldsymbol{D}_{T^c}^*\boldsymbol{h}\|_1 \leqslant 3\|\boldsymbol{D}_T^*\boldsymbol{h}\|_1 + 4\|\boldsymbol{D}_{T^c}^*\boldsymbol{f}\|_1$.

利用这两个不等式和定理的假设条件, 类似于定理 3.1.1 的证明过程, 即可得定理的结论.

为简单起见, 记 $\mathcal{L}$ 为函数

$$\mathcal{L}(\tilde{\boldsymbol{f}})=\frac{1}{2}\|\boldsymbol{A}\tilde{\boldsymbol{f}}-\boldsymbol{y}\|_2^2+\mu\|\boldsymbol{D}^*\tilde{\boldsymbol{f}}\|_1,$$

其中 $\mu=4\sigma\sqrt{2\log d}$. 实值半连续函数 $\mathcal{F}:\mathbb{R}^n\to\mathbb{R}$ 的次微分 $\partial\mathcal{F}$ 定义为

$$\partial\mathcal{F}(\boldsymbol{f}_0)=\left\{\boldsymbol{g}\in\mathbb{R}^n|\forall\tilde{\boldsymbol{f}}\in\mathbb{R}^n,\ \mathcal{F}(\tilde{\boldsymbol{f}})\geqslant\mathcal{F}(\boldsymbol{f}_0)+\langle\boldsymbol{g},\tilde{\boldsymbol{f}}-\boldsymbol{f}_0\rangle\right\}.$$

$\boldsymbol{f}_0$ 为函数 $\mathcal{F}$ 的最小点当且仅当 $\mathbf{0}\in\partial\mathcal{F}(\boldsymbol{f}_0)$. $\mathcal{L}(\hat{\boldsymbol{f}}^{\mathrm{AL}})$ 的次微分为

$$\begin{aligned}&\partial\mathcal{L}(\hat{\boldsymbol{f}}^{\mathrm{AL}})\\=&\big\{\boldsymbol{A}^*(\boldsymbol{A}\hat{\boldsymbol{f}}^{\mathrm{AL}}-\boldsymbol{y})+\mu\boldsymbol{D}\boldsymbol{v}|\boldsymbol{v}\in\mathbb{R}^d:\ 当\ \boldsymbol{D}_i^*\hat{\boldsymbol{f}}^{\mathrm{AL}}\neq\mathbf{0}\ 时,\boldsymbol{v}_i=\operatorname{sgn}(\boldsymbol{D}_i^*\hat{\boldsymbol{f}}^{\mathrm{AL}});\\&否则\ |\boldsymbol{v}_i|\leqslant 1\big\}.\end{aligned}$$

由于 $\hat{\boldsymbol{f}}^{\mathrm{AL}}$ 为最优解, 故存在 $\boldsymbol{v}\in\mathbb{R}^d$ 使得 $\|\boldsymbol{v}\|_\infty\leqslant 1$, 且

$$\boldsymbol{A}^*(\boldsymbol{A}\hat{\boldsymbol{f}}^{\mathrm{AL}}-\boldsymbol{y})+\mu\boldsymbol{D}\boldsymbol{v}=\mathbf{0}.$$

因此

$$\|\boldsymbol{D}^*\boldsymbol{A}^*(\boldsymbol{A}\hat{\boldsymbol{f}}^{\mathrm{AL}}-\boldsymbol{y})\|_\infty=\mu\|\boldsymbol{D}^*\boldsymbol{D}\boldsymbol{v}\|_\infty\leqslant\mu\|\boldsymbol{D}^*\boldsymbol{D}\|_{\infty,\infty}=\mu\|\boldsymbol{D}^*\boldsymbol{D}\|_{1,1}.$$

由 $\hat{\boldsymbol{f}}^{\mathrm{AL}}$ 是 (3.0.2) 的最优解, 有

$$\frac{1}{2}\|\boldsymbol{A}\hat{\boldsymbol{f}}^{\mathrm{AL}}-\boldsymbol{y}\|_2^2+\mu\|\boldsymbol{D}^*\hat{\boldsymbol{f}}^{\mathrm{AL}}\|_1\leqslant\frac{1}{2}\|\boldsymbol{A}\boldsymbol{f}-\boldsymbol{y}\|_2^2+\mu\|\boldsymbol{D}^*\boldsymbol{f}\|_1.$$

代入 $\boldsymbol{y}=\boldsymbol{A}\boldsymbol{f}+\boldsymbol{z}$, 重置各项, 有

$$\frac{1}{2}\|\boldsymbol{A}\boldsymbol{h}\|_2^2+\mu\|\boldsymbol{D}^*\hat{\boldsymbol{f}}^{\mathrm{AL}}\|_1\leqslant\langle\boldsymbol{A}\boldsymbol{h},\boldsymbol{z}\rangle+\mu\|\boldsymbol{D}^*\boldsymbol{f}\|_1.$$

根据紧框架的定义, 再利用 Hölder 不等式以及条件 $\|\boldsymbol{D}^*\boldsymbol{A}^*\boldsymbol{z}\|_\infty\leqslant\mu/2$, 可得

$$\begin{aligned}\langle\boldsymbol{A}\boldsymbol{h},\boldsymbol{z}\rangle+\mu\|\boldsymbol{D}^*\boldsymbol{f}\|_1&=\langle\boldsymbol{D}^*\boldsymbol{h},\boldsymbol{D}^*\boldsymbol{A}^*\boldsymbol{z}\rangle+\mu\|\boldsymbol{D}^*\boldsymbol{f}\|_1\\&\leqslant\|\boldsymbol{D}^*\boldsymbol{h}\|_1\|\boldsymbol{D}^*\boldsymbol{A}^*\boldsymbol{z}\|_\infty+\mu\|\boldsymbol{D}^*\boldsymbol{f}\|_1\\&\leqslant\mu/2\|\boldsymbol{D}^*\boldsymbol{h}\|_1+\mu\|\boldsymbol{D}^*\boldsymbol{f}\|_1.\end{aligned}$$

因此

$$\mu\|\boldsymbol{D}^*\hat{\boldsymbol{f}}^{\mathrm{AL}}\|_1\leqslant\frac{1}{2}\|\boldsymbol{A}\boldsymbol{h}\|_2^2+\mu\|\boldsymbol{D}^*\hat{\boldsymbol{f}}^{\mathrm{AL}}\|_1\leqslant\mu/2\|\boldsymbol{D}^*\boldsymbol{h}\|_1+\mu\|\boldsymbol{D}^*\boldsymbol{f}\|_1.$$

从而

$$\|\boldsymbol{D}^*\hat{\boldsymbol{f}}^{\mathrm{AL}}\|_1\leqslant\|\boldsymbol{D}^*\boldsymbol{h}\|_1/2+\|\boldsymbol{D}^*\boldsymbol{f}\|_1.$$

再通过类似于式 (3.1.5) 的证明方法, 可得

$$\|\boldsymbol{D}_{T^c}^*\boldsymbol{h}\|_1\leqslant3\|\boldsymbol{D}_T^*\boldsymbol{h}\|_1+4\|\boldsymbol{D}_{T^c}^*\boldsymbol{f}\|_1.\tag{3.1.16}$$

最后, 我们粗略地介绍余下证明步骤. 类同于 (3.1.4), 有

$$\|\boldsymbol{D}^*\boldsymbol{A}^*\boldsymbol{A}\boldsymbol{h}\|_\infty\leqslant\|\boldsymbol{D}^*\boldsymbol{A}^*(\boldsymbol{A}\boldsymbol{f}-\boldsymbol{y})\|_\infty+\|\boldsymbol{D}^*\boldsymbol{A}^*(\boldsymbol{A}\hat{\boldsymbol{f}}^{\mathrm{AL}}-\boldsymbol{y})\|_\infty\leqslant c_0\mu,$$

其中 $c_0=1/2+\|\boldsymbol{D}^*\boldsymbol{D}\|_{1,1}$. 利用上面的不等式和类似于式 (3.1.7) 的证明过程, 可得

$$\|\boldsymbol{D}_{T_{01}}^*\boldsymbol{h}\|_2\leqslant\frac{c_0\mu\sqrt{2s}+s^{-1/2}\delta_{3s}\|\boldsymbol{D}_{T^c}^*\boldsymbol{h}\|_1}{1-\delta_{3s}}.\tag{3.1.17}$$

因此

$$\|\boldsymbol{D}_T^*\boldsymbol{h}\|_1\leqslant\sqrt{s}\|\boldsymbol{D}_T^*\boldsymbol{h}\|_2\leqslant\sqrt{s}\|\boldsymbol{D}_{T_{01}}^*\boldsymbol{h}\|_2\leqslant\frac{\sqrt{2}c_0\mu s+\delta_{3s}\|\boldsymbol{D}_{T^c}^*\boldsymbol{h}\|_1}{1-\delta_{3s}}.$$

将上面的不等式代入 (3.1.16), 通过简单运算, 可得

$$\|\boldsymbol{D}_{T^c}^*\boldsymbol{h}\|_1\leqslant\frac{4(1-\delta_{3s})\|\boldsymbol{D}_{T^c}^*\boldsymbol{f}\|_1+3\sqrt{2}c_0\mu s}{1-4\delta_{3s}}.$$

利用式 (3.1.17) 与 (3.1.6), 再利用式 (3.1.17), 可得

$$\begin{aligned}\|\boldsymbol{h}\|_2 &= \|\boldsymbol{D}^*\boldsymbol{h}\|_2\\ &= \|\boldsymbol{D}^*_{T_{01}}\boldsymbol{h}\|_2 + \sum_{j\geqslant 2}\|\boldsymbol{D}^*_{T_j}\boldsymbol{h}\|_2\\ &\leqslant \frac{c_0\mu\sqrt{2s} + s^{-1/2}\|\boldsymbol{D}^*_{T^c}\boldsymbol{h}\|_1}{1-\delta_{3s}}\\ &\leqslant \frac{4\sqrt{2s}c_0\mu}{1-4\delta_{3s}} + \frac{4\|\boldsymbol{D}^*_{T^c}\boldsymbol{f}\|_1}{(1-4\delta_{4s})\sqrt{s}},\end{aligned}$$

即得定理的结论. □

结合引理 3.1.1 与定理 3.1.5, 可得:

定理 3.1.6 ([118]) 设 $\boldsymbol{D}$ 为 $n\times d$ 紧框架, $\boldsymbol{A}$ 为 $m\times n$ 测量矩阵, 且其 $\boldsymbol{D}$-RIP 常数满足 $\delta_{3s}<\frac{1}{4}$. 再设 $\boldsymbol{z}\sim N(0,\sigma^2\boldsymbol{I}_m)$. 令参数 $\mu=4\sigma\sqrt{2\log d}$, 则以大于 $1-1/(d\sqrt{2\pi\log d})$ 的概率, ALASSO 模型的解 $\hat{\boldsymbol{f}}^{\mathrm{AL}}$ 满足

$$\|\hat{\boldsymbol{f}}^{\mathrm{AL}}-\boldsymbol{f}\|_2\leqslant C_0\sigma\sqrt{s\log d}+C_1\frac{\|\boldsymbol{D}^*\boldsymbol{f}-(\boldsymbol{D}^*\boldsymbol{f})_{[s]}\|_1}{\sqrt{s}},$$

其中正数 C_1 仅与 $\boldsymbol{D}$-RIP 常数 δ_{3s} 相关, C_0 与 δ_{3s} 及 $\|\boldsymbol{D}^*\boldsymbol{D}\|_{1,1}$ 相关.

注 3.1.3 (1) 在 s-精确稀疏的情形 ($\|\boldsymbol{D}^*\boldsymbol{f}\|_0\leqslant s$), 由定理 3.1.5, 有

$$\|\hat{\boldsymbol{f}}^{\mathrm{AL}}-\boldsymbol{f}\|_2^2\leqslant C_0\cdot\log d\cdot s\sigma^2.$$

特别地, 令 $\boldsymbol{D}=\boldsymbol{I}$, 即经典稀疏恢复的情形, 可得类似于 [15, Theorem 7.2] 的结果.

(2) 由定理 3.1.5 的证明过程, 可知 $C_0=2\sqrt{2}(1+2\|\boldsymbol{D}^*\boldsymbol{D}\|_{1,1})/(1-4\delta_{3s})$. 如果 $\boldsymbol{D}$ 是恒等矩阵或正交阵, $\|\boldsymbol{D}^*\boldsymbol{D}\|_{1,1}=1$.

(3) 该方面的工作推动了中国科学院院士徐宗本[180], 以色列科学与人文科学院院士 Y. Eldar (IEEE 会士) 和 A. Nehorai 教授 (IEEE 会士, AAAS 会士)[167]、M. Elad 教授 (IEEE 会士, SIAM 会士)[163], 欧洲科学院院士 G. Kutyniok 教授 (国际数学家大会 45 分钟报告者)[82] 等课题组的研究工作. 在 [118] 的工作基础之上, Y. Eldar 院士课题组[167] 研究松弛 ALASSO(Relaxed ALASSO, RALASSO) 模型:

$$\min_{\tilde{\boldsymbol{f}}\in\mathbb{R}^n,\boldsymbol{z}\in\mathbb{R}^d}\frac{1}{2}\|\boldsymbol{A}\tilde{\boldsymbol{f}}-\boldsymbol{y}\|_2^2+\tilde{\lambda}\|\boldsymbol{z}\|_1+\frac{1}{2}\rho\|\boldsymbol{z}-\boldsymbol{D}^*\tilde{\boldsymbol{f}}\|_2^2,$$

并得到类似的逼近恢复理论; B. Han 教授课题组[158] 借助稳定性零空间性质, 得到常数不依赖于 $\|\boldsymbol{D}^*\boldsymbol{D}\|_{1,1}$ 的逼近恢复结果; M. Elad 教授课题组将 [33, 118] 列为该方向的代表性工作.

3.2 框架下 q-RIP 和 l_q 分析模型 $(0<q<1)$

本节研究框架稀疏表示下 l_q 分析模型逼近恢复的理论结果. 我们首先考虑简单的无噪声情形, 即 $\boldsymbol{y}=\boldsymbol{A}\boldsymbol{f}$. 假设 $\boldsymbol{f}$ 在框架 $\boldsymbol{D}$ 下具有稀疏表示. 考虑 l_q 分析模型:

$$\hat{\boldsymbol{f}}=\underset{\tilde{\boldsymbol{f}}\in\mathbb{R}^n}{\operatorname{argmin}}\|\boldsymbol{D}^*\tilde{\boldsymbol{f}}\|_q \quad \text{s.t.} \quad \boldsymbol{A}\tilde{\boldsymbol{f}}=\boldsymbol{y}, \qquad (P_q),$$

其中 $0<q<1$. (P_q) 的解不一定唯一, 本节的逼近恢复结果对于 (P_q) 的任意解都成立. 在测量矩阵 $\boldsymbol{A}$ 满足某个 $\boldsymbol{D}$-RIP 条件假设下, 文献 [2, 112] 给出紧框架稀疏表示下 (P_q) $(0<q\leqslant 1)$ 模型的逼近恢复理论结果. 本节进一步讨论 l_q 分析模型的逼近恢复结果. 下面定理指出: (P_q) 模型以极大概率逼近恢复原始信号, 且当 q 较小时, 所需随机测量次数要少于 [2, 112] 中的采样次数.

定理 3.2.1 ([119]) 假设观测数据服从模型 $\boldsymbol{y}=\boldsymbol{A}\boldsymbol{f}$. 令 $\boldsymbol{D}\in\mathbb{R}^{n\times d}$ 为框架, 框架界为 $\mathcal{L}$ 和 $\mathcal{U}$, $0<\mathcal{L}\leqslant\mathcal{U}<\infty$. 令测量矩阵 $\boldsymbol{A}$ 为 $m\times n$ 的随机矩阵, 其每个元素独立同分布于标准正态分布. 则存在正常数 $C_1(q)$ 和 $C_2(q)$ 使得当 $0<q\leqslant 1$ 以及

$$m\geqslant C_1(q)\kappa^{\frac{q}{2-q}}s+qC_2(q)\kappa^{\frac{2q}{2-q}}s\log(d/s), \quad \kappa=\mathcal{U}/\mathcal{L}$$

成立时, (P_q) 模型的任意解以高于 $1-1/\binom{d}{s}$ 的概率满足

$$\|\hat{\boldsymbol{f}}-\boldsymbol{f}\|_2\leqslant C\frac{\|\boldsymbol{D}^*\boldsymbol{f}-(\boldsymbol{D}^*\boldsymbol{f})_{[s]}\|_q}{s^{1/q-1/2}}.$$

注 3.2.1 (1) $C_1(q)$ 和 $C_2(q)$ 为一致有界正数, 有显式表达式, 详见定理的证明过程.

(2) 当 q 趋于零时, 测量次数 m 关于维数 d 和 $\boldsymbol{D}$ 的条件数 κ 的依赖性逐渐消失. 从而, 当 q 较小时, 最小测量数为 Cs 阶, 比之前提及的相关理论结果所需测量阶数小.

(3) 结合文献 [159] 的证明技巧, 可改进定理结论成立的概率.

定理 3.2.1 是即将介绍的关于 $(\boldsymbol{D},q)$-RIP 逼近恢复结果的直接推论. $(\boldsymbol{D},q)$-RIP 为[49] 标准 q-RIP ($q=1$ 时, 可参见 [59]) 的自然推广, 其定义如下:

定义 3.2.1 ([119], $(\boldsymbol{D},q)$-RIP) 令 $\boldsymbol{D}$ 为 $n\times d$ 矩阵. 称测量矩阵 $\boldsymbol{A}$ 满足常数为 $\delta\in[0,1)$ 、阶数为 s 的、关于字典 $\boldsymbol{D}$ 的限制 q 等距约束属性 (Restricted q-isometry Property Adapted to $\boldsymbol{D}$, 缩写为 $(\boldsymbol{D},q)$-RIP), 如果对于所有的 s-稀疏

向量 $\boldsymbol{v}\in\mathbb{R}^d$,

$$(1-\delta)\|\boldsymbol{D}\boldsymbol{v}\|_2^q \leqslant \|\boldsymbol{A}\boldsymbol{D}\boldsymbol{v}\|_q^q \leqslant (1+\delta)\|\boldsymbol{D}\boldsymbol{v}\|_2^q \tag{3.2.1}$$

都成立. 满足上述 $(\boldsymbol{D},q)$-RIP 属性的最小正常数 δ 称为 $(\boldsymbol{D},q)$-RIP 常数, 记为 δ_s.

更一般地, 作者[119] 研究了如下框架稀疏表示下的 l_q 分析模型

$$\underset{\tilde{\boldsymbol{f}}\in\mathbb{R}^n}{\operatorname{argmin}}\|\boldsymbol{D}^*\tilde{\boldsymbol{f}}\|_q \quad \text{s.t.} \quad \|\boldsymbol{A}\tilde{\boldsymbol{f}}-\boldsymbol{y}\|_r \leqslant \varepsilon \tag{3.2.2}$$

的逼近恢复结果, 其中 $0<q\leqslant 1, 1\leqslant r\leqslant\infty, \varepsilon\geqslant 0$, 且噪声项 $\boldsymbol{z}\in\mathbb{R}^m$ 满足 $\|\boldsymbol{z}\|_r\leqslant\varepsilon$. 我们有下面的理论结果.

定理 3.2.2 ([119]) 设 $0<q\leqslant 1, 1\leqslant r\leqslant\infty, \varepsilon\geqslant 0$. 假设观测数据服从模型 $\boldsymbol{y}=\boldsymbol{A}\boldsymbol{f}+\boldsymbol{z}$, 其中 $\boldsymbol{z}$ 为噪声, 满足 $\|\boldsymbol{z}\|_r\leqslant\varepsilon$. 令 $\boldsymbol{D}\in\mathbb{R}^{n\times d}$ 为框架, 框架界为 $\mathcal{L}$ 和 $\mathcal{U}$, $0<\mathcal{L}\leqslant\mathcal{U}<\infty$. 令 s,a 为满足 $s<a$ 的正整数. 假设测量矩阵 $\boldsymbol{A}$ 的 $(\boldsymbol{D}^\dagger,q)$-RIP 常数满足

$$\rho^{1-q/2}\left(\rho^{2/q-1}+1\right)^{q/2}\kappa^q(1+\delta_a)<1-\delta_{s+a}, \quad \rho=\frac{s}{a},\ \kappa=\frac{\mathcal{U}}{\mathcal{L}}. \tag{3.2.3}$$

则 (3.2.2) 的任意解 $\hat{\boldsymbol{f}}$ 满足

$$\|\hat{\boldsymbol{f}}-\boldsymbol{f}\|_2\leqslant C_1\frac{\|\boldsymbol{D}^*\boldsymbol{f}-(\boldsymbol{D}^*\boldsymbol{f})_{[s]}\|_q}{s^{1/q-1/2}}+C_2m^{1/q-1/r}\varepsilon.$$

注 3.2.2 (1) 文献 [125] 研究框架 $\boldsymbol{D}$ 稀疏表示信号 l_1 分析模型的恢复理论, 并且给出当测量矩阵 $\boldsymbol{A}$ 满足某个 $\tilde{\boldsymbol{D}}$-RIP 时 (其中 $\tilde{\boldsymbol{D}}$ 为框架 $\boldsymbol{D}$ 的对偶框架) 的逼近恢复理论. 由于 $\boldsymbol{D}^\dagger$ 为 $\boldsymbol{D}$ 的特殊对偶框架, 因此定理 3.2.2 可以进行拓展, 从而得到关于 $(\tilde{\boldsymbol{D}},q)$-RIP 条件下的逼近恢复理论. 多数测量矩阵 $\boldsymbol{A}$ 为随机矩阵, 因此利用普通对偶框架的结果并不太可能会产生有利效应.

(2) 上述定理要求测量矩阵 $\boldsymbol{A}$ 满足 $(\boldsymbol{D}^\dagger,q)$-RIP 条件 (3.2.3). 由 [119] 可知当 $a=O(s)$ 并且 $m=O(s+qs\log n)$ 时, 此条件以极大概率成立. 此时, 模型的估计上界大致为 $C(s+qs\log n)^{1/q-1/r}$.

作为上述定理的简单推论, 有下面的结果. 它对于定理 3.2.1 的证明至关重要.

推论 3.2.1 在定理 3.2.2 的条件下, 假设噪声向量 $\boldsymbol{z}=\boldsymbol{0}$. 则 (3.2.2) 的任意解 $\hat{\boldsymbol{f}}$ 满足

$$\|\hat{\boldsymbol{f}}-\boldsymbol{f}\|_2\leqslant C_1\frac{\|\boldsymbol{D}^*\boldsymbol{f}-(\boldsymbol{D}^*\boldsymbol{f})_{[s]}\|_q}{s^{1/q-1/2}},$$

其中 C_1 为定理 3.2.2 中的正常数.

利用上述结果, 结合 [119, Lemma 2] 可证明定理 3.2.1. 当 q 较小时, 定理成立所需测量次数要比 $q=1$ 时少很多.

不同于 (P_1) 模型, 文献 [74,125] 研究 l_1 分析模型:

$$\underset{\tilde{\boldsymbol{f}}}{\operatorname{argmin}} \|(\boldsymbol{D}^{\dagger})^{*}\tilde{\boldsymbol{f}}\|_1 \quad \text{s.t.} \quad \boldsymbol{A}\tilde{\boldsymbol{f}}=\boldsymbol{y}. \tag{3.2.4}$$

利用 $\boldsymbol{D}$ (而非 $\boldsymbol{D}^{\dagger}$) 作为分析算子在特定情况具有一定优势, 比如, $\boldsymbol{D}$ 已知然而 $\boldsymbol{D}^{\dagger}$ 未知 (或者在高维稀疏恢复问题中难以计算), 又或者 $\boldsymbol{D}(\cdot)$ 具有快速算法然而 $\boldsymbol{D}^{\dagger}(\cdot)$ 却没有[53]. 与此同时, 验证确定性测量矩阵满足 $(\boldsymbol{D},q)$-RIP (或者 $\boldsymbol{D}$-RIP) 条件不易, 但验证随机高斯矩阵满足 $(\boldsymbol{D}^{\dagger},q)$-RIP (或者 $\boldsymbol{D}^{\dagger}$-RIP) 条件和验证测量矩阵满足 $(\boldsymbol{D},q)$-RIP (或者 $\boldsymbol{D}$-RIP) 条件难度相当.

作者关于 $(\boldsymbol{D}^{\dagger},q)$-RIP 逼近恢复理论结果[119] 表明: $(\boldsymbol{D}^{\dagger},q)$-RIP 条件可推出 s 阶相对应于 $\boldsymbol{D}$ 的 l_q 零空间性质 (缩写: $\boldsymbol{D}$-NSP$_q$). 测量矩阵 $\boldsymbol{A}$ 满足 s 阶 $\boldsymbol{D}$-NSP$_q$ 条件[2,51,74,88,164] 当且仅当存在正常数 $\theta\in(0,1)$ 使得对于任意的 $\boldsymbol{h}\in\ker\boldsymbol{A}$ 和基数小于等于 s 的指标子集 $T\subset\{1,\cdots,d\}$, 下面的不等式都成立:

$$\|\boldsymbol{D}_T^{*}\boldsymbol{h}\|_q^q\leqslant\theta\|\boldsymbol{D}_{T^c}^{*}\boldsymbol{h}\|_q^q.$$

满足上述性质的最小正常数 θ 称为 s 阶 $\boldsymbol{D}$-NSP$_q$ 常数. 零空间属性的重要性在于它是 l_q 分析模型精确恢复任意 s-稀疏向量的充分必要条件 (考虑 $\boldsymbol{D}=\boldsymbol{I}$). 通过深入研究 $\boldsymbol{D}$-RIP 常数和 $\boldsymbol{D}$-NSP 常数之间的关联, 关于 $\boldsymbol{D}$-RIP 精确稀疏恢复充分条件可进一步地改进 (当 $\boldsymbol{D}=\boldsymbol{I}$ 时可参见 [30], 当 $\boldsymbol{D}$ 为紧框架时可参见 [112]).

3.3 $\boldsymbol{D}$-RE 条件和 l_1 分析模型

前面章节, 我们介绍关于 ADS 和 ALASSO 的 $\boldsymbol{D}$-RIP 恢复结果. 如前言所述, 当线性随机测量系统的每个元素独立同分布于某个随机变量 (或者每一行满足“各向同性的”条件), 且测量次数足够多时, 该 $\boldsymbol{D}$-RIP 条件在高概率的意义下是满足的. 然而, 在实际应用中, 我们经常遇到元素之间是相关的随机测量系统, 对于这类测量系统, $\boldsymbol{D}$-RIP 条件不一定成立. 因此, 作者课题组[188] 引入关于框架 $\boldsymbol{D}$ 的约束特征值条件 (Restricted Eigenvalue Condition Adapted to Frame $\boldsymbol{D}$, $\boldsymbol{D}$-RE 条件):

定义 3.3.1 ([188], $\boldsymbol{D}$-RE) 令 $1\leqslant s\leqslant d$, k 为正整数. $\boldsymbol{D}\in\mathbb{R}^{n\times d}$ 为框架. 称测量矩阵 $\boldsymbol{A}\in\mathbb{R}^{m\times n}$ 满足常数为 $K(s,k,\boldsymbol{A})$ 的 s 阶和 k 阶 $\boldsymbol{D}$-RE 条件, 如果对于所有的 $\boldsymbol{f}\neq\boldsymbol{0}$, 都有

$$K(s,k,\boldsymbol{A}):=\min_{\substack{I\subset\{1,2,\cdots,d\}\\|I|\leqslant s}}\ \min_{\|\boldsymbol{D}_{I^c}^{*}\boldsymbol{f}\|_1\leqslant k\|\boldsymbol{D}_I^{*}\boldsymbol{f}\|_1}\frac{\|\boldsymbol{A}\boldsymbol{f}\|_2}{\|\boldsymbol{D}_I^{*}\boldsymbol{f}\|_2}>0.$$

本节始终假设 $\boldsymbol{D}$ 为框架, 且其框架上界和下界分别为 $\mathcal{L}$ 和 $\mathcal{U}$ $(0 < \mathcal{L} \leqslant \mathcal{U} < \infty)$. 为简便起见, 主要讨论实值测量矩阵的情形. 当 $\boldsymbol{D}$ 为一般框架时, $\boldsymbol{f} = \boldsymbol{D}^{\dagger}\boldsymbol{D}^{*}\boldsymbol{f}$, 其中 $\boldsymbol{D}^{\dagger} = (\boldsymbol{D}\boldsymbol{D}^{*})^{-1}\boldsymbol{D}$. 因此, 据前面章节所述, 如果 $\boldsymbol{f}$ 在一般框架 $\boldsymbol{D}$ 稀疏, 则为了得到 l_1 分析模型的稳定性恢复理论结果, 一般来说, 需要用到 $\boldsymbol{D}^{\dagger}$-RIP 条件 (而不是 $\boldsymbol{D}$-RIP 条件). 对于随机测量矩阵, 验证 $\boldsymbol{D}^{\dagger}$-RIP 条件和验证 $\boldsymbol{D}$-RIP 条件的难度大致一样. 据之前章节所述, 满足标准 RIP 条件的随机矩阵 (通过列的符号随机变换后) 也同时满足 $\boldsymbol{D}^{\dagger}$-RIP.

下面的定理指出 $\boldsymbol{D}$-RE 条件比 $\boldsymbol{D}^{\dagger}$-RIP 条件弱.

定理 3.3.1 ([188]) 令 $\boldsymbol{D}$ 为框架, 且其框架上界和下界分别记为 $\mathcal{L}$ 和 $\mathcal{U}$ $(0 < \mathcal{L} \leqslant \mathcal{U} < \infty)$. 令 s_0, s_1, s_2 为正整数. 如果测量矩阵 $\boldsymbol{A} \in \mathbb{R}^{m\times n}$ 满足 $\boldsymbol{D}^{\dagger}$-RIP 条件:

$$\left(1-(1+k_0)\frac{1+\delta_{s_1}}{1-\delta_{s_1}}\frac{\sqrt{\mathcal{U}}}{\sqrt{\mathcal{L}}}\sqrt{\frac{s_0}{s_1}}\sqrt{\frac{s_2}{s_1}}-(1+k_0)\frac{\sqrt{s_0}}{\sqrt{s_1}}\right) > 0.$$

则 $\boldsymbol{A}$ 满足 $\boldsymbol{D}$-RE 条件

$$\begin{aligned}&K(s_0,k_0,\boldsymbol{A})\\ \geqslant &\left(1-(1+k_0)\frac{1+\delta_{s_1}}{1-\delta_{s_1}}\frac{\sqrt{\mathcal{U}}}{\sqrt{\mathcal{L}}}\sqrt{\frac{s_0}{s_1}}\sqrt{\frac{s_2}{s_1}}-(1+k_0)\frac{\sqrt{s_0}}{\sqrt{s_1}}\right)\Bigg/\left(\frac{\sqrt{\mathcal{U}}}{1-\delta_{s_1}}\sqrt{\frac{s_2}{s_1}}\right).\end{aligned}$$

注 3.3.1 当 $\boldsymbol{D} = \boldsymbol{I}$ 时, 因为 $1+\delta_s \geqslant \phi_{\max}(s)$, 以及 $1-\delta_s \leqslant \phi_{\min}(s)$, 上述定理类似于 [15, Assumption 1-4], 其中 $\phi_{\max}(s)$ 和 $\phi_{\min}(s)$ 的定义见 [15].

注 3.3.2 令 $s_1 = 9\dfrac{\mathcal{U}}{\mathcal{L}}(1+k_0)^2 s_0$, $s_2 = 16\dfrac{\mathcal{U}}{\mathcal{L}}(1+k_0)^2 s_0$. 如果 $\delta_{s_1} < 1/5$, 则 $\boldsymbol{A}$ 满足 $\boldsymbol{D}$-RE 条件.

为方便更进一步讨论, 我们考虑特殊的情形: $\boldsymbol{D}$ 为紧框架的特殊情形. 此时, 由定理 3.3.1, 我们可得到下面的结果.

定理 3.3.2 ([188]) 设 $\boldsymbol{D} \in \mathbb{R}^{n\times d}$ 为紧框架. 令 s_0, a 和 b 为正整数, 且 $b \leqslant 4a$. 如果矩阵 $\boldsymbol{A} \in \mathbb{R}^{m\times n}$ 满足 $\boldsymbol{D}$-RIP 条件:

$$1-\delta_{s_0+a}-\delta_{s_0+a+b}\frac{k_0\sqrt{a}}{\sqrt{b}} > 0, \tag{3.3.1}$$

则矩阵 $\boldsymbol{A}$ 满足 $\boldsymbol{D}$-RE 条件:

$$K(s_0,k_0,\boldsymbol{A}) \geqslant \frac{1-\delta_{s_0+a}-\delta_{s_0+a+b}\dfrac{k_0\sqrt{a}}{\sqrt{b}}}{1+\delta_{s_0+a}}.$$

注 3.3.3　对于参数 a 和 b 的不同具体取法，可得到不同的 $\boldsymbol{A}$ 满足 $\boldsymbol{D}$-RE 条件的不同充分条件:

(1) 如果 $1-\delta_{1.5s_0}-3\delta_{2s_0}>0$, 则 $\boldsymbol{A}$ 满足 $\boldsymbol{D}$-RE 条件: $K(s_0,3,A)\geqslant(1-\delta_{1.5s_0}-3\delta_{2s_0})/(1+\delta_{1.5s_0})$;

(2) 如果 $1-\delta_{1.75s_0}-\sqrt{3}\delta_{2s_0}>0$, 则 $\boldsymbol{A}$ 满足 $\boldsymbol{D}$-RE 条件: $K(s_0,1,\boldsymbol{A})\geqslant(1-\delta_{1.75s_0}-\sqrt{3}\delta_{2s_0})/(1+\delta_{1.5s_0})$.

我们接着讨论自相关测量矩阵的 $\boldsymbol{D}$-RE 条件. 我们分析测量矩阵 $\boldsymbol{A}$ 在集合 $V(s_0,k_0)$:

$$\{\boldsymbol{D}^{\dagger}\boldsymbol{D}_{T_{01}}^{*}\boldsymbol{f}+(k_0\|\boldsymbol{D}_{T_0}^{*}\boldsymbol{f}\|_1-\|\boldsymbol{D}_{T_1}^{*}\boldsymbol{f}\|_1)\mathrm{absconv}(\boldsymbol{D}_j^{\dagger}|j\in T_{01}^c)\mid \boldsymbol{f}\in C(s_0,k_0)\cap S^{n-1}\} \tag{3.3.2}$$

上的属性, 其中 T_0 为向量 $\boldsymbol{D}^*\boldsymbol{f}$ 前 s_0 个最大模元素的指标集, T_1 为向量 $\boldsymbol{D}_{T_0^c}^{*}\boldsymbol{f}$ 的 $k_0^2s_0$ 个最大模元素的指标集. $T_{01}=T_0\cup T_1$. 对于集合 V, $\mathrm{absconv}(V)=\{\sum_{i=1}^{n}\lambda\boldsymbol{x}_i\mid \boldsymbol{x}_i\in V,\lambda_i\in\mathbb{R}$ 且 $|\lambda_i|\leqslant 1\}$.

引理 3.3.1 ([188])　令 $\boldsymbol{\Lambda}\in\mathbb{R}^{n\times n}$ 为正定矩阵. 则 $C(s_0,k_0)\cap S^{n-1}\subset V(s_0,k_0)$, 且

$$\inf_{\boldsymbol{f}\in V(s_0,k_0)}\|\boldsymbol{\Lambda f}\|_2>0.$$

注 3.3.4 ([188])　在接下来的定理中, 记

$$\rho(V(s_0,k_0),\boldsymbol{\Lambda}):=\inf_{\boldsymbol{f}\in V(s_0,k_0)}\|\boldsymbol{\Lambda f}\|_2. \tag{3.3.3}$$

当 $\boldsymbol{D}=\boldsymbol{I}$ 时, $V(s_0,k_0)\subset C(s_0,k_0)$. 然而, 当 $\boldsymbol{D}$ 的相互相干性较大时, 则存在 $\boldsymbol{f}\in V(s_0,k_0)$ 使得 $\boldsymbol{f}\notin C(s_0,k_0)$. 比如, 取

$$\boldsymbol{D}=\begin{pmatrix}\frac{1}{\sqrt{2}} & \frac{1}{\sqrt{2}} & 0 & 0\\ \frac{1}{\sqrt{3}} & -\frac{1}{\sqrt{3}} & \frac{1}{\sqrt{3}} & 0\\ 0 & 0 & 0 & 1\end{pmatrix}\ \boldsymbol{f}=\frac{1}{6}\begin{pmatrix}2\sqrt{2}\\ \sqrt{3}\\ 5\end{pmatrix}.$$

则 $\boldsymbol{f}\in C(1,1)\cap S^2$, $\boldsymbol{D}^*\boldsymbol{f}=\frac{1}{6}\begin{pmatrix}3\\1\\1\\5\end{pmatrix}$. 记 $\boldsymbol{y}=\frac{1}{6}\begin{pmatrix}3\\ \frac{3}{2}\\ \frac{1}{2}\\5\end{pmatrix}$. 很容易看到 $\boldsymbol{D}^{\dagger}\boldsymbol{y}\in V(1,1)$, $\boldsymbol{D}^{\dagger}\boldsymbol{y}\notin C(1,1)$. 因此, 当 $\boldsymbol{D}$ 为冗余的字典时, $V(s_0,k_0)$ 上的属性并不能直接由经典的压缩感知理论推得.

定理 3.3.3 指出: 当 $\boldsymbol{\Phi}$ 在 $\boldsymbol{\Sigma}^{1/2}$ 限定于 $\boldsymbol{D}^{\dagger}$-稀疏向量集上的值域几乎等距, 且 $\boldsymbol{\Sigma}^{1/2}$ 满足常数为 $K(s_0,3k_0,\boldsymbol{\Sigma}^{1/2})$ 的 $\boldsymbol{D}$-RE 条件时, $\boldsymbol{A}=\boldsymbol{\Phi}\boldsymbol{\Sigma}^{1/2}$ 满足阶数为 s_0 以及 k_0 的 $\boldsymbol{D}$-RE 条件.

定理 3.3.3 ([188]) 设 $0<\delta<\dfrac{1}{6}, 0<s_0<d, k_0>0$. 令 $\boldsymbol{D}$ 为框架, 且其框架上界和下界分别记为 $\mathcal{L}$ 和 $\mathcal{U}$ $(0<\mathcal{L}\leqslant\mathcal{U}<\infty)$. $\boldsymbol{\Sigma}^{1/2}$ 为满足常数为 $K(s_0,3k_0,\boldsymbol{\Sigma}^{1/2})$ 的 $\boldsymbol{D}$-RE 条件的 $n\times n$ 正定矩阵. 记

$$s(k_0):=s_0\left[k_0^2+1+4k_0^2\rho^{-2}(V(s_0,k_0),\boldsymbol{\Sigma}^{1/2})\mathcal{U}\max_j\|\boldsymbol{\Sigma}^{1/2}\boldsymbol{D}_j^{\dagger}\|_2^2/\left(\frac{1}{5}\delta\right)^2\right],$$

其中 $\rho(V(s_0,k_0),\boldsymbol{\Sigma}^{1/2})$ 由式 (3.3.3) 所定义. 当 $s(3k_0)\leqslant d$ 时, 令 $E=\bigcup\limits_{|J|=s(3k_0)}\boldsymbol{D}_J^{\dagger}$, 否则令 $E=\operatorname{span}\{\boldsymbol{D}_j^{\dagger}\mid j\in[d]\}$. 如果对于所有的 $\boldsymbol{f}\in E$,

$$(1-\delta)\|\boldsymbol{\Sigma}^{1/2}\boldsymbol{f}\|_2\leqslant\|\boldsymbol{\Phi}\boldsymbol{\Sigma}^{1/2}\boldsymbol{f}\|_2\leqslant(1+\delta)\|\boldsymbol{\Sigma}^{1/2}\boldsymbol{f}\|_2 \tag{3.3.4}$$

都成立, 则 $\boldsymbol{\Phi}\boldsymbol{\Sigma}^{\frac{1}{2}}$ 满足 $\boldsymbol{D}$-RE 条件: $0<(1-6\delta)K(s_0,k_0,\boldsymbol{\Sigma}^{1/2})<K(s_0,k_0,\boldsymbol{\Phi}\boldsymbol{\Sigma}^{1/2})$.

注 3.3.5 框架 $\boldsymbol{D}$ 乘以任意一个常数, $\mathcal{U}\max\limits_j\|\boldsymbol{\Sigma}^{1/2}\boldsymbol{D}_j^{\dagger}\|_2^2$ 始终保持不变, 从而 $s(k_0)$ 只依赖于 $\kappa=\mathcal{U}/\mathcal{L}$. 当 $\boldsymbol{\Sigma}=\boldsymbol{I}$ 时, $s(k_0)$ 和 $C(\mathcal{U}/\mathcal{L})s_0$ 同阶, 其中 C 同时依赖于 k_0, $\rho(V(s_0,k_0),\boldsymbol{\Sigma}^{1/2})$ 和 δ. 当 $\boldsymbol{D}=\boldsymbol{I}$ 时, 该定理简化为 [153, Theorem 10] (前者中 $s(3k_0)$ 仅仅比后者的稍微大点). 和 [153] 的证明有所不同, [188] 中的证明的主要创新点在于引理 3.3.1.

注 3.3.6 上述定理同样指出 $\boldsymbol{D}$-RE 条件比 $\boldsymbol{D}^{\dagger}$-RIP 条件弱. 当 $\boldsymbol{\Sigma}^{1/2}=\boldsymbol{I}$ 时, 总存在常数 $K(s_0,k_0,\boldsymbol{I})$. 对于所有的 $\boldsymbol{f}\in C(s_0,k_0)\backslash\{0\}$, $\|\boldsymbol{D}_{S^c}^*\boldsymbol{f}\|_1\leqslant k_0\|\boldsymbol{D}_S^*\boldsymbol{f}\|_1$, 有 $\|\boldsymbol{D}_S^*\boldsymbol{f}\|_2\neq 0$. 则

$$K(s_0,k_0,\boldsymbol{I})=\min_{|S|\leqslant s_0}\min_{\substack{\boldsymbol{f}\in C(s_0,k_0)\backslash\{0\}\\ \|\boldsymbol{D}_{S^c}^*\boldsymbol{f}\|_1\leqslant k_0\|\boldsymbol{D}_S^*\boldsymbol{f}\|_1}}\frac{\|\boldsymbol{f}\|_2}{\|\boldsymbol{D}_S^*\boldsymbol{f}\|_2}>0.$$

基于上述定理, 可得两个结论.

定理 3.3.4 ([188]) 固定 $\delta\in(0,1)$, 设 $\boldsymbol{\Phi}\in\mathbb{R}^{m\times n}$. $\boldsymbol{D}\in\mathbb{R}^{n\times d}$ 是框架, 框架上下界为 $\mathcal{L}$ 和 $\mathcal{U}$. 设 $\boldsymbol{\Sigma}^{1/2}$ 是 $n\times n$ 的正定矩阵, 且满足常数为 $K(s_0,3k_0,\boldsymbol{\Sigma}^{1/2})$ 的 $\boldsymbol{D}$-RE 条件. 如果对于任意确定的 $\boldsymbol{f}\in\mathbb{R}^n$, 有

$$\mathbb{P}\left((1-\delta)\|\boldsymbol{f}\|_2^2\leqslant\|\boldsymbol{\Phi}\boldsymbol{f}\|_2^2\leqslant(1+\delta)\|\boldsymbol{f}\|_2^2\right)\geqslant 1-2\exp(-\gamma\delta^2m), \tag{3.3.5}$$

其中 γ 为某个正常数. 则当

$$m\geqslant C\delta^{-2}s_1\log(cd/s_1)$$

时, $\boldsymbol{\Phi\Sigma}^{1/2}$ 以不低于 $1-2\exp(-\gamma\delta^2 m/2)$ 的概率满足 $\boldsymbol{D}$-RE 条件: $K(s_0,k_0,\boldsymbol{\Phi\Sigma}^{1/2})\geqslant(1-18\delta)K(s_0,k_0,\boldsymbol{\Sigma}^{1/2})$, 其中 $s_1=s_0\left[9k_0^2+1+4(3k_0)^2\rho^{-2}(V(s_0,3k_0),\boldsymbol{\Sigma}^{1/2})\cdot\mathcal{U}\max_j\|\boldsymbol{\Sigma}^{1/2}\boldsymbol{D}_j^\dagger\|_2^2/\left(\frac{1}{5}\delta\right)^2\right]$. C 和 c 为两个正常数.

注 3.3.7 根据 [13], 采样数 $m=O(s_1\log(n/s_1))$ 的次高斯随机矩阵满足 (3.3.5), 从而满足 $\boldsymbol{D}$-RE 条件. 当 $\boldsymbol{\Phi}$ 为部分随机离散傅里叶变换 (Discrete Fourier Transform, DFT) 时, 根据 [106, Proposition 3.2], $\tilde{\boldsymbol{\Phi}}=\frac{1}{\sqrt{m}}\boldsymbol{\Phi D}_\xi$ 满足 (3.3.5). 其中 $\boldsymbol{D}_\xi$ 为对角元素为 Rademacher 随机变量的对角矩阵. 因此, 当 $m=O(s_1\log^4(d/s_1))$ 时, $\tilde{\boldsymbol{\Phi}}\boldsymbol{\Sigma}^{1/2}$ 满足阶数为 s_0 和 k_0 的 $\boldsymbol{D}$-RE 条件.

定理 3.3.5 ([188]) 令 $\boldsymbol{a}\in\mathbb{R}^n$ 为几乎处处满足 $\max\limits_{i\in[d]}|\langle\boldsymbol{a},\boldsymbol{D}_i^\dagger\rangle|\leqslant K$ 的随机变量, 且 $\boldsymbol{\Sigma}=\mathbb{E}\boldsymbol{a}\boldsymbol{a}^{\mathrm{T}}$ 正定. 设 $\boldsymbol{A}$ 为 $m\times n$ 的矩阵, 其行向量 $\boldsymbol{a}_1,\cdots,\boldsymbol{a}_m$ 独立同分布于 $\boldsymbol{a}$. 记 $U_s=\{\boldsymbol{D}^\dagger\boldsymbol{f}\in S^{n-1}\mid\|\boldsymbol{f}\|_0\leqslant s\}$, $\rho_s=\min\limits_{\boldsymbol{f}\in U_S}\|\boldsymbol{\Sigma}^{1/2}\boldsymbol{f}\|_2^2$. 则

$$m\geqslant\frac{Cs_1K^2\eta_{s_1}^2\log d\log m}{\rho_{s_1}\delta^2}\times\log^2\left(\frac{cs_1K^2\eta_{s_1}^2}{\rho_{s_1}}\right)$$

时, $\boldsymbol{A}$ 以不低于 $1-2\exp\left(-\frac{\delta\rho_{s_1}m}{K^2\eta_{s_1}^2s_1}\right)$ 的概率满足 $\boldsymbol{D}$-RE 条件: $K(s_0,k_0,\boldsymbol{A})\geqslant(1-18\delta)K(s_0,k_0,\boldsymbol{\Sigma}^{1/2})$, 其中 s_1 由定理 3.3.4 给出,

$$\eta_{s_1}=\sup_{\|\boldsymbol{D}^\dagger\boldsymbol{f}\|_2=1,\|\boldsymbol{f}\|_0\leqslant s_1}\frac{\|\boldsymbol{D}^*\boldsymbol{D}^\dagger\boldsymbol{f}\|_1}{\sqrt{s_1}}.$$

注3.3.8 η_s的定义类似于 [105, Definition 1.1]. 因为 $\boldsymbol{D}^*\boldsymbol{D}^\dagger=\boldsymbol{D}^*(\boldsymbol{D}\boldsymbol{D}^*)^{-1}\boldsymbol{D}$, η_s 可视为稀疏向量投影到 $\boldsymbol{D}$ 的行空间上的稀疏性保留因子. 当 $\boldsymbol{D}$ 为正交基时, $\eta_s=1$. F. Krahmer, D. Needell 和 R. Ward [105] 指出冗余度较小的调和框架具有有界的 η_s.

注 3.3.9 K 衡量了测量系统和 $\boldsymbol{D}$ 的标准对偶框架之间的列不相干性. 当行测量向量从 DFT 基的行向量随机选取 (且服从均匀分布)、紧框架 $\boldsymbol{D}$ 为文献 [46] 利用谱块 (Spectral Tetris) 算法构造的且每一列仅有两个非零元素的稀疏紧框架时, $K\leqslant\sqrt{2}$. 如果测量系统和字典之间相干性较大, F. Krahmer, D. Needell 和 R. Ward[105] 采取不同的采样法则. 和 [105, Theorem 1.2] 所不同的是, [188] 关于这方面的创新点在于测量向量可以从非正交基选取, 而此时 $\boldsymbol{D}$-RIP 可能并不满足 [105] 中的权重.

下面的例子构造了某类满足 $\boldsymbol{D}$-RE 条件然而不满足 $\boldsymbol{D}^\dagger$-RIP 条件的感知矩阵和框架.

例 3.3.1 ([188]) 设 $\boldsymbol{A}\in\mathbb{R}^{m\times n}$ 的每一行独立同分布于 $N(0,\boldsymbol{\Sigma})$. 假设协方差矩阵为尖峰型单位矩阵[149], 即

$$\boldsymbol{\Sigma}:=(1-a)\boldsymbol{I}_{n\times n}+a\boldsymbol{1}_n(\boldsymbol{1}_n)^{\mathrm{T}},$$

其中参数 $a\in[0,1)$. 令

$$\boldsymbol{D}=\frac{1}{\sqrt{2}}\begin{bmatrix}\boldsymbol{I} & \boldsymbol{H}\end{bmatrix},$$

其中 $\boldsymbol{H}$ 为 Spectral Tetris 算法[46] 所产生的稀疏紧框架. 则 $\boldsymbol{\Sigma}$ 的最小特征值为 $1-a$, 从而对于任意的 $a\in[0,1)$, 矩阵 $\boldsymbol{\Sigma}^{\frac{1}{2}}$ 满足 $\boldsymbol{D}$-RE 条件. 因为 $\boldsymbol{D}^\dagger$ 的每一列最多有两个非零元素, 很容易通过计算证明 $\max\limits_{i\in[d]}\|\boldsymbol{\Sigma}^{\frac{1}{2}}\boldsymbol{D}_i^\dagger\|_2^2\leqslant 2$. 因此, 根据定理 3.3.3, 可得当 m 为 $s\log d$ 阶时, $\boldsymbol{A}/\sqrt{m}$ 以高概率满足 $\boldsymbol{D}$-RE 条件.

另一方面, 根据框架的属性, $1+\delta_s(\boldsymbol{\Sigma}^{\frac{1}{2}})\geqslant\lambda_{\max\limits_{S\subset[n]}}(\boldsymbol{\Sigma}_{SS})$, $1-\delta_s(\boldsymbol{\Sigma}^{\frac{1}{2}})\leqslant\lambda_{\min\limits_{S\subset[n]}}(\boldsymbol{\Sigma}_{SS})$, 其中 $\boldsymbol{\Sigma}_{SS}$ 为 $\boldsymbol{\Sigma}$ 的取 S 行和取 S 列的子矩阵. 固定 a, 随着 s 的递增,$\lambda_{\max}(\boldsymbol{\Sigma}_{SS})/\lambda_{\min}(\boldsymbol{\Sigma}_{SS})=\dfrac{1+a(s-1)}{1-a}$ 发散. 利用 Gaussian Lipschitz 函数的集中不等式, $\hat{\boldsymbol{\Sigma}}=\dfrac{\boldsymbol{A}^{\mathrm{T}}\boldsymbol{A}}{m}$ 的特征值和 $\boldsymbol{\Sigma}$ 几乎一致. 此时, 随着 s 的递增, $\boldsymbol{\Sigma}^{\frac{1}{2}}$ 的 $\boldsymbol{D}^\dagger$-RIP 常数是无界的.

由上面的讨论可知, $\boldsymbol{D}$-RE 条件为 $\boldsymbol{D}^\dagger$-RIP 的一个放松.

在稀疏性和 $\boldsymbol{D}$-RE 条件的假设条件下, ALASSO 和 ADS 具有类似的误差估计.

定理 3.3.6 ([188]) (ALASSO 的 l_2 损失) 假设 $\boldsymbol{D}\in\mathbb{R}^{n\times d}$ 为框架, $\mathcal{L}$ 和 $\mathcal{U}$ 为框架的上下界. $\boldsymbol{A}\in\mathbb{R}^{m\times n}$ 满足常数为 $K(s_0,3,\boldsymbol{A})$ 的 $\boldsymbol{D}$-RE 条件. 令 $\boldsymbol{y}=\boldsymbol{A}\boldsymbol{f}+\boldsymbol{\epsilon}$, $\|\boldsymbol{D}^*\boldsymbol{f}\|_0\leqslant s_0$, 且 $\boldsymbol{\epsilon}\sim N(0,\sigma^2\boldsymbol{I})$. 对应于参数 $\lambda\geqslant 4\alpha\sigma\sqrt{\log d}$ ($\alpha=\max\limits_{i\in[d]}\|\boldsymbol{A}\boldsymbol{D}_i^\dagger\|_2$) 的 ALASSO 模型的一个解记为 $\hat{\boldsymbol{f}}^{\mathrm{AL}}$, 则以大于或等于 $1-(\sqrt{\pi\log d}d)^{-1}$ 的概率,

$$\|\hat{\boldsymbol{f}}^{\mathrm{AL}}-\boldsymbol{f}\|_2\leqslant\frac{8\lambda\sqrt{s_0}}{\sqrt{\mathcal{L}}K^2(s,3,\boldsymbol{A})}.$$

注 3.3.10 取 $\lambda=4\alpha\sigma\sqrt{\log d}$, 则 $\|\hat{\boldsymbol{f}}^{\mathrm{AL}}-\boldsymbol{f}\|_2\leqslant C\sigma\sqrt{s_0\log d}$. 正如定理 3.1.3 所示, 该误差界是最优的.

注 3.3.11 当 $\boldsymbol{D}$ 为紧框架时, 根据定理 3.3.2, 可得当 $\boldsymbol{A}$ 满足 $2s_0$ 阶的 $\boldsymbol{D}$-RIP 条件时,

$$\|\hat{\boldsymbol{f}}^{\mathrm{AL}}-\boldsymbol{f}\|_2 \leqslant C_1 := 8\lambda\sqrt{s_0}(1+\delta_{2s_0})^2/(1-4\delta_{2s_0})^2.$$

如果 $\|\boldsymbol{D}^*\boldsymbol{f}\|_0 \leqslant s_0$, [158, Theorem 3] 的误差估计为

$$\|\hat{\boldsymbol{f}}^{\mathrm{AL}}-\boldsymbol{f}\|_2 \leqslant C_2 := \frac{3(1+\delta_{2s_0})(7-12\delta_{2s_0})}{2(1-2\delta_{2s_0})^2(1-5\delta_{2s_0})}\lambda\sqrt{s_0}.$$

显然 C_1 小于 C_2. 此外, 所需的 $\boldsymbol{D}$-RIP 充分条件 $\delta_{2s_0} < 0.25$ 弱于 [158, Theorem 3] 中的 $\boldsymbol{D}$-RIP 条件 $\delta_{2s_0} < 0.2$.

关于 ADS 模型有下面的 $\boldsymbol{D}$-RE 逼近恢复结果.

定理 3.3.7 ([188]) 假设 $\boldsymbol{D} \in \mathbb{R}^{n\times d}$ 为框架, $\mathcal{L}$ 和 $\mathcal{U}$ 为框架的上下界. $\boldsymbol{A} \in \mathbb{R}^{m\times n}$ 满足常数为 $K(s_0,1,\boldsymbol{A})$ 的 $\boldsymbol{D}$-RE 条件. 设 $\boldsymbol{y}=\boldsymbol{A}\boldsymbol{f}+\boldsymbol{\epsilon}$, $\|\boldsymbol{D}^*\boldsymbol{f}\|_0 \leqslant s_0$, 且 $\boldsymbol{\epsilon} \sim N(0,\sigma^2\boldsymbol{I})$. 令 $\hat{\boldsymbol{f}}^{\mathrm{ADS}}$ 为 ADS 模型的最优解之一, 其参数 $\eta \geqslant 2\alpha\sigma\sqrt{\log d}$, $\alpha = \max\limits_{i\in[d]}\|\boldsymbol{A}\boldsymbol{D}_i^{\dagger}\|_2$. 则以大于或等于 $1-(\sqrt{\pi\log d}d)^{-1}$ 的概率,

$$\|\hat{\boldsymbol{f}}^{\mathrm{ADS}}-\boldsymbol{f}\|_2 \leqslant \frac{12\eta\sqrt{s_0}}{\sqrt{\mathcal{L}}K^2(s,1,\boldsymbol{A})}.$$

注 3.3.12 取 $\eta = 2\alpha\sigma\sqrt{\log d}$, 可得 $\|\hat{\boldsymbol{f}}^{\mathrm{ADS}}-\boldsymbol{f}\|_2 \leqslant C\sigma\sqrt{s_0\log d}$.

当原始信号不是精确稀疏时, 我们研究鲁棒 l_2-$\boldsymbol{D}$-NSP (Robust l_2 $\boldsymbol{D}$-Nullspace Property). 该条件本质上和 [74] 的稳定性零空间性质是等价的[74].

定义 3.3.2 ([188]) 称矩阵 $\boldsymbol{A}$ 满足常数为 $\rho > 0$ 和 $0 < \gamma < \dfrac{1}{2}$ 的 s 阶鲁棒 l_2-$\boldsymbol{D}$-NSP, 如果对于任意的 $\boldsymbol{f} \in \mathbb{R}^n$, 都有

$$\|\boldsymbol{D}_S^*\boldsymbol{f}\|_2 \leqslant \rho\|\boldsymbol{A}\boldsymbol{f}\|_2 + \gamma\frac{\|\boldsymbol{D}^*\boldsymbol{f}\|_1}{\sqrt{s}},$$

其中 $\boldsymbol{D}_S^*\boldsymbol{f}$ 为 $\boldsymbol{D}^*\boldsymbol{f}$ 的最佳 s-稀疏逼近.

[54] 指出 RE 条件可推出稳定性零空间性质. S. Foucart[74] 指出元素独立同分布于 Weibull 分布的随机矩阵满足稳定性零空间性质. Q. Sun[164] 指出稳定性零空间性质几乎为稳定性恢复的充分必要条件. 这两篇文献均不考虑自相关的随机矩阵. 这里, 我们指出如果测量矩阵

$$\boldsymbol{A} = \frac{1}{\sqrt{m}}\sum \boldsymbol{e}_i\boldsymbol{a}_i^*$$

(其中 $\boldsymbol{e}_1,\cdots,\boldsymbol{e}_m$ 为欧氏空间 $\mathbb{R}^m$ 的标准基, $\boldsymbol{a}_1,\cdots,\boldsymbol{a}_n$ 独立同分布于 $N(0,\boldsymbol{\Sigma})$, $\boldsymbol{\Sigma}^{1/2}$ 满足鲁棒 l_2-$\boldsymbol{D}$-NSP), 则 $\boldsymbol{A}$ 满足鲁棒 l_2-$\boldsymbol{D}$-NSP 条件.

定理 3.3.8 ([188]) 设 $\boldsymbol{A}$ 为 $m\times n$ 的随机矩阵, 其行向量独立同分布于 $N(0,\boldsymbol{\Sigma})$. 设 $\boldsymbol{D}\in\mathbb{R}^{n\times d}$ 为一般的框架, 其框架界为 $\mathcal{L}$ 和 $\mathcal{U}$; $\boldsymbol{\Sigma}^{\frac{1}{2}}$ 满足常数为 $(\rho_0\sqrt{\mathcal{U}},\gamma_0)$ 的 s_0 阶鲁棒 l_2-$\boldsymbol{D}$-NSP, 其中 ρ_0 依赖于 $\boldsymbol{\Sigma}$ 和框架界比 $\kappa=\mathcal{U}/\mathcal{L}$;

$$m\geqslant C\left(\frac{\alpha_1\rho_0\sqrt{\mathcal{U}}}{\gamma_0\sqrt{\mathcal{L}}}\right)^2 s_0\log d,$$

其中 $\alpha_1=\max\limits_{i\in[d]}\|\boldsymbol{D}^*\boldsymbol{\Sigma}^{\frac{1}{2}}\boldsymbol{D}_i^{\dagger}\|_2$ 且 C 为正常数. 则以大于或等于 $1-3\exp(-m/12)$ 的概率, $\boldsymbol{A}$ 满足常数为 $(4\rho_0\sqrt{\mathcal{U}},2\gamma_0)$ 的 s_0 阶鲁棒 l_2-$\boldsymbol{D}$-NSP.

注 3.3.13 鲁棒 l_2-$\boldsymbol{D}$-NSP 的常数形为 $(\rho_0\sqrt{\mathcal{U}},\gamma_0)$. 正如下例所示, 这是合理的. 当 $\boldsymbol{\Sigma}=\boldsymbol{I}$, 对于所有的 $\boldsymbol{f}\in\mathbb{R}^n$,

$$\|\boldsymbol{D}_S^*\boldsymbol{f}\|_2\leqslant\|\boldsymbol{D}^*\boldsymbol{f}\|_2\leqslant\sqrt{\mathcal{U}}\|\boldsymbol{f}\|_2,$$

其中 S 为向量 $\boldsymbol{D}^*\boldsymbol{f}$ s_0 个最大模元素的指标集合. 如果 $\boldsymbol{\Sigma}_1$ 为对角矩阵, $\boldsymbol{D}=[\boldsymbol{\Sigma}_1,\boldsymbol{0}]$, 则存在某个向量 $\boldsymbol{f}$ 使得等式 $\|\boldsymbol{D}_S^*\boldsymbol{f}\|_2=\sqrt{\mathcal{U}}\|\boldsymbol{f}\|_2$ 成立. 当 $\boldsymbol{\Sigma}$ 正定时, $\boldsymbol{\Sigma}^{1/2}$ 的鲁棒 l_2-$\boldsymbol{D}$-NSP 常数为 $(\sqrt{\mathcal{U}}/\rho_{\min}(\boldsymbol{\Sigma}^{1/2}),0)$, 其中 $\rho_{\min}(\boldsymbol{\Sigma}^{1/2})$ 为 $\boldsymbol{\Sigma}^{1/2}$ 的最小奇异值. [103] 中的标准高斯矩阵的鲁棒 l_2-$\boldsymbol{D}$-NSP 常数也是 $(\rho\sqrt{\mathcal{U}},\gamma)$ 的形式, 其中 ρ 不依赖于 $\mathcal{U}$. 此外, 在这种形式中, 当框架 $\boldsymbol{D}$ 乘以任意常数时, ρ_0 和 γ_0 保持不变. 因此, 代替 (ρ_0,γ_0), 我们假设 $\boldsymbol{\Sigma}^{\frac{1}{2}}$ 的鲁棒 l_2-$\boldsymbol{D}$-NSP 常数为 $(\rho_0\sqrt{\mathcal{U}},\gamma_0)$.

注 3.3.14 如果 $\boldsymbol{\Sigma}=\boldsymbol{I}$, $\alpha_1=1$, 且 $m=O\left(\dfrac{\mathcal{U}}{\mathcal{L}}s_0\log d\right)$. 采样数与 [103] 中的阶数相同. 定理 3.3.1 的证明表明 $\boldsymbol{D}^{\dagger}$-RIP 也蕴含了鲁棒 l_2-$\boldsymbol{D}$-NSP. 基于上述定理, 当鲁棒 l_2-$\boldsymbol{D}$-NSP 成立时, 前面的示例并不满足 $\boldsymbol{D}^{\dagger}$-RIP. 因此, 鲁棒 l_2-$\boldsymbol{D}$-NSP 为 $\boldsymbol{D}^{\dagger}$-RIP 的松弛条件.

由于鲁棒 l_2-$\boldsymbol{D}$-NSP 可以广泛用于相关测量并且它可以处理非稀疏信号, 因此接下来我们给出关于鲁棒 l_2-$\boldsymbol{D}$-NSP 的 ADS 和 ALASSO 模型的稳定性恢复结果.

定理 3.3.9 ([188]) 设 $\boldsymbol{D}\in\mathbb{R}^{n\times d}$ 为一般的框架, 其框架界为 $\mathcal{L}$ 和 $\mathcal{U}$. 设矩阵 $\boldsymbol{A}\in\mathbb{R}^{m\times n}$ 满足常数为 (ρ,γ) 的 s_0 阶鲁棒 l_2-$\boldsymbol{D}$-NSP. 令 $\boldsymbol{y}=\boldsymbol{A}\boldsymbol{f}+\boldsymbol{\epsilon}$, 其中 $\|(\boldsymbol{D}^{\dagger})^*\boldsymbol{A}^*\boldsymbol{\epsilon}\|_\infty\leqslant\eta=\lambda/2$. 令 $\hat{\boldsymbol{f}}^{\mathrm{ADS}}$ 和 $\hat{\boldsymbol{f}}^{\mathrm{AL}}$ 分别为 ADS 模型和 ALASSO 模型的最优解之一. 则有

$$\|\hat{\boldsymbol{f}}^{\mathrm{ADS}}-\boldsymbol{f}\|_2\leqslant\frac{12\rho^2}{(1-2\gamma)^2\sqrt{\mathcal{L}}}\eta\sqrt{s_0}+\frac{2\gamma+5}{(1-2\gamma)\sqrt{\mathcal{L}}}\frac{\|\boldsymbol{D}^*\boldsymbol{f}-(\boldsymbol{D}^*\boldsymbol{f})_{[s_0]}\|_1}{\sqrt{s_0}},$$

$$\|\hat{\boldsymbol{f}}^{\mathrm{AL}}-\boldsymbol{f}\|_2 \leqslant \frac{15\rho^2}{(1-4\gamma)^2\sqrt{\mathcal{L}}}\lambda\sqrt{s_0}+\frac{32-8\gamma}{(3-12\gamma)\sqrt{\mathcal{L}}}\frac{\|\boldsymbol{D}^*\boldsymbol{f}-(\boldsymbol{D}^*\boldsymbol{f})_{[s_0]}\|_1}{\sqrt{s_0}}.$$

注 3.3.15 如果 $\boldsymbol{\epsilon}\sim N(0,\sigma^2\boldsymbol{I})$, 取 $\eta=2\alpha\sigma\sqrt{\log d}$, 其中 $\alpha=\max\limits_{i\in[d]}\|\boldsymbol{A}\boldsymbol{D}_i^\dagger\|_2$, 则以大于或等于 $1-(\sqrt{\pi\log d}d)^{-1}$ 的概率,

$$\|\hat{\boldsymbol{f}}^{\mathrm{ADS}}-\boldsymbol{f}\|_2 \leqslant \frac{24\rho^2}{(1-2\gamma)^2\sqrt{\mathcal{L}}}\alpha\sigma\sqrt{s_0\log d}+\frac{2\gamma+5}{(1-2\gamma)\sqrt{\mathcal{L}}}\frac{\|\boldsymbol{D}^*\boldsymbol{f}-(\boldsymbol{D}^*\boldsymbol{f})_{[s_0]}\|_1}{\sqrt{s_0}}.$$

同样, 可得到关于 $\|\hat{\boldsymbol{f}}^{\mathrm{AL}}-\boldsymbol{f}\|_2$ 的误差估计.

最后, 我们估计预测误差: $\|\boldsymbol{A}\hat{\boldsymbol{f}}^{\mathrm{ADS}}-\boldsymbol{A}\boldsymbol{f}\|_2^2$ 和 $\|\boldsymbol{A}\hat{\boldsymbol{f}}^{\mathrm{AL}}-\boldsymbol{A}\boldsymbol{f}\|_2^2$.

定理 3.3.10 ([188]) 设 $\boldsymbol{D}\in\mathbb{R}^{n\times d}$ 为一般的框架, 其框架界为 $\mathcal{L}$ 和 $\mathcal{U}$. 设矩阵 $\boldsymbol{A}\in\mathbb{R}^{m\times n}$ 满足常数为 (ρ,γ) 的 s_0 阶鲁棒 l_2-$\boldsymbol{D}$-NSP. 令 $\boldsymbol{y}=\boldsymbol{A}\boldsymbol{f}+\boldsymbol{\epsilon}$, 其中 $\boldsymbol{\epsilon}\sim N(0,\sigma^2\boldsymbol{I})$. 考虑参数 ALASSO 估计器 $\hat{\boldsymbol{f}}^{\mathrm{AL}}$ $(\lambda=4\alpha\sigma\sqrt{\log d})$ 和 ADS 估计器 $\hat{\boldsymbol{f}}^{\mathrm{ADS}}$ $(\eta=\|(\boldsymbol{D}^\dagger)^*\boldsymbol{D}\|_{\infty,\infty}\lambda)$, 其中 $\alpha=\max\limits_{i\in[d]}\|\boldsymbol{A}\boldsymbol{D}_i^\dagger\|_2$. 则以大于或等于 $1-\dfrac{1}{d}$ 的概率,

$$\begin{aligned}&\left|\|\boldsymbol{A}\hat{\boldsymbol{f}}^{\mathrm{ADS}}-\boldsymbol{A}\boldsymbol{f}\|_2^2-\|\boldsymbol{A}\hat{\boldsymbol{f}}^{\mathrm{AL}}-\boldsymbol{A}\boldsymbol{f}\|_2^2\right|\\ \leqslant\ &\frac{16\lambda^2(\rho^2+1)s_0}{(1-2\gamma)^2}\|(\boldsymbol{D}^\dagger)^*\boldsymbol{D}\|_{\infty,\infty}^2+\|\boldsymbol{D}^*\hat{\boldsymbol{f}}^{\mathrm{AL}}-(\boldsymbol{D}^*\hat{\boldsymbol{f}}^{\mathrm{AL}})_{[s_0]}\|_1^2/s_0.\end{aligned}$$

注 3.3.16 如果 $\|\boldsymbol{D}^*\hat{\boldsymbol{f}}^{\mathrm{AL}}\|_0\leqslant s_0$, 误差估计变成

$$\left|\|\boldsymbol{A}\hat{\boldsymbol{f}}^{\mathrm{ADS}}-\boldsymbol{A}\boldsymbol{f}\|_2^2-\|\boldsymbol{A}\hat{\boldsymbol{f}}^{\mathrm{AL}}-\boldsymbol{A}\boldsymbol{f}\|_2^2\right|\leqslant C\alpha\|(\boldsymbol{D}^\dagger)^*\boldsymbol{D}\|_{\infty,\infty}^2\sigma^2 s_0\log d.$$

更者, 当 $\boldsymbol{D}=\boldsymbol{I}$ 时, 有 $\|(\boldsymbol{D}^\dagger)^*\boldsymbol{D}\|_{\infty,\infty}=1$.

第 4 章　压缩采样下的信号分离理论

近些年, 科学家所面临的数据有很大一类为多模态数据. 多模态数据指的是信号由不同成分组成, 比如音频由几个乐器合奏而成, 神经生物学中的影像数据由神经元的细胞体 (Soma)、树突 (Dendrite)、轴突 (Axon) 而组成. 面对多模态数据, 常见任务之一是分离不相干成分, 以便于进一步分析研究. 具体实例包括图像结构纹理分离[21,67]、钙成像神经元钙瞬变 (Neuronal Calcium Transients) 与星形胶质细胞 (Astrocyte) 信号分离等[84]. D. Donoho 与 G. Kutyniok 在 [63] 一文中指出: 给定信号 $\boldsymbol{f}=\boldsymbol{f}_1+\boldsymbol{f}_2$, 通过如下 l_1 分离分析模型

$$(\hat{\boldsymbol{f}}_1,\hat{\boldsymbol{f}}_2)=\underset{\tilde{\boldsymbol{f}}_1,\tilde{\boldsymbol{f}}_2\in\mathbb{R}^n}{\operatorname{argmin}}\|\boldsymbol{D}_1^*\tilde{\boldsymbol{f}}_1\|_1+\|\boldsymbol{D}_2^*\tilde{\boldsymbol{f}}_2\|_1\quad\text{s.t.}\quad \boldsymbol{f}=\tilde{\boldsymbol{f}}_1+\tilde{\boldsymbol{f}}_2 \tag{4.0.1}$$

所得到的解 $(\hat{\boldsymbol{f}}_1,\hat{\boldsymbol{f}}_2)$ 满足

$$\|\boldsymbol{f}_1-\hat{\boldsymbol{f}}_1\|_2+\|\boldsymbol{f}_2-\hat{\boldsymbol{f}}_2\|_2\leqslant\frac{\|\boldsymbol{D}_{1T_1^c}^*\boldsymbol{f}_1\|_1+\|\boldsymbol{D}_{2T_2^c}^*\boldsymbol{f}_2\|_1}{1-2\mu_c},$$

其中 $\boldsymbol{D}_1$ 和 $\boldsymbol{D}_2$ 是任意两个紧框架且其关于指标集 T_1 与 T_2 的簇相干性 (Cluster Coherence) 常数满足 $\mu_c<0.5$. 注意到 [63] 一文中的簇相干性度量字典 $\boldsymbol{D}_1$ 与 $\boldsymbol{D}_2$ 之间的不相干性, 其他不相干性的度量包括相互相干性 (Mutual Coherence)[60]、累积相干性 (Cumulative Coherence)[60,171]. 关于信号成分分离的更多背景可参见 [68, Chapter 11].

本章考虑可压缩数据分离问题, 亦即, 我们研究: 假设未知信号 $\boldsymbol{f}=\boldsymbol{f}_1+\boldsymbol{f}_2$ 由两个成分 $\boldsymbol{f}_1,\boldsymbol{f}_2\in\mathbb{R}^n$ 叠加组成, 且 $\boldsymbol{f}_1$ 与 $\boldsymbol{f}_2$ 分别在两个相异形态的 (冗余) 字典下 (逼近) 稀疏, 给定 m $(m<n)$ 维噪声线性测量 $\boldsymbol{y}=\boldsymbol{A}\boldsymbol{f}+\boldsymbol{z}$, 如何恢复 $\boldsymbol{f}_1$ 和 $\boldsymbol{f}_2$? $\boldsymbol{y}$ 和测量矩阵 $\boldsymbol{A}$ 是已知的.

4.1　l_1 分离分析模型

我们首先研究 l_1 分离分析法 (Split-analysis):

$$(\hat{\boldsymbol{f}}_1,\hat{\boldsymbol{f}}_2)=\underset{\tilde{\boldsymbol{f}}_1,\tilde{\boldsymbol{f}}_2\in\mathbb{R}^n}{\operatorname{argmin}}\|\boldsymbol{D}_1^*\tilde{\boldsymbol{f}}_1\|_1+\|\boldsymbol{D}_2^*\tilde{\boldsymbol{f}}_2\|_1\quad\text{s.t.}\quad\|\boldsymbol{A}(\tilde{\boldsymbol{f}}_1+\tilde{\boldsymbol{f}}_2)-\boldsymbol{y}\|_2\leqslant\varepsilon, \tag{4.1.1}$$

其中 ε 是噪声能量 $\|\boldsymbol{z}\|_2$ 的上界. 注意到 (4.1.1) 为凸优化问题, 因此可利用诸如 [21] 中有效可行数值算法求解. 此类问题亦由 E. Candès 等在 [33] 中提出. 鉴于 l_1 分离分析法和 l_1 分析法的相似性, 期待 l_1 分离分析法有类似于 l_1 分析法的 $\boldsymbol{D}$-RIP 恢复理论[33].

瑞士工程科学院院士 M. Unser(IEEE 会士) 在 [55] 中评价此问题为“困难的问题”, 并指出: E. Candès 等将模型命名为“分离分析”模型, 但没有理论分析. 他们建议在双字典的时候求解该模型, (但 E. Candès 等) 没有获得进一步的结果. 此后, 理论分析由本书作者[121] 得到, 其证明了数据分离问题可以通过求解问题 (4.1.1) 而获得.

本节将给出 l_1 分离分析模型的关于 $\boldsymbol{D}$-RIP 的恢复结果[121]. 我们的主要结果指出: 如果字典 $\boldsymbol{D}_1$ 与 $\boldsymbol{D}_2$ 之间满足某个互不相干性条件, 且测量矩阵满足关于合成字典的约束等距性质, 则 l_1 分离分析模型 (4.1.1) 的解是较精确的. 作为主要结果 (即定理 4.1.2) 的特殊情形, 对于高斯随机测量矩阵有下面的结果.

定理 4.1.1 ([121]) 设 $\boldsymbol{D}_1 \in \mathbb{R}^{n\times d_1}$, $\boldsymbol{D}_2 \in \mathbb{R}^{n\times d_2}$ 为两个紧框架. 给定正整数 s_1, s_2, 选取 $m \geqslant C(s_1+s_2)\log(d_1+d_2)$, 其中 C 为某个正常数. 设 $\boldsymbol{A}$ 为 $m\times n$ 高斯矩阵. 假设 $\boldsymbol{D}_1$ 与 $\boldsymbol{D}_2$ 之间的相互相干性 (Mutual Coherence) μ_1 满足 $\mu_1(s_1+s_2) < \dfrac{11}{64}$. 则存在正常数 C_0, C_1 及 c, 使得 (4.1.1) 的解 $(\hat{\boldsymbol{f}}_1, \hat{\boldsymbol{f}}_2)$ 以高于 $1-e^{-cm}$ 的概率满足

$$\|\hat{\boldsymbol{f}}_1-\boldsymbol{f}_1\|_2+\|\hat{\boldsymbol{f}}_2-\boldsymbol{f}_2\|_2 \leqslant C_0\varepsilon+C_1\frac{\|\boldsymbol{D}_1^*\boldsymbol{f}_1-(\boldsymbol{D}_1^*\boldsymbol{f}_1)_{[s_1]}\|_1+\|\boldsymbol{D}_2^*\boldsymbol{f}_2-(\boldsymbol{D}_2^*\boldsymbol{f}_2)_{[s_2]}\|_1}{\sqrt{s_1+s_2}}. \tag{4.1.2}$$

两个字典之间的相互相干性定义如下. 这里并未假设列向量单位化.

定义 4.1.1 设 $\boldsymbol{D}_1 = (d_{1i})_{1\leqslant i\leqslant d_1}$, $\boldsymbol{D}_2 = (d_{2j})_{1\leqslant j\leqslant d_2}$. 定义 $\boldsymbol{D}_1$ 与 $\boldsymbol{D}_2$ 之间的相互相干性为

$$\mu_1 = \mu_1(\boldsymbol{D}_1;\boldsymbol{D}_2) = \max_{i,j}|\langle d_{1i}, d_{2j}\rangle|.$$

成分之间的形态相异性一般可用字典之间的不相干性来衡量. 不同于簇相干性, 我们利用字典之间的相互相干性来度量框架 $\boldsymbol{D}_1$ 与 $\boldsymbol{D}_2$ 之间的不相干性. 相互相干性条件比簇相干性条件更强. 但由于所考虑的是噪声较少随机测量下的数据分离问题, 似乎需要该条件.

为了分析简单化, 始终假设 $\boldsymbol{D}$ 是紧框架. 类似于文献 [125], 可把结果推广到非紧框架情形. 本章将限定于实数信号模型 $\boldsymbol{f} \in \mathbb{R}^n$. 类似于文献 [77], 可把结果推广到复值信号模型. 在实际应用中, 许多数据由多个成分组成, 我们主要讨论两个成分的情形, 在简化分析的同时, 基本表明稀疏方法应用于可压缩数据分离的

基本原则. 通过直接或者间接的方式, 本章的大多数结果可以推广到多个成分的情形.

接下来考虑更为一般的情形. 设观测数据 $\boldsymbol{y}$ 服从

$$\boldsymbol{y}=\boldsymbol{A}(\boldsymbol{f}_1+\boldsymbol{f}_2)+\boldsymbol{z}, \tag{4.1.3}$$

其中 $\boldsymbol{A}$ 为已知的 $m\times n$ 测量矩阵 $(m<n)$, $\boldsymbol{z}\in\mathbb{R}^m$ 为噪声向量, $\|\boldsymbol{z}\|_2\leqslant\varepsilon$. 基于已知的 $\boldsymbol{y}$ 和 $\boldsymbol{A}$, 重构 $\boldsymbol{f}_1$ 和 $\boldsymbol{f}_2$. 设 $\boldsymbol{D}_1\in\mathbb{R}^{n\times d_1}$ 与 $\boldsymbol{D}_2\in\mathbb{R}^{n\times d_2}$ 为 $\mathbb{R}^n$ 空间的两个紧框架, 即

$$\tilde{\boldsymbol{f}}=\boldsymbol{D}_1\boldsymbol{D}_1^*\tilde{\boldsymbol{f}},\quad \tilde{\boldsymbol{f}}=\boldsymbol{D}_2\boldsymbol{D}_2^*\tilde{\boldsymbol{f}},\quad 任意\ \tilde{\boldsymbol{f}}\in\mathbb{R}^n.$$

令 $d=d_1+d_2$. 记

$$\boldsymbol{D}=[\boldsymbol{D}_1|\boldsymbol{D}_2],\quad \boldsymbol{\Psi}=\begin{pmatrix}\boldsymbol{D}_1 & \boldsymbol{0}\\ \boldsymbol{0} & \boldsymbol{D}_2\end{pmatrix}\quad 且\quad \boldsymbol{f}=\begin{pmatrix}\boldsymbol{f}_1\\ \boldsymbol{f}_2\end{pmatrix}. \tag{4.1.4}$$

则 (4.1.3) 可写成 $\boldsymbol{y}=\boldsymbol{A}\boldsymbol{D}\boldsymbol{\Psi}^*\boldsymbol{f}+\boldsymbol{z}$, (4.1.1) 可写成

$$\hat{\boldsymbol{f}}=\underset{\tilde{\boldsymbol{f}}\in\mathbb{R}^{2n}}{\operatorname{argmin}}\|\boldsymbol{\Psi}^*\tilde{\boldsymbol{f}}\|_1\quad \text{s.t.}\quad \|\boldsymbol{A}\boldsymbol{D}\boldsymbol{\Psi}^*\tilde{\boldsymbol{f}}-\boldsymbol{y}\|_2\leqslant\varepsilon. \tag{4.1.5}$$

本章余下的部分, 始终记 δ_s 为测量矩阵 $\boldsymbol{A}$ 的 s 阶 $\boldsymbol{D}$-RIP 常数. 现在我们可给出本节一般情形时的主要结果:

定理 4.1.2 ([121]) 假设观测到的数据 $\boldsymbol{y}$ 服从模型 (4.1.3), 其中 $\|\boldsymbol{z}\|_2\leqslant\varepsilon$. 令 $\boldsymbol{D}_1\in\mathbb{R}^{n\times d_1}$, $\boldsymbol{D}_2\in\mathbb{R}^{n\times d_2}$ 为任意两个紧框架, 记 $\boldsymbol{D},\boldsymbol{\Psi}$, $\boldsymbol{f}$ 如式 (4.1.4). 给定正整数 s, a, b, 假设 $s<b\leqslant 4a$. 如果测量矩阵 $\boldsymbol{A}$ 的 $\boldsymbol{D}$-RIP 常数 δ_{s+a}, δ_b 以及 $\boldsymbol{D}_1$,$\boldsymbol{D}_2$ 之间的相互相干性 μ_1 满足

$$\mu_1(s+a)(1-\delta_{s+a})+4\rho\delta_b+2(1-\rho)^2\delta_{s+a}<2(1-\rho)^2-4\rho, \tag{4.1.6}$$

其中 $\rho=s/b$. 则 (4.1.5) 的解 $\hat{\boldsymbol{f}}$ 满足

$$\|\hat{\boldsymbol{f}}-\boldsymbol{f}\|_2\leqslant C_0\varepsilon+C_1\frac{\|\boldsymbol{\Psi}^*\boldsymbol{f}-(\boldsymbol{\Psi}^*\boldsymbol{f})_{[s]}\|_1}{\sqrt{s}}, \tag{4.1.7}$$

其中参数 C_0, C_1 为仅仅依赖于 δ_{s+a}, δ_b, μ_1 的正常数.

注 4.1.1 在定理 4.1.2 中, 通过选取 a, b 不同的参数值, 易证下面的任一条件都为 l_1 分离分析法以较小误差恢复 $\boldsymbol{f}$ 的充分条件:

(1) $b=4s, a=s, \delta_{4s}<\dfrac{1}{33}, \mu_1 s<\dfrac{1}{32}$.

(2) $b=8s, a=2s, \delta_{8s}<\dfrac{33}{97}, \mu_1 s<\dfrac{11}{64}$.

注 4.1.2 由于行数 $m \geqslant Cs\log(d/s)$ 的 $m \times n$ 高斯矩阵以高于 $1-e^{-cm}$ 的概率满足 $\boldsymbol{D}$-RIP 属性, 且

$$\|\hat{\boldsymbol{f}}_1 - \boldsymbol{f}_1\|_2 + \|\hat{\boldsymbol{f}}_2 - \boldsymbol{f}_2\|_2 \leqslant \sqrt{2}\|\hat{\boldsymbol{f}} - \boldsymbol{f}\|_2,$$

$$\|\boldsymbol{\Psi}^*\boldsymbol{f} - (\boldsymbol{\Psi}^*\boldsymbol{f})_{[s_1+s_2]}\|_1 \leqslant \|\boldsymbol{D}_1^*\boldsymbol{f}_1 - (\boldsymbol{D}_1^*\boldsymbol{f}_1)_{[s_1]}\|_1 + \|\boldsymbol{D}_2^*\boldsymbol{f}_2 - (\boldsymbol{D}_2^*\boldsymbol{f}_2)_{[s_2]}\|_1.$$

因此在定理 4.1.2 中令 $s = s_1 + s_2$, 可得定理 4.1.1.

定理 4.1.2 中要求紧框架之间满足某个相互相干性条件. 下面的例子说明: 自身列极大相关的紧框架 $\boldsymbol{D}_1$ 与 $\boldsymbol{D}_2$ 之间的相互相干性可以很小.

例 4.1.1 令 $\boldsymbol{D}_1$ 为恒等矩阵; $\boldsymbol{D}_2 \in \mathbb{R}^{n\times 3n}$ 的第 k 列为: 对于任意的 $0 \leqslant l \leqslant n-1$,

$$d_k[l] = \begin{cases} \dfrac{1}{\sqrt{3n}} e^{-2\pi ikl/n}, & \text{如果 } 1 \leqslant k \leqslant n, \\ \dfrac{1}{\sqrt{3n}} e^{-2\pi i(k-n)(l+\omega_1)/n}, & \text{如果 } n+1 \leqslant k \leqslant 2n, \\ \dfrac{1}{\sqrt{3n}} e^{-2\pi i(k-2n)(l+\omega_2)/n}, & \text{如果 } 2n+1 \leqslant k \leqslant 3n, \end{cases}$$

其中 ω_1, ω_2 为任意实数. 利用 Parseval 恒等式, 易证 $\boldsymbol{D}_2$ 亦为紧框架. 此时 $\boldsymbol{D}_1$ 与 $\boldsymbol{D}_2$ 两者之间的相互相干性 $\mu_1(\boldsymbol{D}_1; \boldsymbol{D}_2) = \dfrac{1}{\sqrt{3n}}$, 而 $\boldsymbol{D}_2$ 自身的相干性为 1:

$$1 \geqslant \mu(\boldsymbol{D}_2) \geqslant \frac{|\langle d_1, d_{n+1}\rangle|}{\|d_1\|_2\|d_{n+1}\|_2} = |e^{-2\pi i\omega_1/n}| = 1.$$

在定理 4.1.2 中, 取 $b = 8s, a = 2s$, $\boldsymbol{A} = \boldsymbol{I}$, 且注意到 $\delta_s(\boldsymbol{I}) = 0$, 易得如下结论.

推论 4.1.1 假设数据 $\boldsymbol{y}$ 服从 $\boldsymbol{y} = \boldsymbol{f}_1 + \boldsymbol{f}_2 + \boldsymbol{z}$, 其中 $\|\boldsymbol{z}\|_2 \leqslant \varepsilon$. 设 $\boldsymbol{D}_1 \in \mathbb{R}^{n\times d_1}$, $\boldsymbol{D}_2 \in \mathbb{R}^{n\times d_2}$ 为任意两个紧框架. 给定正整数 s_1, s_2, 假设 $\boldsymbol{D}_1$ 与 $\boldsymbol{D}_2$ 之间的相互相干性 μ_1 满足 $\mu_1(s_1+s_2) < \dfrac{11}{32}$. 则存在着正常数 C_0 与 C_1, 使得

$$(\hat{\boldsymbol{f}}_1, \hat{\boldsymbol{f}}_2) = \mathop{\mathrm{argmin}}_{\tilde{\boldsymbol{f}}_1, \tilde{\boldsymbol{f}}_2 \in \mathbb{R}^n} \|\boldsymbol{D}_1^*\tilde{\boldsymbol{f}}_1\|_1 + \|\boldsymbol{D}_2^*\tilde{\boldsymbol{f}}_2\|_1 \quad \text{s.t.} \quad \|\tilde{\boldsymbol{f}}_1 + \tilde{\boldsymbol{f}}_2 - \boldsymbol{y}\|_2 \leqslant \varepsilon \tag{4.1.8}$$

的解 $(\hat{\boldsymbol{f}}_1, \hat{\boldsymbol{f}}_2)$ 满足 (4.1.2).

例 4.1.2 令 $\boldsymbol{D}_1$ 为恒等矩阵 $\boldsymbol{I}$; $\boldsymbol{D}_2$ 为离散傅里叶变换矩阵 $\boldsymbol{F}$, 即第 k 列为

$$d_k[l] = \frac{1}{\sqrt{n}} e^{-2\pi ikl/n}$$

$(0 \leqslant l,k \leqslant n-1)$ 的 $n \times n$ 正交阵. 假设测量数据 $\boldsymbol{y}$ 由模型 $\boldsymbol{y} = \boldsymbol{f}_1 + \boldsymbol{f}_2 + \boldsymbol{z}$ 给出, 其中 $\boldsymbol{z} \in \mathbb{R}^n$ 为噪声向量, 且 $\|\boldsymbol{z}\|_2 \leqslant \varepsilon$. 我们的目的是分离数据 $\boldsymbol{f}_1$, $\boldsymbol{f}_2$ [62,64]. 再设 $\|\boldsymbol{f}_1\|_0 + \|\boldsymbol{F}^*\boldsymbol{f}_2\|_0 < \dfrac{11}{32}\sqrt{n}$. 易证 $\mu_1 = \dfrac{1}{\sqrt{n}}$. 再由推论 4.1.1 可得, 存在正常数 C_0, 使得 (4.1.8) 的解满足

$$\|\hat{\boldsymbol{f}}_1 - \boldsymbol{f}_1\|_2 + \|\hat{\boldsymbol{f}}_2 - \boldsymbol{f}_2\|_2 \leqslant C_0\varepsilon.$$

特别地, 在无噪声情形 (即 $\boldsymbol{\varepsilon} = \boldsymbol{0}$) 下, 分离分析模型精确重构 $\boldsymbol{f}_1$ 与 $\boldsymbol{f}_2$. 而由 [63, Proposition 2.1] 可得: 如果 $\boldsymbol{\varepsilon} = \boldsymbol{0}$ 且 $\|\boldsymbol{f}_1\|_0 + \|\boldsymbol{F}^*\boldsymbol{f}_2\|_0 < \dfrac{1}{2}\sqrt{n}$, 则 l_1 分离分析法精确重构 $\boldsymbol{f}_1$, $\boldsymbol{f}_2$. 由此看来, 我们的结果稍微弱点. 推论 4.1.1 还可以进一步改进.

在许多情况下, 特别是在信号处理和统计中, 噪声向量为高斯噪声, 即 $\boldsymbol{z} \sim N(0, \sigma^2\boldsymbol{I})$. 下面的结果指出高斯噪声高概率有界. 通过标准计算即可证明, 参见文献 [28].

引理 4.1.1 高斯噪声 $\boldsymbol{z} \sim N(0, \sigma^2\boldsymbol{I}_m)$ 满足

$$\mathbb{P}\left(\|\boldsymbol{z}\|_2 \leqslant \sigma\sqrt{m + 2\sqrt{m\log m}}\right) \geqslant 1 - \frac{1}{m}. \tag{4.1.9}$$

结合引理 4.1.1、定理 4.1.2, 即可得高斯噪声时的结果:

推论 4.1.2 在定理 4.1.2 的假设下, 再设 $z \sim N(0, \sigma^2\boldsymbol{I})$. 则存在较小常数 C_0, C_1, 使得 (4.1.5) 的解 $\hat{\boldsymbol{f}}$ 以大于 $1 - 1/m$ 的概率满足

$$\|\hat{\boldsymbol{f}} - \boldsymbol{f}\|_2 \leqslant C_0\sqrt{m + 2\sqrt{m\log m}} + C_1\frac{\|\boldsymbol{\Psi}^*\boldsymbol{f} - (\boldsymbol{\Psi}^*\boldsymbol{f})_{[s]}\|_1}{\sqrt{s}}. \tag{4.1.10}$$

接下来我们证明定理 4.1.1. 定理的证明用到文献 [26, 33, 40, 50] 中的证明思想. 我们介绍下面的引理, 是关于 l_1, l_2 范数之间的精细估计. 证明可参见 [26, Proposition 2.1].

引理 4.1.2 对于任意的 $\boldsymbol{x} \in \mathbb{R}^n$,

$$\|\boldsymbol{x}\|_2 - \frac{\|\boldsymbol{x}\|_1}{\sqrt{n}} \leqslant \frac{\sqrt{n}}{4}\left(\max_{1\leqslant i\leqslant n}|\boldsymbol{x}_i| - \min_{1\leqslant i\leqslant n}|\boldsymbol{x}_i|\right).$$

引理 4.1.3 对于任意的 $u, v, c > 0$, 有

$$uv \leqslant \frac{cu^2}{2} + \frac{v^2}{2c}.$$

定理 4.1.2 的证明 令 $\boldsymbol{h} = \boldsymbol{f} - \hat{\boldsymbol{f}}$, 其中 $\hat{\boldsymbol{f}}$ 为 (4.1.5) 的解, $\boldsymbol{f}$ 为原始信号. 记 $\boldsymbol{\Psi}^*\boldsymbol{h} = (x_1, x_2, \cdots, x_d)^{\mathrm{T}}$. 不失一般性, 假设向量 $\boldsymbol{\Psi}^*\boldsymbol{f}$ 的前 s 个元素是前 s 个模最大的分量. 同样可设 $|\boldsymbol{x}_{s+1}| \geqslant |\boldsymbol{x}_{s+2}| \geqslant \cdots \geqslant |\boldsymbol{x}_d|$ (只需重新排序). 记 $T = T_0 = \{1, 2, \cdots, s\}$, $T_* = \{s+1, s+2, \cdots, s+a\}$, 且 $T_i = \{s+a+(i-1)b+1, \cdots, s+a+ib\}, i = 1, 2, \cdots$, 其中最后一个子集元素个数小于等于 b. 记 $T_{0*} = T_0 \cup T_*$, $T^1 = T \cap [d_1]$, $T^2 = \{j - d_1 | j \in T \backslash T^1\}$. 由 $\boldsymbol{D}_1, \boldsymbol{D}_2$ 为紧框架, 易证 $\boldsymbol{\Psi}$ 为 $\mathbb{R}^{2n}$ 的紧框架. 从而可得

$$\begin{aligned}
\|\boldsymbol{h}\|_2^2 &= \|\boldsymbol{\Psi}^*\boldsymbol{h}\|_2^2 = \|\boldsymbol{\Psi}^*_{T_{0*}}\boldsymbol{h}\|_2^2 + \|\boldsymbol{\Psi}^*_{T_{0*}^c}\boldsymbol{h}\|_2^2 \\
&= \|\boldsymbol{D}^*_{1T_{0*}^1}\boldsymbol{h}_1\|_2^2 + \|\boldsymbol{D}^*_{2T_{0*}^2}\boldsymbol{h}_2\|_2^2 + \|\boldsymbol{\Psi}^*_{T_{0*}^c}\boldsymbol{h}\|_2^2 \\
&= \langle \boldsymbol{h}_1, \boldsymbol{D}_1\boldsymbol{D}^*_{1T_{0*}^1}\boldsymbol{h}_1 \rangle + \langle \boldsymbol{h}_2, \boldsymbol{D}_2\boldsymbol{D}^*_{2T_{0*}^2}\boldsymbol{h}_2 \rangle + \|\boldsymbol{\Psi}^*_{T_{0*}^c}\boldsymbol{h}\|_2^2 \\
&\leqslant \|\boldsymbol{h}_1\|_2\|\boldsymbol{D}_1\boldsymbol{D}^*_{1T_{0*}^1}\boldsymbol{h}_1\|_2 + \|\boldsymbol{h}_2\|_2\|\boldsymbol{D}_2\boldsymbol{D}^*_{2T_{0*}^2}\boldsymbol{h}_2\|_2 + \|\boldsymbol{\Psi}^*_{T_{0*}^c}\boldsymbol{h}\|_2^2 \\
&\leqslant \|\boldsymbol{h}_1\|_2\|\boldsymbol{D}_1\boldsymbol{D}^*_{1T_{0*}^1}\boldsymbol{h}_1\|_2 + \|\boldsymbol{h}_2\|_2\|\boldsymbol{D}_2\boldsymbol{D}^*_{2T_{0*}^2}\boldsymbol{h}_2\|_2 + \left(\sum_{j\geqslant 1}\|\boldsymbol{\Psi}^*_{T_j}\boldsymbol{h}\|_2\right)^2.
\end{aligned}$$

在上面的不等式中使用引理 4.1.3 (常数 c_1 待定), 可得

$$\begin{aligned}
\|\boldsymbol{h}\|_2^2 \leqslant{}& \frac{c_1\|\boldsymbol{h}_1\|_2^2}{2} + \frac{\|\boldsymbol{D}_1\boldsymbol{D}^*_{1T_{0*}^1}\boldsymbol{h}_1\|_2^2}{2c_1} + \frac{c_1\|\boldsymbol{h}_2\|_2^2}{2} \\
&+ \frac{\|\boldsymbol{D}_2\boldsymbol{D}^*_{2T_{0*}^2}\boldsymbol{h}_1\|_2^2}{2c_1} + \left(\sum_{j\geqslant 1}\|\boldsymbol{\Psi}^*_{T_j}\boldsymbol{h}\|_2\right)^2,
\end{aligned}$$

即

$$\|\boldsymbol{h}\|_2^2 \leqslant \frac{c_1\|\boldsymbol{h}\|_2^2}{2} + \frac{1}{2c_1}\left(\|\boldsymbol{D}_1\boldsymbol{D}^*_{1T_{0*}^1}\boldsymbol{h}_1\|_2^2 + \|\boldsymbol{D}_2\boldsymbol{D}^*_{2T_{0*}^2}\boldsymbol{h}_1\|_2^2\right) + \left(\sum_{j\geqslant 1}\|\boldsymbol{\Psi}^*_{T_j}\boldsymbol{h}\|_2\right)^2. \tag{4.1.11}$$

为了估计 $\|\boldsymbol{h}\|_2^2$, 我们只需估计 $\|\boldsymbol{D}_1\boldsymbol{D}^*_{1T_{0*}^1}\boldsymbol{h}_1\|_2^2 + \|\boldsymbol{D}_2\boldsymbol{D}^*_{2T_{0*}^2}\boldsymbol{h}_1\|_2^2$, $\sum\limits_{j\geqslant 1}\|\boldsymbol{\Psi}^*_{T_j}h\|_2$.

第一步 最优解的结果 由 $\boldsymbol{f}$ 与 $\hat{\boldsymbol{f}}$ 为可行点且 $\hat{\boldsymbol{f}}$ 为最优解, 可得

$$\|\boldsymbol{\Psi}^*\boldsymbol{f}\|_1 \geqslant \|\boldsymbol{\Psi}^*\hat{\boldsymbol{f}}\|_1,$$

即

$$\|\boldsymbol{\Psi}^*_T\boldsymbol{f}\|_1 + \|\boldsymbol{\Psi}^*_{T^c}\boldsymbol{f}\|_1 \geqslant \|\boldsymbol{\Psi}^*_T\hat{\boldsymbol{f}}\|_1 + \|\boldsymbol{\Psi}^*_{T^c}\hat{\boldsymbol{f}}\|_1.$$

因此

$$\|\boldsymbol{\Psi}_T^*\boldsymbol{f}\|_1+\|\boldsymbol{\Psi}_{T^c}^*\boldsymbol{f}\|_1\geqslant\|\boldsymbol{\Psi}_T^*\boldsymbol{f}\|_1-\|\boldsymbol{\Psi}_T^*\boldsymbol{h}\|_1+\|\boldsymbol{\Psi}_{T^c}^*\boldsymbol{h}\|_1-\|\boldsymbol{\Psi}_{T^c}^*\boldsymbol{f}\|_1.$$

从而可得

$$\|\boldsymbol{\Psi}_{T^c}^*\boldsymbol{h}\|_1\leqslant 2\|\boldsymbol{\Psi}_{T^c}^*\boldsymbol{f}\|_1+\|\boldsymbol{\Psi}_T^*\boldsymbol{h}\|_1. \tag{4.1.12}$$

第二步 管约束 由 $\hat{\boldsymbol{f}}$ 是可行点, 可得

$$\begin{aligned}\|\boldsymbol{AD\Psi}^*\boldsymbol{h}\|_2&=\|\boldsymbol{AD\Psi}^*(\boldsymbol{f}-\hat{\boldsymbol{f}})\|_2\\&\leqslant\|\boldsymbol{AD\Psi}^*\boldsymbol{f}-\boldsymbol{y}\|_2+\|\boldsymbol{AD\Psi}^*\hat{\boldsymbol{f}}-\boldsymbol{y}\|_2\\&\leqslant 2\varepsilon.\end{aligned} \tag{4.1.13}$$

第三步 界定尾部 $\sum\limits_{j\geqslant1}\|\boldsymbol{\Psi}_{T_j}^*\boldsymbol{h}\|_2$ 对于任意的 $i=1,2,\cdots$, 由引理 4.1.2, 我们有

$$\|\boldsymbol{\Psi}_{T_i}^*\boldsymbol{h}\|_2\leqslant\frac{\|\boldsymbol{\Psi}_{T_i}^*\boldsymbol{h}\|_1}{\sqrt{b}}+\frac{\sqrt{b}(|\boldsymbol{x}_{s+a+(i-1)b+1}|-|\boldsymbol{x}_{s+a+ib}|)}{4}.$$

因此, 在假设 $b\leqslant 4a$ 条件下, 我们有

$$\begin{aligned}\sum_{i\geqslant1}\|\boldsymbol{\Psi}_{T_i}^*\boldsymbol{h}\|_2&\leqslant\frac{1}{\sqrt{b}}\sum_{i\geqslant1}\|\boldsymbol{\Psi}_{T_i}^*\boldsymbol{h}\|_1+\frac{\sqrt{b}|\boldsymbol{x}_{s+a+1}|}{4}\\&\leqslant\frac{1}{\sqrt{b}}\left(\sum_{i\geqslant1}\|\boldsymbol{\Psi}_{T_i}^*\boldsymbol{h}\|_1+\frac{b\|\boldsymbol{\Psi}_{T_*}^*\boldsymbol{h}\|_1}{4a}\right)\\&\leqslant\frac{\|\boldsymbol{\Psi}_{T^c}^*\boldsymbol{h}\|_1}{\sqrt{b}}.\end{aligned}$$

从而由 (4.1.12) 可得

$$\begin{aligned}\sum_{i\geqslant1}\|\boldsymbol{\Psi}_{T_i}^*\boldsymbol{h}\|_2&\leqslant\sqrt{\frac{1}{b}}\|\boldsymbol{\Psi}_T^*\boldsymbol{h}\|_1+\frac{2\|\boldsymbol{\Psi}_{T^c}^*\boldsymbol{f}\|_1}{\sqrt{b}}\\&\leqslant\sqrt{\frac{s}{b}}\|\boldsymbol{\Psi}_T^*\boldsymbol{h}\|_2+\frac{2\|\boldsymbol{\Psi}_{T^c}^*\boldsymbol{f}\|_1}{\sqrt{b}}\\&\leqslant\sqrt{\rho}\left(\|\boldsymbol{h}\|_2+\eta\right),\end{aligned} \tag{4.1.14}$$

其中最后的不等式利用 $\boldsymbol{\Psi}$ 是紧框架这一事实, 且记 $\rho=s/b$, $\eta=2\|\boldsymbol{\Psi}_{T^c}^*\boldsymbol{f}\|_1/\sqrt{s}$.

第四步　*D*-RIP 的结果　由 $\boldsymbol{D}$-RIP 的定义、式 (4.1.13), 我们有

$$\|\boldsymbol{A}\boldsymbol{D}\boldsymbol{\Psi}_{T_{0*}}^*\boldsymbol{h}\|_2^2=\left\|\boldsymbol{A}\boldsymbol{D}\boldsymbol{\Psi}^*\boldsymbol{h}-\sum_{j\geqslant1}\boldsymbol{A}\boldsymbol{D}\boldsymbol{\Psi}_{T_j}^*\boldsymbol{h}\right\|_2^2\leqslant\left(2\varepsilon+\sqrt{1+\delta_b}\sum_{j\geqslant1}\left\|\boldsymbol{D}\boldsymbol{\Psi}_{T_j}^*\boldsymbol{h}\right\|_2\right)^2.$$

利用

$$\|\boldsymbol{D}\|=\sqrt{\lambda_{\max}(\boldsymbol{D}\boldsymbol{D}^*)}=\sqrt{\lambda_{\max}(2\boldsymbol{I})}=\sqrt{2},$$

再把式 (4.1.14) 代入上面的不等式, 我们有

$$\begin{aligned}\|\boldsymbol{A}\boldsymbol{D}\boldsymbol{\Psi}_{T_{0*}}^*\boldsymbol{h}\|_2^2&\leqslant\left(2\varepsilon+\sqrt{2(1+\delta_b)}\sum_{j\geqslant1}\left\|\boldsymbol{\Psi}_{T_j}^*\boldsymbol{h}\right\|_2\right)^2\\&\leqslant\left[2\varepsilon+\sqrt{2\rho(1+\delta_b)}(\|\boldsymbol{h}\|_2+\eta)\right]^2.\end{aligned}$$

结合此不等式与式

$$\|\boldsymbol{A}\boldsymbol{D}\boldsymbol{\Psi}_{T_{0*}}^*\boldsymbol{h}\|_2^2\geqslant(1-\delta_{s+a})\|\boldsymbol{D}\boldsymbol{\Psi}_{T_{0*}}^*\boldsymbol{h}\|_2^2,$$

可得

$$\|\boldsymbol{D}\boldsymbol{\Psi}_{T_{0*}}^*\boldsymbol{h}\|_2^2\leqslant\frac{1}{1-\delta_{s+a}}\left[2\varepsilon+\sqrt{2\rho(1+\delta_b)}(\|\boldsymbol{h}\|_2+\eta)\right]^2.\tag{4.1.15}$$

第五步　相互相干性的结果　注意到

$$\begin{aligned}\|\boldsymbol{D}\boldsymbol{\Psi}_{T_{0*}}^*\boldsymbol{h}\|_2^2&=\|\boldsymbol{D}_1\boldsymbol{D}_{1T_{0*}^1}^*\boldsymbol{h}_1+\boldsymbol{D}_2\boldsymbol{D}_{2T_{0*}^2}^*\boldsymbol{h}_2\|_2^2\\&=\|\boldsymbol{D}_1\boldsymbol{D}_{1T_{0*}^1}^*\boldsymbol{h}_1\|_2^2+\|\boldsymbol{D}_2\boldsymbol{D}_{2T_{0*}^2}^*\boldsymbol{h}_2\|_2^2+2\langle\boldsymbol{D}_1\boldsymbol{D}_{1T_{0*}^1}^*\boldsymbol{h}_1,\boldsymbol{D}_2\boldsymbol{D}_{2T_{0*}^2}^*\boldsymbol{h}_2\rangle,\end{aligned}$$

且

$$\begin{aligned}&2\left|\langle\boldsymbol{D}_1\boldsymbol{D}_{1T_{0*}^1}^*\boldsymbol{h}_1,\boldsymbol{D}_2\boldsymbol{D}_{2T_{0*}^2}^*\boldsymbol{h}_2\rangle\right|\\&=2\left|\sum_{i\in T_{0*}^1}\sum_{j\in T_{0*}^2}\langle\boldsymbol{d}_{1i},\boldsymbol{d}_{2j}\rangle\langle\boldsymbol{d}_{1i},\boldsymbol{h}_1\rangle\langle\boldsymbol{h}_2,\boldsymbol{d}_{2j}\rangle\right|\\&\leqslant2\mu_1\sum_{i\in T_{0*}^1}\sum_{j\in T_{0*}^2}|\langle\boldsymbol{d}_{1i},\boldsymbol{h}_1\rangle\langle\boldsymbol{h}_2,\boldsymbol{d}_{2j}\rangle|\\&=2\mu_1\|\boldsymbol{D}_{1T_{0*}^1}^*\boldsymbol{h}_1\|_1\|\boldsymbol{D}_{2T_{0*}^2}^*\boldsymbol{h}_2\|_1\end{aligned}$$

$$
\begin{aligned}
&\leqslant \mu_1(s+a)\|\boldsymbol{D}_{1T_{0*}^1}^*\boldsymbol{h}_1\|_2\|\boldsymbol{D}_{2T_{0*}^2}^*\boldsymbol{h}_2\|_2\\
&\leqslant \frac{\mu_1(s+a)}{2}\left(\|\boldsymbol{D}_{1T_{0*}^1}^*\boldsymbol{h}_1\|_2^2+\|\boldsymbol{D}_{2T_{0*}^2}^*\boldsymbol{h}_2\|_2^2\right)\\
&=\frac{\mu_1(s+a)}{2}\|\boldsymbol{\Psi}_{T_{0*}}^*\boldsymbol{h}\|_2^2\\
&\leqslant \frac{\mu_1(s+a)\|\boldsymbol{h}\|_2^2}{2}.
\end{aligned}
$$

从而可得

$$
\|\boldsymbol{D}\boldsymbol{\Psi}_{T_{0*}}^*\boldsymbol{h}\|_2^2\geqslant\|\boldsymbol{D}_1\boldsymbol{D}_{1T_{0*}^1}^*\boldsymbol{h}_1\|_2^2+\|\boldsymbol{D}_2\boldsymbol{D}_{2T_{0*}^2}^*\boldsymbol{h}_2\|_2^2-\frac{\mu_1(s+a)\|\boldsymbol{h}\|_2^2}{2}. \tag{4.1.16}
$$

第六步　界定$\|\boldsymbol{D}_1\boldsymbol{D}_{1T_{0*}^1}^*\boldsymbol{h}_1\|_2^2+\|\boldsymbol{D}_2\boldsymbol{D}_{2T_{0*}^2}^*\boldsymbol{h}_2\|_2^2$　将式 (4.1.16) 代入式 (4.1.15), 通过简单计算可得

$$
\begin{aligned}
&\|\boldsymbol{D}_1\boldsymbol{D}_{1T_{0*}^1}^*\boldsymbol{h}_1\|_2^2+\|\boldsymbol{D}_2\boldsymbol{D}_{2T_{0*}^2}^*\boldsymbol{h}_2\|_2^2\\
\leqslant&\frac{\mu_1(s+a)\|\boldsymbol{h}\|_2^2}{2}+\frac{1}{1-\delta_{s+a}}\left[2\varepsilon+\sqrt{2\rho(1+\delta_b)}(\|\boldsymbol{h}\|_2+\eta)\right]^2.
\end{aligned}\tag{4.1.17}
$$

第七步　误差估计　将式 (4.1.14), (4.1.17) 代入 (4.1.11), 可得

$$
\begin{aligned}
\|\boldsymbol{h}\|_2^2\leqslant&\frac{c_1\|\boldsymbol{h}\|_2^2}{2}+\rho(\|\boldsymbol{h}\|_2+\eta)^2+\frac{1}{2c_1}\left(\frac{\mu_1(s+a)\|\boldsymbol{h}\|_2^2}{2}\right.\\
&\left.+\frac{1}{1-\delta_{s+a}}\left[2\varepsilon+\sqrt{2\rho(1+\delta_b)}(\|\boldsymbol{h}\|_2+\eta)\right]^2\right)\\
=&\left(\frac{c_1}{2}+\frac{\mu_1(s+a)}{4c_1}+\frac{\rho(1+\delta_b)}{c_1(1-\delta_{s+a})}+\rho\right)\|\boldsymbol{h}\|_2^2\\
&+\frac{2\varepsilon^2}{c_1(1-\delta_{s+a})}+\left(\frac{\rho(1+\delta_b)}{c_1(1-\delta_{s+a})}+\rho\right)\eta^2\\
&+\frac{\sqrt{2\rho(1+\delta_b)}}{c_1(1-\delta_{s+a})}\cdot 2\varepsilon\eta+\frac{\sqrt{2\rho(1+\delta_b)}}{c_1(1-\delta_{s+a})}\cdot 2\varepsilon\|\boldsymbol{h}\|_2\\
&+\left(\frac{\rho(1+\delta_b)}{c_1(1-\delta_{s+a})}+\rho\right)\cdot 2\eta\|\boldsymbol{h}\|_2.
\end{aligned}
$$

重复利用引理 4.1.3 三次 (参数 c_2, c_3 待定), 可得

$$
\|\boldsymbol{h}\|_2^2\leqslant\left(\frac{c_1}{2}+\frac{\mu_1(s+a)}{4c_1}+\frac{\rho(1+\delta_b)}{c_1(1-\delta_{s+a})}+\rho\right)\|\boldsymbol{h}\|_2^2
$$

$$+\frac{2\varepsilon^2}{c_1(1-\delta_{s+a})}+\left(\frac{\rho(1+\delta_b)}{c_1(1-\delta_{s+a})}+\rho\right)\eta^2$$
$$+\frac{\sqrt{2\rho(1+\delta_b)}}{c_1(1-\delta_{s+a})}(\eta^2+\varepsilon^2)+\frac{\sqrt{2\rho(1+\delta_b)}}{c_1(1-\delta_{s+a})}\left(\frac{\varepsilon^2}{c_2}+c_2\|\boldsymbol{h}\|_2^2\right)$$
$$+\left(\frac{\rho(1+\delta_b)}{c_1(1-\delta_{s+a})}+\rho\right)\left(\frac{\eta^2}{c_3}+c_3\|\boldsymbol{h}\|_2^2\right).$$

化简可得

$$K_1\|\boldsymbol{h}\|_2^2\leqslant K_2\varepsilon^2+K_3\eta^2,$$

其中

$$K_1=1-\frac{c_1}{2}-\frac{\mu_1(s+a)}{4c_1}-\frac{\rho(1+\delta_b)}{c_1(1-\delta_{s+a})}-\rho-\frac{c_2\sqrt{2\rho(1+\delta_b)}}{c_1(1-\delta_{s+a})}-\frac{c_3\rho(1+\delta_b)}{c_1(1-\delta_{s+a})}-c_3\rho,$$

$$K_2=\frac{2}{c_1(1-\delta_{s+a})}+\frac{\sqrt{2\rho(1+\delta_b)}}{c_1(1-\delta_{s+a})}+\frac{\sqrt{2\rho(1+\delta_b)}}{c_1c_2(1-\delta_{s+a})},$$

$$K_3=\frac{\rho(1+\delta_b)}{c_1(1-\delta_{s+a})}+\rho+\frac{\sqrt{2\rho(1+\delta_b)}}{c_1(1-\delta_{s+a})}+\frac{\rho(1+\delta_b)}{c_1c_3(1-\delta_{s+a})}+\frac{\rho}{c_3}.$$

利用不等式 $\sqrt{u^2+v^2}\leqslant u+v,\ \forall u,v\geqslant 0$, 可得

$$\|\boldsymbol{h}\|_2\leqslant\sqrt{\frac{K_2}{K_1}}\varepsilon+\sqrt{\frac{K_3}{K_1}}\eta,$$

这里我们假设 $K_1>0$.

我们现在考虑如何选择合适的参数 c_1,c_2,c_3 使得 K_1 为正数. 注意到 $K_1=K_1(c_1,c_2,c_3)$ 随着 c_2 (或 c_3) 的递增而递减, 因而, 可取参数 c_2 和 c_3 任意小, 即 $c_2\to 0_+$, $c_3\to 0_+$, 则 $K_1(c_1,c_2,c_3)$ 变为

$$K_1(c_1)=1-\frac{c_1}{2}-\frac{\mu_1(s+a)}{4c_1}-\frac{\rho(1+\delta_b)}{c_1(1-\delta_{s+a})}-\rho.$$

注意到 $K_1(c_1)$ 在 $c_1^*=\sqrt{\dfrac{\mu_1(s+a)}{2}+\dfrac{2\rho(1+\delta_b)}{1-\delta_{s+a}}}$ 取到最大值, 选定 $c_1=c_1^*$, 则 $K_1>0$, 如果

$$1-\rho-\sqrt{\frac{\mu_1(s+a)}{2}+\frac{2\rho(1+\delta_b)}{1-\delta_{s+a}}}>0.$$

上式等价于 (4.1.6). □

4.2 l_q 分离分析模型 $(0<q<1)$

类比于经典压缩感知的 l_q 最小化, 关于压缩信号分离, 可考虑 l_q 分析模型. 本节将进一步研究随机高斯测量下压缩信号分离问题的 l_q 分离分析模型. 借助于前面章节介绍的 $(\boldsymbol{D},q)$-RIP 属性, 以及不同字典之间的相互相干性条件, 在论著 [119] 中, 我们证明 l_q 分离分析模型可逼近重构信号的不同子成分, 其中当 q 较小时所需的随机测量次数比 $q=1$ 时所需的测量次数小. 从而表明了 l_q 分离分析模型在测量次数上的优势. 具体地, 作者在论著 [119] 中证明了下面结果.

定理 4.2.1 ([119]) 假设观测到的数据服从模型 $\boldsymbol{y}=\boldsymbol{A}(\boldsymbol{f}_1+\boldsymbol{f}_2)$. 设 $\boldsymbol{D}_1\in\mathbb{R}^{n\times d_1}$ 以及 $\boldsymbol{D}_2\in\mathbb{R}^{n\times d_2}$ 为 $\mathbb{R}^n$ 空间的两个不同紧框架, 且紧框架系数为 1 设 $\boldsymbol{A}$ 为标准高斯随机矩阵, 即每个元素独立同分布于期望为零的标准正态分布. 固定正整数 s_1 和 s_2, 并且设字典 $\boldsymbol{D}_1$ 和 $\boldsymbol{D}_2$ 之间的相互相干性常数 μ_1 满足

$$\mu_1(s_1+s_2)\left(\lceil(2^{3q/2}5)^{\frac{2}{2-q}}\rceil+1\right)\left(\frac{1}{8\cdot5^{2/q}}+1\right)<1.$$

则存在有界正常数 $C_1(q)$ 和 $C_2(q)$, 使得当 $0<q\leqslant1$ 以及

$$m\geqslant C_1(q)(s_1+s_2)+qC_2(q)(s_1+s_2)\log\left(\frac{d_1+d_2}{s_1+s_2}\right)$$

时, l_q 分离分析模型

$$(\hat{\boldsymbol{f}}_1,\hat{\boldsymbol{f}}_2)=\underset{\tilde{\boldsymbol{f}}_1,\tilde{\boldsymbol{f}}_2\in\mathbb{R}^n}{\operatorname{argmin}}\|\boldsymbol{D}_1^*\tilde{\boldsymbol{f}}_1\|_q^q+\|\boldsymbol{D}_2^*\tilde{\boldsymbol{f}}_2\|_q^q\quad\text{s.t.}\qquad\boldsymbol{A}(\tilde{\boldsymbol{f}}_1+\tilde{\boldsymbol{f}}_2)=\boldsymbol{y}\tag{4.2.1}$$

的任意解 $(\hat{\boldsymbol{f}}_1,\hat{\boldsymbol{f}}_2)$ 以高于 $1-1\Big/\binom{d_1+d_2}{s_1+s_2}$ 的概率满足

$$\|\hat{\boldsymbol{f}}_1-\boldsymbol{f}_1\|_2+\|\hat{\boldsymbol{f}}_2-\boldsymbol{f}_2\|_2\leqslant C_1\frac{\left(\|\boldsymbol{D}_1^*\boldsymbol{f}_1-(\boldsymbol{D}_1^*\boldsymbol{f}_1)_{[s_1]}\|_q^q+\|\boldsymbol{D}_2^*\boldsymbol{f}_2-(\boldsymbol{D}_2^*\boldsymbol{f}_2)_{[s_2]}\|_q^q\right)^{1/q}}{(s_1+s_2)^{1/q-1/2}}.\tag{4.2.2}$$

注 4.2.1 上面的结果指出, 当 q 越小, 成功逼近恢复所需的相互相干性条件越弱、所需的最小测量次数越小. 特别地, 当 $q\to0$ 时, 相互相干性条件为 $6\mu_1(s_1+s_2)<1$, 最小测量次数为 $m=O(s_1+s_2)$.

由文献 [119, Theorem 4.2.2] 可知, 定理 4.2.1 可以推广至 $\iota\in\mathbb{Z}^+$ 个不同子成分的情形. 为简单起见, 假设所有字典 $\boldsymbol{D}_j$ 都为紧框架, 类似于定理 3.2.1, 该结果可以延拓至 $\boldsymbol{D}_j$ 为一般框架的情形.

该定理的证明和定理 3.2.1 的证明相类似. 在测量矩阵满足推广的 q-RIP 条件下, 摒弃字典之间满足某个相干性条件, 我们证明 l_q 分离分析法 $(0<q\leqslant 1)$ 的任意解可以逼近不同的原始子成分 (定理 4.2.2). 下面, 我们指出随机高斯测量矩阵满足推广的 q-RIP 条件. 结果表明, 当 q 较小时, 所需测量次数比 $q=1$ 时要少.

令 ι 为大于 2 的正整数, $\boldsymbol{D}_1\in\mathbb{R}^{n\times d_1},\boldsymbol{D}_2\in\mathbb{R}^{n\times d_2},\cdots,\boldsymbol{D}_\iota\in\mathbb{R}^{n\times d_\iota}$ 为 $\mathbb{R}^n$ 空间 ι 个不同的紧框架, 并且紧框架系数为 1. 令 $s=s_1+s_2+\cdots+s_\iota$, $\bar{d}=d_1+d_2+\cdots+d_\iota$,

$$\bar{\boldsymbol{D}}=[\boldsymbol{D}_1|\boldsymbol{D}_2|\cdots|\boldsymbol{D}_\iota],\quad \boldsymbol{\Psi}=\begin{pmatrix}\boldsymbol{D}_1 & & & \\ & \boldsymbol{D}_2 & & \\ & & \ddots & \\ & & & \boldsymbol{D}_\iota\end{pmatrix}, \tag{4.2.3}$$

且

$$\boldsymbol{f}=\left(\boldsymbol{f}_1^{\mathrm{T}},\boldsymbol{f}_2^{\mathrm{T}},\cdots,\boldsymbol{f}_\iota^{\mathrm{T}}\right)^{\mathrm{T}}. \tag{4.2.4}$$

根据紧框架的定义, 有

$$\sum_{j=1}^{\iota}\boldsymbol{f}_j=\sum_{j=1}^{\iota}\boldsymbol{D}_j\boldsymbol{D}_j^*\boldsymbol{f}_j=\bar{\boldsymbol{D}}\boldsymbol{\Psi}^*\boldsymbol{f}.$$

则当 $\iota=2$ 时, (4.2.1) 可表示为

$$\hat{\boldsymbol{f}}=\underset{\tilde{\boldsymbol{f}}\in\mathbb{R}^{\iota n}}{\operatorname{argmin}}\|\boldsymbol{\Psi}^*\tilde{\boldsymbol{f}}\|_q^q\quad \text{s.t.}\quad \boldsymbol{A}\bar{\boldsymbol{D}}\boldsymbol{\Psi}^*\tilde{\boldsymbol{f}}=\boldsymbol{y}. \tag{4.2.5}$$

字典 $\boldsymbol{D}_1,\boldsymbol{D}_2,\cdots,\boldsymbol{D}_\iota$ 之间的相互相干性定义如下.

定义 4.2.1 ([119]) 令 $\boldsymbol{D}_1=(d_{1i})_{1\leqslant i\leqslant d_1},\boldsymbol{D}_2=(d_{2j})_{1\leqslant j\leqslant d_2},\cdots,\boldsymbol{D}_\iota=(d_{\iota j})_{1\leqslant j\leqslant d_\iota}$. 字典 $\boldsymbol{D}_1,\boldsymbol{D}_2,\cdots,\boldsymbol{D}_\iota$ 之间的相互相干性定义为

$$\mu_1=\mu_1(\boldsymbol{D}_1;\boldsymbol{D}_2;\cdots;\boldsymbol{D}_\iota)=\max_{k\neq l}\max_{i,j}|\langle d_{ki},d_{lj}\rangle|.$$

我们接着介绍在噪声测量下 $\boldsymbol{y}=\boldsymbol{A}(\boldsymbol{f}_1+\boldsymbol{f}_2+\cdots+\boldsymbol{f}_\iota)+\boldsymbol{z}$ 压缩信号分离问题的 l_q 分析优化模型

$$\underset{\tilde{\boldsymbol{f}}\in\mathbb{R}^{\iota n}}{\operatorname{argmin}}\|\boldsymbol{\Psi}^*\tilde{\boldsymbol{f}}\|_q\quad \text{s.t.}\quad \|\boldsymbol{A}\bar{\boldsymbol{D}}\boldsymbol{\Psi}^*\tilde{\boldsymbol{f}}-\boldsymbol{y}\|_r\leqslant\varepsilon \tag{4.2.6}$$

的 $(\bar{\boldsymbol{D}},q)$-RIP 逼近恢复理论, 其中 $0<q\leqslant 1\leqslant r\leqslant\infty,\varepsilon\geqslant 0$, $\|\boldsymbol{z}\|_r\leqslant\varepsilon$, 且 $\bar{\boldsymbol{D}},\boldsymbol{\Psi},\boldsymbol{f}$ 由等式 (4.2.3), (4.2.4) 给出.

定理 4.2.2 ([119]) 设 $\iota \in \mathbb{Z}^+$, $0 < q \leqslant 1 \leqslant r \leqslant \infty, \varepsilon \geqslant 0$. 假设观测到的数据服从模型 $\boldsymbol{y} = \boldsymbol{A}(\boldsymbol{f}_1 + \boldsymbol{f}_2 + \cdots + \boldsymbol{f}_\iota) + \boldsymbol{z}$, 且噪声 $\|\boldsymbol{z}\|_r \leqslant \varepsilon$. 令 $\boldsymbol{D}_1 \in \mathbb{R}^{n\times d_1}$, $\boldsymbol{D}_2 \in \mathbb{R}^{n\times d_2}, \cdots, \boldsymbol{D}_\iota \in \mathbb{R}^{n\times d_\iota}$ 为 $\mathbb{R}^n$ 空间中 ι 个不同的紧框架系数为 1 的紧框架. 记号 $\bar{\boldsymbol{D}}, \boldsymbol{\Psi}, \boldsymbol{f}$ 由式 (4.2.3), (4.2.4) 给出. 固定正整数 $a > s$. 假设字典 $\boldsymbol{D}_1, \boldsymbol{D}_2, \cdots, \boldsymbol{D}_\iota$ 之间的相互相干性常数 μ_1 满足

$$\mu_1(s+a)(\rho^{2/q-1}+1) < 1, \tag{4.2.7}$$

且测量矩阵 $\boldsymbol{A}$ 的 $(\bar{\boldsymbol{D}}, q)$-RIP 常数满足

$$\Delta\rho^{1-q/2}(\rho^{2/q-1}+1)^{q/2} < (2\iota)^{-q/2}, \tag{4.2.8}$$

其中

$$\rho = \frac{s}{a} \quad 且 \quad \Delta = \frac{1+\delta_a}{1-\delta_{s+a}}. \tag{4.2.9}$$

则 l_q 分离分析模型 (4.2.6) 的任意解 $\hat{\boldsymbol{f}}$ 满足

$$\|\hat{\boldsymbol{f}} - \boldsymbol{f}\|_2 \leqslant \tilde{C}_1 \frac{\|\boldsymbol{\Psi}^*\boldsymbol{f} - (\boldsymbol{\Psi}^*\boldsymbol{f})_{[s]}\|_q}{s^{1/q-1/2}} + \tilde{C}_2 m^{1/q-1/r}\varepsilon, \tag{4.2.10}$$

且

$$\|\boldsymbol{\Psi}^*\hat{\boldsymbol{f}} - \boldsymbol{\Psi}^*\boldsymbol{f}\|_q^q \leqslant \tilde{C}_3\|\boldsymbol{\Psi}^*\boldsymbol{f} - (\boldsymbol{\Psi}^*\boldsymbol{f})_{[s]}\|_q^q + \tilde{C}_4 a^{1-q/2} m^{1-q/r}\varepsilon^q, \tag{4.2.11}$$

其中 $\tilde{C}_1, \tilde{C}_2, \tilde{C}_3, \tilde{C}_4$ 为依赖于 $(\bar{\boldsymbol{D}}, q)$-RIP 常数 δ_s, δ_{s+a}, ρ, ι, q 的正常数.

下面结果为上述定理的直接推论. 利用该推论可证明定理 4.2.1.

推论 4.2.1 ([119]) 在定理 4.2.2 的假设条件下, 进一步地假设噪声向量 $\boldsymbol{z} = \boldsymbol{0}$. 则 (4.2.5) 的任意解 $\hat{\boldsymbol{f}}$ 满足

$$\|\hat{\boldsymbol{f}} - \boldsymbol{f}\|_2 \leqslant \tilde{C}_1 \frac{\|\boldsymbol{\Psi}^*\boldsymbol{f} - (\boldsymbol{\Psi}^*\boldsymbol{f})_{[s]}\|_q}{s^{1/q-1/2}},$$

其中正常数 $\tilde{C}_1$ 由定理 4.2.2 给出.

本节所有定理证明从略.

4.3 压缩信号分离硬阈值迭代算法

本节介绍压缩信号分离的硬阈值迭代算法. 设观测数据 $\boldsymbol{y}$ 服从模型 (4.1.3), 其中 $\boldsymbol{A}$ 为已知的 $m\times n$ 测量矩阵 $(m\ n)$, $\boldsymbol{z} \in \mathbb{R}^m$ 为噪声向量. 基于已知的 $\boldsymbol{y}$ 和 $\boldsymbol{A}$, 重构 $\boldsymbol{f}_1$, $\boldsymbol{f}_2$. 设 $\boldsymbol{D}_1 \in \mathbb{R}^{n\times d_1}$ 与 $\boldsymbol{D}_2 \in \mathbb{R}^{n\times d_2}$ 为 $\mathbb{R}^n$ 空间的两个紧框架.

我们研究带双字典 $\boldsymbol{D}_1$, $\boldsymbol{D}_2$ 的硬阈值迭代算法. 该迭代算法可视为某种求解下述限制最小二乘问题的 “投影梯度下降法”:

$$\underset{\|\boldsymbol{D}_1^*\boldsymbol{h}_1\|_0+\|\boldsymbol{D}_2^*\boldsymbol{h}_2\|_0\leqslant 2s}{\operatorname{argmin}} \frac{1}{2}\|\boldsymbol{A}(\boldsymbol{h}_1+\boldsymbol{h}_2)-\boldsymbol{y}\|_2^2,$$

其中, 式 (4.3.1)-(4.3.2) 是以 η 为步长的梯度下降, (4.3.3)-(4.3.4)为投影步骤.

算法 2 带双字典 $\boldsymbol{D}_1$, $\boldsymbol{D}_2$ 的硬阈值迭代算法

令 $\eta>0$, $s\in\mathbb{N}$, $\boldsymbol{f}_1^0=\boldsymbol{f}_2^0=\boldsymbol{0}$. 当 $t=0,\cdots,K-1$ 时,

$$\begin{cases}\boldsymbol{g}_1^t=\boldsymbol{A}^*(\boldsymbol{A}(\boldsymbol{f}_1^t+\boldsymbol{f}_2^t)-\boldsymbol{y}), & (4.3.1)\\ \bar{\boldsymbol{f}}_1^{t+1}=\boldsymbol{f}_1^t-\eta\boldsymbol{g}_1^t, \bar{\boldsymbol{f}}_2^{t+1}=\boldsymbol{f}_2^t-\eta\boldsymbol{g}_1^t, & (4.3.2)\\ (\boldsymbol{z}_1^{t+1};\boldsymbol{z}_2^{t+1})=\underset{\|\boldsymbol{z}_1\|_0+\|\boldsymbol{z}_2\|_0\leqslant 2s}{\operatorname{argmin}}\|\boldsymbol{z}_1-\boldsymbol{D}_1^*\bar{\boldsymbol{f}}_1^{t+1}\|_2^2+\|\boldsymbol{z}_2-\boldsymbol{D}_2^*\bar{\boldsymbol{f}}_2^{t+1}\|_2^2, & (4.3.3)\\ \boldsymbol{f}_1^{t+1}=\boldsymbol{D}_1\boldsymbol{z}_1^{t+1}, \boldsymbol{f}_2^{t+1}=\boldsymbol{D}_2\boldsymbol{z}_2^{t+1}. & (4.3.4)\end{cases}$$

在和 l_1 分离分析法逼近恢复结果同等假设条件下, 我们给出该迭代算法的收敛结果:

定理 4.3.1 ([113]) 令 $\boldsymbol{\Phi}=[\boldsymbol{D}_1|\boldsymbol{D}_2]$, $s_1\leqslant d_1$, $s_2\leqslant d_2$, $s=s_1+s_2$. μ_1 的定义可参见定义 4.1.1. 设 $\boldsymbol{A}$ 满足 $8s$ 阶 $\boldsymbol{\Phi}$-RIP 条件. 再设 $\{(\boldsymbol{f}_1^t;\boldsymbol{f}_2^t)\}_t$ 由算法 2 所产生, 且

$$\tilde{\rho}=2|1-\eta|+4\eta(\delta_{8s}+2\mu_1 s)<1. \tag{4.3.5}$$

则对于任意的 $t\in\mathbb{N}$, 有

$$\begin{aligned}&\|\boldsymbol{f}_1^t-\boldsymbol{f}_1\|_2+\|\boldsymbol{f}_2^t-\boldsymbol{f}_2\|_2\\ &\leqslant\sqrt{2}\tilde{\rho}^t\sqrt{\|\boldsymbol{f}_1\|_2^2+\|\boldsymbol{f}_2\|_2^2}+C_0\left(\frac{\sigma_{s_1}(\boldsymbol{D}_1^*\boldsymbol{f}_1)+\sigma_{s_2}(\boldsymbol{D}_2^*\boldsymbol{f}_2)}{\sqrt{s_1+s_2}}\right)+C_1\Delta,\end{aligned} \tag{4.3.6}$$

其中 $C_0=\sqrt{2}\left(\dfrac{4(1+\eta+\eta\delta_{4s})}{1-\tilde{\rho}}+1\right)$, $C_1=\dfrac{2\eta\sqrt{2}}{1-\tilde{\rho}}$,

$$\Delta=\begin{cases}2\sqrt{s_1+s_2}\lambda, & \|\boldsymbol{\Phi}^*\boldsymbol{A}^*\boldsymbol{e}\|_\infty\leqslant\lambda,\\ \sqrt{2(1+\delta_{4s})}\epsilon, & \|\boldsymbol{e}\|_2\leqslant\epsilon.\end{cases} \tag{4.3.7}$$

上述定理指出, 如果测量矩阵满足 $\boldsymbol{\Phi}$-RIP 条件, 且字典 $\boldsymbol{D}_1$ 与 $\boldsymbol{D}_2$ 之间满足某个互不相干性条件, 则算法 2 在有限步迭代次数后能逼近重构原始信号的不同子成分. 定理中考虑两种有界噪声. 当 $\boldsymbol{e}$ 为高斯噪声时, 可证明 $\boldsymbol{e}$ 是在高概率意义下有界的. 因此, 可得下面的推论.

推论 4.3.1 ([113]) 在定理 4.3.1 的假设条件下, 令 $\boldsymbol{e} \sim N(0, \boldsymbol{I}_m\sigma^2)$ 且 $d = d_1 + d_2$. 则下述结果以大于或等于 $1 - 1/(d\sqrt{2\pi \log d})$ 的概率成立: 对于所有的 $t \in \mathbb{N}$,

$$
\begin{aligned}
&\|\boldsymbol{f}_1^t - \boldsymbol{f}_1\|_2 + \|\boldsymbol{f}_2^t - \boldsymbol{f}_2\|_2 \\
\leqslant &\sqrt{2}\tilde{\rho}^t\sqrt{\|\boldsymbol{f}_1\|_2^2 + \|\boldsymbol{f}_2\|_2^2} + C_0'\left(\frac{\sigma_{s_1}(\boldsymbol{D}_1^*\boldsymbol{f}_1) + \sigma_{s_2}(\boldsymbol{D}_2^*\boldsymbol{f}_2)}{\sqrt{s_1 + s_2}}\right) + C_1'\sigma\sqrt{(s_1 + s_2)\log d}.
\end{aligned}
\tag{4.3.8}
$$

注 4.3.1 (1) 通过证明 $\|\boldsymbol{\Phi}^*\boldsymbol{A}^*\boldsymbol{e}\|_\infty \leqslant c_0\sigma\sqrt{\log d}$ 以高概率的意义下成立, 推论 4.3.1 可由定理 4.3.1 所得.

(2) 高斯噪声同样以高概率满足$\|\boldsymbol{e}\|_2 \leqslant \sigma\sqrt{m + 2\sqrt{m\log m}}$, 参见 [28, Lemma 1]. 结合定理 4.3.1, 有

$$
\begin{aligned}
&\|\boldsymbol{f}_1^t - \boldsymbol{f}_1\|_2 + \|\boldsymbol{f}_2^t - \boldsymbol{f}_2\|_2 \\
&\leqslant \sqrt{2}\tilde{\rho}^t\sqrt{\|\boldsymbol{f}_1\|_2^2 + \|\boldsymbol{f}_2\|_2^2} + C_0'\left(\frac{\sigma_{s_1}(\boldsymbol{D}_1^*\boldsymbol{f}_1) + \sigma_{s_2}(\boldsymbol{D}_2^*\boldsymbol{f}_2)}{\sqrt{s_1 + s_2}}\right) \\
&\quad + C_1'\sigma\sqrt{m + 2\sqrt{m\log m}}
\end{aligned}
\tag{4.3.9}
$$

在高概率的意义下成立. 对于常见的满足 $s_1 + s_2$ 阶 $\boldsymbol{\Phi}$-RIP 条件的随机测量矩阵而言, $m \geqslant O((s_1 + s_2)\log^\beta d)$ (其中 $\beta \geqslant 1$), 误差估计 (4.3.8) 总优于 (4.3.9). 此外, 如果固定 m 和 d , 考虑稀疏度 $s_1 + s_2$ 的变化, (4.3.8) 的上界随着稀疏度的变动而变动. 从而当 $s_1 + s_2$ 较小时, 该误差上界变小. 而误差估计 (4.3.9) 并未随着 $s_1 + s_2$ 的减小而减小.

(3) 条件 (4.3.5) 要求 $\delta_{8s} + 2\mu s$ 比较小 (该条件也是 l_1 分离分析法稳定性恢复的充分条件), 且 $\eta \in (0.5, 1.5)$.

作为上述定理的直接推论, 当 $\boldsymbol{y} = \boldsymbol{A}\boldsymbol{f}_1 + \boldsymbol{e}$ 时, 有关于 (单字典) 硬阈值迭代算法的收敛性结果:

定理 4.3.2 ([113]) 令 $s_1 \leqslant d_1$, $\eta > 0$, 且 $\boldsymbol{y} = \boldsymbol{A}\boldsymbol{f}_1 + \boldsymbol{e}$. 假设测量矩阵 $\boldsymbol{A}$ 满足 $8s_1$ 阶 $\boldsymbol{D}_1$-RIP 属性. 设序列 $\{\boldsymbol{f}_1^t\}_t$ 由下面算法产生: $\boldsymbol{f}_1^0 = \boldsymbol{0}$ 且

$$\begin{cases} \boldsymbol{g}_1^t = \boldsymbol{A}^*(\boldsymbol{A}\boldsymbol{f}_1^t - \boldsymbol{y}), \\ \bar{\boldsymbol{f}}_1^{t+1} = \boldsymbol{f}_1^t - \eta \boldsymbol{g}_1^t, \\ \boldsymbol{z}_1^{t+1} = \underset{\|\boldsymbol{z}_1\|_0 \leqslant 2s_1}{\operatorname{argmin}} \|\boldsymbol{z}_1 - \boldsymbol{D}_1^* \bar{\boldsymbol{f}}_1^{t+1}\|_2^2, \\ \boldsymbol{f}_1^{t+1} = \boldsymbol{D}_1 \boldsymbol{z}_1^{t+1}. \end{cases} \tag{4.3.10}$$

设

$$\tilde{\rho} = 2\left(|1-\eta| + 2\eta\delta_{8s_1}\right) < 1.$$

则对于任意的 $t \in \mathbb{N}$,

$$\|\boldsymbol{f}_1^t - \boldsymbol{f}_1\|_2 \leqslant \sqrt{2}\tilde{\rho}^t \|\boldsymbol{f}_1\|_2 + c_0 \frac{\sigma_{s_1}(\boldsymbol{D}_1^* \boldsymbol{f}_1)}{\sqrt{s_1}} + c_1 \Delta, \tag{4.3.11}$$

其中 $c_0 = \sqrt{2}\left(\dfrac{4(1+\eta+\eta\delta_{4s_1})}{1-\tilde{\rho}} + 1\right)$, $c_1 = \dfrac{2\sqrt{2}\eta}{1-\tilde{\rho}}$,

$$\Delta = \begin{cases} 2\sqrt{s_1}\lambda, & \|\boldsymbol{D}_1^* \boldsymbol{A}^* \boldsymbol{e}\|_\infty \leqslant \lambda, \\ \sqrt{2(1+\delta_{4s_1})}\epsilon, & \|\boldsymbol{e}\|_2 \leqslant \epsilon. \end{cases}$$

特别地, 当 $\boldsymbol{e} \sim N(0, \sigma^2 \boldsymbol{I}_m)$, 则以不低于 $1 - 1/(d_1\sqrt{2\pi \log d_1})$ 的概率,

$$\|\boldsymbol{f}_1^t - \boldsymbol{f}_1\|_2 \leqslant \sqrt{2}\tilde{\rho}^t \|\boldsymbol{f}_1\|_2 + c_0 \frac{\sigma_{s_1}(\boldsymbol{D}_1^* \boldsymbol{f}_1)}{\sqrt{s_1}} + c_1' \sigma \sqrt{s_1 \log d_1}. \tag{4.3.12}$$

这里我们研究了两种有界噪声: l_2-有界噪声和 l_∞-有界噪声. 此前, 文献 [75] 也给出了该算法的收敛性结果, 但只考虑 l_2-有界噪声的情形.

接下来, 我们给出上述定理的证明.

首先, 介绍一些基本记号. 令 $d = d_1 + d_2$, $s = s_1 + s_2$,

$$\boldsymbol{E} = [\boldsymbol{I}_n | \boldsymbol{I}_n],$$

$$\boldsymbol{\Phi} = [\boldsymbol{D}_1 | \boldsymbol{D}_2], \quad \boldsymbol{\Psi} = \begin{pmatrix} \boldsymbol{D}_1 & \boldsymbol{0} \\ \boldsymbol{0} & \boldsymbol{D}_2 \end{pmatrix}, \quad \boldsymbol{h}_\star = \begin{pmatrix} \boldsymbol{f}_1 \\ \boldsymbol{f}_2 \end{pmatrix}. \tag{4.3.13}$$

则 (4.1.3) 等价于

$$\boldsymbol{y} = \boldsymbol{A}\boldsymbol{E}\boldsymbol{h}_\star + \boldsymbol{e}. \tag{4.3.14}$$

由于 $\boldsymbol{f}_1$ 和 $\boldsymbol{f}_2$ 在不同字典 $\boldsymbol{D}_1$ 和 $\boldsymbol{D}_2$ 具有 (逼近) 稀疏表示, 易证 $\boldsymbol{h}_\star$ 在 $\boldsymbol{\Psi}$ 下具有 (逼近) 稀疏表示. 目标是为了重构 $\boldsymbol{h}_\star$. 在算法 2 中, 引入下面的记号

$$\boldsymbol{g}^t = [\boldsymbol{g}_1^t; \boldsymbol{g}_2^t], \quad \boldsymbol{h}^t = [\boldsymbol{f}_1^t; \boldsymbol{f}_2^t], \quad \bar{\boldsymbol{h}}^t = [\bar{\boldsymbol{f}}_1^t; \bar{\boldsymbol{f}}_2^t], \quad \boldsymbol{z}^t = [\boldsymbol{z}_1^t; \boldsymbol{z}_2^t].$$

则算法 2 可以重新表述如下 (算法 3).

算法 3

令 $\eta>0$, $\boldsymbol{h}_0=\boldsymbol{0}\in\mathbb{R}^{2n}$. 对于任意的 $t=1,\cdots,T-1$:

$$\begin{cases}\boldsymbol{g}^t=\boldsymbol{E}^*\boldsymbol{A}^*(\boldsymbol{A}\boldsymbol{E}\boldsymbol{h}^t-\boldsymbol{y}), & (4.3.15)\\ \bar{\boldsymbol{h}}^{t+1}=\boldsymbol{h}^t-\eta\boldsymbol{g}^t, & (4.3.16)\\ \boldsymbol{z}^{t+1}=\underset{\|\boldsymbol{z}\|_0\leqslant 2s}{\operatorname{argmin}}\|\boldsymbol{z}-\boldsymbol{\Psi}^*\bar{\boldsymbol{h}}^{t+1}\|_2^2, & (4.3.17)\\ \boldsymbol{h}^{t+1}=\boldsymbol{\Psi}\boldsymbol{z}^{t+1}. & (4.3.18)\end{cases}$$

将指标集 $[d]$ 分解为 $T_0,T_1,T_2,\cdots$ 的并集, 每个子集的基数为 s, 并且根据 $\boldsymbol{\Psi}^*\boldsymbol{h}_\star$ 的元素的绝对值大小进行排序. 将 $\boldsymbol{h}_\star$ 分解为

$$\boldsymbol{h}_\star=\hat{\boldsymbol{h}}_\star+\bar{\boldsymbol{h}}_\star, \tag{4.3.19}$$

其中

$$\hat{\boldsymbol{h}}_\star=\boldsymbol{\Psi}[\boldsymbol{\Psi}^*\boldsymbol{h}_\star]_{T_{01}},\quad \bar{\boldsymbol{h}}_\star=\boldsymbol{\Psi}[\boldsymbol{\Psi}^*\boldsymbol{h}_\star]_{T_{01}^c}. \tag{4.3.20}$$

此外, 令

$$\bar{\boldsymbol{e}}=\boldsymbol{A}\boldsymbol{E}\bar{\boldsymbol{h}}_\star+\boldsymbol{e}. \tag{4.3.21}$$

根据式 (4.3.14), 有

$$\boldsymbol{y}=\boldsymbol{A}\boldsymbol{E}(\hat{\boldsymbol{h}}_\star+\bar{\boldsymbol{h}}_\star)+\boldsymbol{e}=\boldsymbol{A}\boldsymbol{E}\hat{\boldsymbol{h}}_\star+\bar{\boldsymbol{e}}. \tag{4.3.22}$$

因为 $\boldsymbol{D}_1$ 和 $\boldsymbol{D}_2$ 为紧框架, 我们有

$$\boldsymbol{\Psi}\boldsymbol{\Psi}^*=\begin{pmatrix}\boldsymbol{D}_1\boldsymbol{D}_1^* & \boldsymbol{0}\\ \boldsymbol{0} & \boldsymbol{D}_2\boldsymbol{D}_2^*\end{pmatrix}=\boldsymbol{I}_{2n}, \tag{4.3.23}$$

且显然, 有

$$\boldsymbol{\Phi}=\boldsymbol{E}\boldsymbol{\Psi}. \tag{4.3.24}$$

首先证明两个引理.

引理 4.3.1 ([113]) 令 μ_1 由定义 4.1.1 给出. 假设 $\boldsymbol{A}$ 满足 $2s$ 阶 $\boldsymbol{\Phi}$-RIP 属性. 则对于所有的 $\boldsymbol{z}',\boldsymbol{z}\in\mathbb{R}^d$, $\|\boldsymbol{z}'\|_0\leqslant s$, $\|\boldsymbol{z}\|_0\leqslant s$, 有

$$|\langle\boldsymbol{E}\boldsymbol{\Psi}\boldsymbol{z}',\boldsymbol{E}\boldsymbol{\Psi}\boldsymbol{z}\rangle-\langle\boldsymbol{A}\boldsymbol{E}\boldsymbol{\Psi}\boldsymbol{z}',\boldsymbol{A}\boldsymbol{E}\boldsymbol{\Psi}\boldsymbol{z}\rangle|\leqslant 2\delta_{2s}\|\boldsymbol{z}'\|_2\|\boldsymbol{z}\|_2, \tag{4.3.25}$$

$$|\langle\boldsymbol{\Psi}\boldsymbol{z}',\boldsymbol{\Psi}\boldsymbol{z}\rangle-\langle\boldsymbol{A}\boldsymbol{E}\boldsymbol{\Psi}\boldsymbol{z}',\boldsymbol{A}\boldsymbol{E}\boldsymbol{\Psi}\boldsymbol{z}\rangle|\leqslant(2\delta_{2s}+\mu_1 s)\|\boldsymbol{z}'\|_2\|\boldsymbol{z}\|_2. \tag{4.3.26}$$

证明　只需证明 $\|\boldsymbol{z}'\|_2 = \|\boldsymbol{z}\|_2 = 1$ 的情形. 由于 $\boldsymbol{\Phi}$ 满足 $\boldsymbol{\Phi}$-RIP 属性, 根据 (4.3.24) 和 [120, Lemma 2.2], 有

$$\begin{aligned}|\langle \boldsymbol{E\Psi z}', \boldsymbol{E\Psi z}\rangle - \langle \boldsymbol{AE\Psi z}', \boldsymbol{AE\Psi z}\rangle| &\leqslant \delta_{2s}\|\boldsymbol{\Phi z}'\|_2\|\boldsymbol{\Phi z}\|_2 \leqslant \delta_{2s}\|\boldsymbol{\Phi}\|^2\|\boldsymbol{z}'\|_2\|\boldsymbol{z}\|_2 \\ &= \delta_{2s}\|\boldsymbol{\Phi}\|^2.\end{aligned}$$

由 $\boldsymbol{\Phi}$ 的定义, 并且利用 $\boldsymbol{D}_1$ 和 $\boldsymbol{D}_2$ 的紧框架属性, 我们有 $\boldsymbol{\Phi\Phi}^* = \boldsymbol{D}_1\boldsymbol{D}_1^* + \boldsymbol{D}_2\boldsymbol{D}_2^* = 2\boldsymbol{I}$, 从而

$$\|\boldsymbol{\Phi}\| = \sqrt{2}. \tag{4.3.27}$$

因此, 可得

$$|\langle \boldsymbol{E\Psi z}', \boldsymbol{E\Psi z}\rangle - \langle \boldsymbol{AE\Psi z}', \boldsymbol{AE\Psi z}\rangle| \leqslant 2\delta_{2s}.$$

从而证明了引理的第一个结论.

现证明 (4.3.26). 我们引入记号 $\boldsymbol{z} = [\boldsymbol{z}_1; \boldsymbol{z}_2]$, 其中 $\boldsymbol{z}_1 \in \mathbb{R}^{d_1}$, $\boldsymbol{z}_2 \in \mathbb{R}^{d_2}$. 类似, 记 $\boldsymbol{z}' = [\boldsymbol{z}_1'; \boldsymbol{z}_2']$. 注意

$$\langle \boldsymbol{\Psi z}', \boldsymbol{\Psi z}\rangle = \langle \boldsymbol{E\Psi z}', \boldsymbol{E\Psi z}\rangle - \langle \boldsymbol{D}_1\boldsymbol{z}_1', \boldsymbol{D}_2\boldsymbol{z}_2\rangle - \langle \boldsymbol{D}_2\boldsymbol{z}_2', \boldsymbol{D}_1\boldsymbol{z}_1\rangle.$$

因此,

$$\begin{aligned}&|\langle \boldsymbol{\Psi z}', \boldsymbol{\Psi z}\rangle - \langle \boldsymbol{AE\Psi z}', \boldsymbol{AE\Psi z}\rangle| \\ \leqslant &|\langle \boldsymbol{E\Psi z}', \boldsymbol{E\Psi z}\rangle - \langle \boldsymbol{AE\Psi z}', \boldsymbol{AE\Psi z}\rangle| + |\langle \boldsymbol{D}_1\boldsymbol{z}_1', \boldsymbol{D}_2\boldsymbol{z}_2\rangle| + |\langle \boldsymbol{D}_2\boldsymbol{z}_2', \boldsymbol{D}_1\boldsymbol{z}_1\rangle|.\end{aligned}$$

利用 (4.3.25), $\|\boldsymbol{z}\|_2 = \|\boldsymbol{z}'\|_2 = 1$,

$$|\langle \boldsymbol{\Psi z}', \boldsymbol{\Psi z}\rangle - \langle \boldsymbol{AE\Psi z}', \boldsymbol{AE\Psi z}\rangle| \leqslant 2\delta_{2s} + |\langle \boldsymbol{D}_1\boldsymbol{z}_1', \boldsymbol{D}_2\boldsymbol{z}_2\rangle| + |\langle \boldsymbol{D}_2\boldsymbol{z}_2', \boldsymbol{D}_1\boldsymbol{z}_1\rangle|.$$

根据相互相干性的定义, 有

$$\begin{aligned}|\langle \boldsymbol{D}_1\boldsymbol{z}_1, \boldsymbol{D}_2\boldsymbol{z}_2'\rangle| &= \left|\sum_{i,j}(\boldsymbol{z}_1)_i(\boldsymbol{z}_2')_j\langle [\boldsymbol{D}_1]_i, [\boldsymbol{D}_2]_j\rangle\right| \leqslant \mu_1\sum_{i,j}|(\boldsymbol{z}_1)_i(\boldsymbol{z}_2')_j| \\ &= \mu_1\|\boldsymbol{z}_1\|_1\|\boldsymbol{z}_2'\|_1,\end{aligned}$$

且

$$|\langle \boldsymbol{D}_1\boldsymbol{z}_1', \boldsymbol{D}_2\boldsymbol{z}_2\rangle| \leqslant \mu_1\|\boldsymbol{z}_1'\|_1\|\boldsymbol{z}_2\|_1.$$

我们可得

$$|\langle \boldsymbol{\Psi z}', \boldsymbol{\Psi z}\rangle - \langle \boldsymbol{AE\Psi z}', \boldsymbol{AE\Psi z}\rangle|$$

$$
\begin{aligned}
&\leqslant 2\delta_{2s} + \mu_1(\|\boldsymbol{z}_1\|_1\|\boldsymbol{z}_2'\|_1 + \|\boldsymbol{z}_1'\|_1\|\boldsymbol{z}_2\|_1) \\
&\leqslant 2\delta_{2s} + \mu_1(\|\boldsymbol{z}_1\|_1 + \|\boldsymbol{z}_2\|_1)(\|\boldsymbol{z}_2'\|_1 + \|\boldsymbol{z}_1'\|_1) \\
&= 2\delta_{2s} + \mu_1\|\boldsymbol{z}\|_1\|\boldsymbol{z}'\|_1.
\end{aligned}
$$

根据 $\|\boldsymbol{z}\|_0 \leqslant s$, $\|\boldsymbol{z}'\|_0 \leqslant s$, 再利用 Cauchy-Schwarz 不等式, 可得

$$
|\langle \boldsymbol{\Psi}\boldsymbol{z}', \boldsymbol{\Psi}\boldsymbol{z}\rangle - \langle \boldsymbol{A}\boldsymbol{E}\boldsymbol{\Psi}\boldsymbol{z}', \boldsymbol{A}\boldsymbol{E}\boldsymbol{\Psi}\boldsymbol{z}\rangle| \leqslant 2\delta_{2s} + \mu_1 s\|\boldsymbol{z}\|_2\|\boldsymbol{z}'\|_2 = 2\delta_{2s} + \mu_1 s.
$$

从而证明了引理的第二个结论. 证明完毕. □

引理 4.3.2 ([113]) 令 $\{\boldsymbol{z}^t\}_t$ 由算法 3 产生. 假设 $\boldsymbol{A}$ 满足 $8s$ 阶 $\boldsymbol{\Phi}$-RIP 属性, μ_1 由定义 4.1.1 给出. 则对于所有的 $t \subset \mathbb{N}$,

$$
\|\boldsymbol{z}^{t+1} - [\boldsymbol{\Psi}^*\boldsymbol{h}_\star]_{T_{01}}\|_2 \leqslant 2\rho\|\boldsymbol{z}^t - [\boldsymbol{\Psi}^*\boldsymbol{h}_\star]_{T_{01}}\|_2 + 4(1+\eta+\eta\delta_{4s})\frac{\|[\boldsymbol{\Psi}^*\boldsymbol{h}_\star]_{T_0^c}\|_1}{\sqrt{s}} + 2\eta\Delta, \tag{4.3.28}
$$

其中 Δ 由式 (4.3.7) 给出,

$$
\rho = |1-\eta| + 2\eta(\delta_{8s} + 2\mu_1 s).
$$

证明 根据式 (4.3.17) 中 $\boldsymbol{z}^{t+1}$ 的定义, 我们有, 对于所有的 $(2s)$-稀疏信号 $\boldsymbol{z}$,

$$
\|\boldsymbol{z}^{t+1} - \boldsymbol{\Psi}^*\bar{\boldsymbol{h}}^{t+1}\|_2^2 \leqslant \|\boldsymbol{z} - \boldsymbol{\Psi}^*\bar{\boldsymbol{h}}^{t+1}\|_2^2.
$$

将上述式子的左边部分重写为

$$
\|\boldsymbol{z}^{t+1} - \boldsymbol{z} + \boldsymbol{z} - \boldsymbol{\Psi}^*\bar{\boldsymbol{h}}^{t+1}\|_2^2 = \|\boldsymbol{z}^{t+1} - \boldsymbol{z}\|_2^2 + \|\boldsymbol{z} - \boldsymbol{\Psi}^*\bar{\boldsymbol{h}}^{t+1}\|_2^2 + 2\langle \boldsymbol{z}^{t+1} - \boldsymbol{z}, \boldsymbol{z} - \boldsymbol{\Psi}^*\bar{\boldsymbol{h}}^{t+1}\rangle,
$$

通过直接的简单计算, 可得

$$
\frac{1}{2}\|\boldsymbol{z}^{t+1} - \boldsymbol{z}\|_2^2 \leqslant \langle \boldsymbol{z}^{t+1} - \boldsymbol{z}, \boldsymbol{\Psi}^*\bar{\boldsymbol{h}}^{t+1} - \boldsymbol{z}\rangle.
$$

在上式中, 令 $\boldsymbol{z} = [\boldsymbol{\Psi}^*\boldsymbol{h}_\star]_{T_{01}}$, 通过利用式 (4.3.15)-(4.3.16), (4.3.22), 可得

$$
\begin{aligned}
&\frac{1}{2}\|\boldsymbol{z}^{t+1} - [\boldsymbol{\Psi}^*\boldsymbol{h}_\star]_{T_{01}}\|_2^2 \\
&\leqslant \langle \boldsymbol{z}^{t+1} - [\boldsymbol{\Psi}^*\boldsymbol{h}_\star]_{T_{01}}, \boldsymbol{\Psi}^*\bar{\boldsymbol{h}}^{t+1} - [\boldsymbol{\Psi}^*\boldsymbol{h}_\star]_{T_{01}}\rangle \\
&= \langle \boldsymbol{z}^{t+1} - [\boldsymbol{\Psi}^*\boldsymbol{h}_\star]_{T_{01}}, \boldsymbol{\Psi}^*\boldsymbol{h}^t - \eta\boldsymbol{\Psi}^*(\boldsymbol{E}^*\boldsymbol{A}^*\boldsymbol{A}\boldsymbol{E}\boldsymbol{h}^t - \boldsymbol{E}^*\boldsymbol{A}^*\boldsymbol{y}) - [\boldsymbol{\Psi}^*\boldsymbol{h}_\star]_{T_{01}}\rangle \\
&= \langle \boldsymbol{z}^{t+1} - [\boldsymbol{\Psi}^*\boldsymbol{h}_\star]_{T_{01}}, \boldsymbol{\Psi}^*\boldsymbol{h}^t - \eta\boldsymbol{\Psi}^*(\boldsymbol{E}^*\boldsymbol{A}^*\boldsymbol{A}\boldsymbol{E}(\boldsymbol{h}^t - \hat{\boldsymbol{h}}_\star) - \boldsymbol{E}^*\boldsymbol{A}^*\bar{\boldsymbol{e}}) - [\boldsymbol{\Psi}^*\boldsymbol{h}_\star]_{T_{01}}\rangle \\
&= (1-\eta)\langle \boldsymbol{z}^{t+1} - [\boldsymbol{\Psi}^*\boldsymbol{h}_\star]_{T_{01}}, \boldsymbol{\Psi}^*(\boldsymbol{h}^t - \hat{\boldsymbol{h}}_\star)\rangle
\end{aligned}
$$

$$
\begin{aligned}
&+\eta\langle \boldsymbol{z}^{t+1}-[\boldsymbol{\Psi}^*\boldsymbol{h}_\star]_{T_{01}}, \boldsymbol{\Psi}^*(\boldsymbol{I}-\boldsymbol{E}^*\boldsymbol{A}^*\boldsymbol{A}\boldsymbol{E})(\boldsymbol{h}^t-\hat{\boldsymbol{h}}_\star)\rangle\\
&+\langle \boldsymbol{z}^{t+1}-[\boldsymbol{\Psi}^*\boldsymbol{h}_\star]_{T_{01}}, \boldsymbol{\Psi}^*\hat{\boldsymbol{h}}_\star+\eta\boldsymbol{\Psi}^*\boldsymbol{E}^*\boldsymbol{A}^*\bar{\boldsymbol{e}}-[\boldsymbol{\Psi}^*\boldsymbol{h}_\star]_{T_{01}}\rangle.
\end{aligned}
$$

注意到我们有 (4.3.18), (4.3.20), 从而

$$
\begin{aligned}
&\langle \boldsymbol{z}^{t+1}-[\boldsymbol{\Psi}^*\boldsymbol{h}_\star]_{T_{01}}, \boldsymbol{\Psi}^*(\boldsymbol{I}-\boldsymbol{E}^*\boldsymbol{A}^*\boldsymbol{A}\boldsymbol{E})(\boldsymbol{h}^t-\hat{\boldsymbol{h}}_\star)\rangle\\
=&\langle \boldsymbol{\Psi}\boldsymbol{z}^{t+1}-\boldsymbol{\Psi}[\boldsymbol{\Psi}^*\boldsymbol{h}_\star]_{T_{01}}, (\boldsymbol{I}-\boldsymbol{E}^*\boldsymbol{A}^*\boldsymbol{A}\boldsymbol{E})(\boldsymbol{h}^t-\hat{\boldsymbol{h}}_\star)\rangle\\
=&\langle \boldsymbol{\Psi}\boldsymbol{z}^{t+1}-\boldsymbol{\Psi}[\boldsymbol{\Psi}^*\boldsymbol{h}_\star]_{T_{01}}, \boldsymbol{h}^t-\hat{\boldsymbol{h}}_\star\rangle-\langle \boldsymbol{A}\boldsymbol{E}(\boldsymbol{\Psi}\boldsymbol{z}^{t+1}-\boldsymbol{\Psi}[\boldsymbol{\Psi}^*\boldsymbol{h}_\star]_{T_{01}}), \boldsymbol{A}\boldsymbol{E}(\boldsymbol{h}^t-\hat{\boldsymbol{h}}_\star)\rangle\\
=&\langle \boldsymbol{\Psi}(\boldsymbol{z}^{t+1}-[\boldsymbol{\Psi}^*\boldsymbol{h}_\star]_{T_{01}}), \boldsymbol{\Psi}(\boldsymbol{z}^t-[\boldsymbol{\Psi}^*\boldsymbol{h}_\star]_{T_{01}})\rangle\\
&-\langle \boldsymbol{A}\boldsymbol{E}\boldsymbol{\Psi}(\boldsymbol{z}^{t+1}-[\boldsymbol{\Psi}^*\boldsymbol{h}_\star]_{T_{01}}), \boldsymbol{A}\boldsymbol{E}\boldsymbol{\Psi}(\boldsymbol{z}^t-[\boldsymbol{\Psi}^*\boldsymbol{h}_\star]_{T_{01}})\rangle,
\end{aligned}
$$

再利用引理 4.3.1, 可得

$$
\begin{aligned}
&\frac{1}{2}\|\boldsymbol{z}^{t+1}-[\boldsymbol{\Psi}^*\boldsymbol{h}_\star]_{T_{01}}\|_2^2\\
\leqslant&|1-\eta||\langle \boldsymbol{z}^{t+1}-[\boldsymbol{\Psi}^*\boldsymbol{h}_\star]_{T_{01}}, \boldsymbol{\Psi}^*(\boldsymbol{h}^t-\hat{\boldsymbol{h}}_\star)\rangle|\\
&+2\eta(\delta_{8s}+2\mu_1 s)\|\boldsymbol{z}^{t+1}-[\boldsymbol{\Psi}^*\boldsymbol{h}_\star]_{T_{01}}\|_2\|\boldsymbol{z}^t-[\boldsymbol{\Psi}^*\boldsymbol{h}_\star]_{T_{01}}\|_2\\
&+\langle \boldsymbol{z}^{t+1}-[\boldsymbol{\Psi}^*\boldsymbol{h}_\star]_{T_{01}}, \boldsymbol{\Psi}^*\hat{\boldsymbol{h}}_\star+\eta\boldsymbol{\Psi}^*\boldsymbol{E}^*\boldsymbol{A}^*\bar{\boldsymbol{e}}-[\boldsymbol{\Psi}^*\boldsymbol{h}_\star]_{T_{01}}\rangle.
\end{aligned}
$$

利用 Cauchy-Schwarz 不等式, (4.3.18), (4.3.20), 且利用 (4.3.23), $\|\boldsymbol{\Psi}^*\boldsymbol{\Psi}\| = \|\boldsymbol{\Psi}\boldsymbol{\Psi}^*\| = 1$, 可得

$$
\begin{aligned}
|\langle \boldsymbol{z}^{t+1}-[\boldsymbol{\Psi}^*\boldsymbol{h}_\star]_{T_{01}}, \boldsymbol{\Psi}^*(\boldsymbol{h}^t-\hat{\boldsymbol{h}}_\star)\rangle| &\leqslant \|\boldsymbol{z}^{t+1}-[\boldsymbol{\Psi}^*\boldsymbol{h}_\star]_{T_{01}}\|_2\|\boldsymbol{\Psi}^*(\boldsymbol{h}^t-\hat{\boldsymbol{h}}_\star)\|_2\\
&= \|\boldsymbol{z}^{t+1}-[\boldsymbol{\Psi}^*\boldsymbol{h}_\star]_{T_{01}}\|_2\|\boldsymbol{\Psi}^*\boldsymbol{\Psi}(\boldsymbol{z}^t-[\boldsymbol{\Psi}^*\boldsymbol{h}_\star]_{T_{01}})\|_2\\
&\leqslant \|\boldsymbol{z}^{t+1}-[\boldsymbol{\Psi}^*\boldsymbol{h}_\star]_{T_{01}}\|_2\|\boldsymbol{\Psi}^*\boldsymbol{\Psi}\|\|\boldsymbol{z}^t-[\boldsymbol{\Psi}^*\boldsymbol{h}_\star]_{T_{01}}\|_2\\
&= \|\boldsymbol{z}^{t+1}-[\boldsymbol{\Psi}^*\boldsymbol{h}_\star]_{T_{01}}\|_2\|\boldsymbol{z}^t-[\boldsymbol{\Psi}^*\boldsymbol{h}_\star]_{T_{01}}\|_2.
\end{aligned}
$$

因此,

$$
\begin{aligned}
&\frac{1}{2}\|\boldsymbol{z}^{t+1}-[\boldsymbol{\Psi}^*\boldsymbol{h}_\star]_{T_{01}}\|_2^2\\
\leqslant&\rho\|\boldsymbol{z}^{t+1}-[\boldsymbol{\Psi}^*\boldsymbol{h}_\star]_{T_{01}}\|_2\|\boldsymbol{z}^t-[\boldsymbol{\Psi}^*\boldsymbol{h}_\star]_{T_{01}}\|_2\\
&+\langle \boldsymbol{z}^{t+1}-[\boldsymbol{\Psi}^*\boldsymbol{h}_\star]_{T_{01}}, \boldsymbol{\Psi}^*\hat{\boldsymbol{h}}_\star+\eta\boldsymbol{\Psi}^*\boldsymbol{E}^*\boldsymbol{A}^*\bar{\boldsymbol{e}}-[\boldsymbol{\Psi}^*\boldsymbol{h}_\star]_{T_{01}}\rangle.
\end{aligned}
$$

注意到 (4.3.19),

$$
[\boldsymbol{\Psi}^*\boldsymbol{h}_\star]_{T_{01}} = \boldsymbol{\Psi}^*\boldsymbol{h}_\star-[\boldsymbol{\Psi}^*\boldsymbol{h}_\star]_{T_{01}^c} = \boldsymbol{\Psi}^*\hat{\boldsymbol{h}}_\star+\boldsymbol{\Psi}^*\bar{\boldsymbol{h}}_\star-[\boldsymbol{\Psi}^*\boldsymbol{h}_\star]_{T_{01}^c},
$$

利用式 (4.3.24), 且代入式 (4.3.21), 可得

$$\begin{aligned}
&\frac{1}{2}\|\boldsymbol{z}^{t+1}-[\boldsymbol{\Psi}^*\boldsymbol{h}_\star]_{T_{01}}\|_2^2\\
\leqslant&\rho\|\boldsymbol{z}^{t+1}-[\boldsymbol{\Psi}^*\boldsymbol{h}_\star]_{T_{01}}\|_2\|\boldsymbol{z}^{t}-[\boldsymbol{\Psi}^*\boldsymbol{h}_\star]_{T_{01}}\|_2\\
&+\langle\boldsymbol{z}^{t+1}-[\boldsymbol{\Psi}^*\boldsymbol{h}_\star]_{T_{01}},[\boldsymbol{\Psi}^*\boldsymbol{h}_\star]_{T_{01}^c}-\boldsymbol{\Psi}^*\bar{\boldsymbol{h}}_\star\rangle\\
&+\eta\langle\boldsymbol{z}^{t+1}-[\boldsymbol{\Psi}^*\boldsymbol{h}_\star]_{T_{01}},\boldsymbol{\Phi}^*\boldsymbol{A}^*(\boldsymbol{A}\boldsymbol{E}\bar{\boldsymbol{h}}_\star+\boldsymbol{e})\rangle\\
=&\rho\|\boldsymbol{z}^{t+1}-[\boldsymbol{\Psi}^*\boldsymbol{h}_\star]_{T_{01}}\|_2\|\boldsymbol{z}^{t}-[\boldsymbol{\Psi}^*\boldsymbol{h}_\star]_{T_{01}}\|_2\\
&+\langle\boldsymbol{z}^{t+1}-[\boldsymbol{\Psi}^*\boldsymbol{h}_\star]_{T_{01}},[\boldsymbol{\Psi}^*\boldsymbol{h}_\star]_{T_{01}^c}-\boldsymbol{\Psi}^*\bar{\boldsymbol{h}}_\star\rangle\\
&+\eta\langle\boldsymbol{A}\boldsymbol{\Phi}(\boldsymbol{z}^{t+1}-[\boldsymbol{\Psi}^*\boldsymbol{h}_\star]_{T_{01}}),\boldsymbol{A}\boldsymbol{E}\bar{\boldsymbol{h}}_\star+\boldsymbol{e}\rangle\\
\leqslant&\rho\|\boldsymbol{z}^{t+1}-[\boldsymbol{\Psi}^*\boldsymbol{h}_\star]_{T_{01}}\|_2\|\boldsymbol{z}^{t}-[\boldsymbol{\Psi}^*\boldsymbol{h}_\star]_{T_{01}}\|_2+\|\boldsymbol{z}^{t+1}\\
&-[\boldsymbol{\Psi}^*\boldsymbol{h}_\star]_{T_{01}}\|_2\|[\boldsymbol{\Psi}^*\boldsymbol{h}_\star]_{T_{01}^c}-\boldsymbol{\Psi}^*\bar{\boldsymbol{h}}_\star\|_2\\
&+\eta|\langle\boldsymbol{A}\boldsymbol{\Phi}(\boldsymbol{z}^{t+1}-[\boldsymbol{\Psi}^*\boldsymbol{h}_\star]_{T_{01}}),\boldsymbol{A}\boldsymbol{E}\bar{\boldsymbol{h}}_\star\rangle|\\
&+\eta|\langle\boldsymbol{A}\boldsymbol{\Phi}(\boldsymbol{z}^{t+1}-[\boldsymbol{\Psi}^*\boldsymbol{h}_\star]_{T_{01}}),\boldsymbol{e}\rangle|.
\end{aligned}\tag{4.3.29}$$

接下来, 我们分别估计上述不等式的右边部分中的三项.

估计 $\|[\boldsymbol{\Psi}^*\boldsymbol{h}_\star]_{T_{01}^c}-\boldsymbol{\Psi}^*\bar{\boldsymbol{h}}_\star\|_2$

由式 (4.3.20) 中 $\bar{\boldsymbol{h}}_\star$ 的定义, 我们首先有

$$\begin{aligned}
\|[\boldsymbol{\Psi}^*\boldsymbol{h}_\star]_{T_{01}^c}-\boldsymbol{\Psi}^*\bar{\boldsymbol{h}}_\star\|_2&=\|[\boldsymbol{\Psi}^*\boldsymbol{h}_\star]_{T_{01}^c}-\boldsymbol{\Psi}^*\boldsymbol{\Psi}[\boldsymbol{\Psi}^*\boldsymbol{h}_\star]_{T_{01}^c}\|_2\\
&\leqslant\|[\boldsymbol{\Psi}^*\boldsymbol{h}_\star]_{T_{01}^c}\|_2+\|\boldsymbol{\Psi}^*\boldsymbol{\Psi}[\boldsymbol{\Psi}^*\boldsymbol{h}_\star]_{T_{01}^c}\|_2.
\end{aligned}$$

利用式 (4.3.23), 再结合 $\|\boldsymbol{\Psi}^*\boldsymbol{\Psi}\|=\|\boldsymbol{\Psi}\boldsymbol{\Psi}^*\|=1$, 有

$$\|\boldsymbol{\Psi}^*\boldsymbol{\Psi}[\boldsymbol{\Psi}^*\boldsymbol{h}_\star]_{T_{01}^c}\|_2\leqslant\|\boldsymbol{\Psi}^*\boldsymbol{\Psi}\|\|[\boldsymbol{\Psi}^*\boldsymbol{h}_\star]_{T_{01}^c}\|_2=\|[\boldsymbol{\Psi}^*\boldsymbol{h}_\star]_{T_{01}^c}\|_2.$$

从而

$$\|[\boldsymbol{\Psi}^*\boldsymbol{h}_\star]_{T_{01}^c}-\boldsymbol{\Psi}^*\bar{\boldsymbol{h}}_\star\|_2\leqslant2\|[\boldsymbol{\Psi}^*\boldsymbol{h}_\star]_{T_{01}^c}\|_2=2\left\|\sum_{i\geqslant2}[\boldsymbol{\Psi}^*\boldsymbol{h}_\star]_{T_i}\right\|_2\leqslant2\sum_{i\geqslant2}\|[\boldsymbol{\Psi}^*\boldsymbol{h}_\star]_{T_i}\|_2.$$

固定 $i>0$, 对于每一个 $l\in T_i$ 和 $l'\in T_{i+1}$, 显然有 $|[\boldsymbol{\Psi}^*\boldsymbol{h}_\star]_{l'}|\leqslant|[\boldsymbol{\Psi}^*\boldsymbol{h}_\star]_l|$. 因此, $|[\boldsymbol{\Psi}^*\boldsymbol{h}_\star]_{l'}|\leqslant\|[\boldsymbol{\Psi}^*\boldsymbol{h}_\star]_{T_i}\|_1/s$. 所以

$$\sum_{i\geqslant2}\|[\boldsymbol{\Psi}^*\boldsymbol{h}_\star]_{T_i}\|_2\leqslant s^{-1/2}\sum_{i\geqslant1}\|[\boldsymbol{\Psi}^*\boldsymbol{h}_\star]_{T_i}\|_1=s^{-1/2}\|[\boldsymbol{\Psi}^*\boldsymbol{h}_\star]_{T_0^c}\|_1=\Sigma,\tag{4.3.30}$$

且

$$\|[\boldsymbol{\Psi}^*\boldsymbol{h}_\star]_{T_{01}^c} - \boldsymbol{\Psi}^*\bar{\boldsymbol{h}}_\star\|_2 \leqslant 2\Sigma, \tag{4.3.31}$$

其中我们记

$$\Sigma = \frac{\|[\boldsymbol{\Psi}^*\boldsymbol{h}_\star]_{T_0^c}\|_1}{\sqrt{s}}. \tag{4.3.32}$$

估计 $|\langle \boldsymbol{A\Phi}(\boldsymbol{z}^{t+1} - [\boldsymbol{\Psi}^*\boldsymbol{h}_\star]_{T_{01}}), \boldsymbol{AE}\bar{\boldsymbol{h}}_\star\rangle|$

由 (4.3.20) 和 (4.3.24), 利用 Cauchy-Schwarz 不等式,

$$\begin{aligned}
&|\langle \boldsymbol{A\Phi}(\boldsymbol{z}^{t+1} - [\boldsymbol{\Psi}^*\boldsymbol{h}_\star]_{T_{01}}), \boldsymbol{AE}\bar{\boldsymbol{h}}_\star\rangle| \\
=&|\langle \boldsymbol{A\Phi}(\boldsymbol{z}^{t+1} - [\boldsymbol{\Psi}^*\boldsymbol{h}_\star]_{T_{01}}), \boldsymbol{A\Phi}[\boldsymbol{\Psi}^*\boldsymbol{h}_\star]_{T_{01}^c}\rangle| \\
\leqslant&\|\boldsymbol{A\Phi}(\boldsymbol{z}^{t+1} - [\boldsymbol{\Psi}^*\boldsymbol{h}_\star]_{T_{01}})\|_2\|\boldsymbol{A\Phi}[\boldsymbol{\Psi}^*\boldsymbol{h}_\star]_{T_{01}^c}\|_2 \\
=&\|\boldsymbol{A\Phi}(\boldsymbol{z}^{t+1} - [\boldsymbol{\Psi}^*\boldsymbol{h}_\star]_{T_{01}})\|_2\left\|\sum_{k\geqslant 2}\boldsymbol{A\Phi}[\boldsymbol{\Psi}^*\boldsymbol{h}_\star]_{T_k}\right\|_2 \\
\leqslant&\|\boldsymbol{A\Phi}(\boldsymbol{z}^{t+1} - [\boldsymbol{\Psi}^*\boldsymbol{h}_\star]_{T_{01}})\|_2\sum_{k\geqslant 2}\|\boldsymbol{A\Phi}[\boldsymbol{\Psi}^*\boldsymbol{h}_\star]_{T_k}\|_2 .
\end{aligned}$$

根据测量矩阵 $\boldsymbol{A}$ 的 $\boldsymbol{\Phi}$-RIP 属性,

$$\begin{aligned}
&|\langle \boldsymbol{A\Phi}(\boldsymbol{z}^{t+1} - [\boldsymbol{\Psi}^*\boldsymbol{h}_\star]_{T_{01}}), \boldsymbol{A\Phi}[\boldsymbol{\Psi}^*\boldsymbol{h}_\star]_{T_{01}^c}\rangle| \\
\leqslant&(1+\delta_{4s})\|\boldsymbol{\Phi}(\boldsymbol{z}^{t+1} - [\boldsymbol{\Psi}^*\boldsymbol{h}_\star]_{T_{01}})\|_2\sum_{k\geqslant 2}\|\boldsymbol{\Phi}[\boldsymbol{\Psi}^*\boldsymbol{h}_\star]_{T_k}\|_2 \\
\leqslant&(1+\delta_{4s})\|\boldsymbol{\Phi}\|\|\boldsymbol{z}^{t+1} - [\boldsymbol{\Psi}^*\boldsymbol{h}_\star]_{T_{01}}\|_2\sum_{k\geqslant 2}\|\boldsymbol{\Phi}\|\|[\boldsymbol{\Psi}^*\boldsymbol{h}_\star]_{T_k}\|_2.
\end{aligned}$$

利用 (4.3.27),

$$\begin{aligned}
|\langle \boldsymbol{A\Phi}(\boldsymbol{z}^{t+1} - [\boldsymbol{\Psi}^*\boldsymbol{h}_\star]_{T_{01}}), \boldsymbol{A\Phi}[\boldsymbol{\Psi}^*\boldsymbol{h}_\star]_{T_{01}^c}\rangle| \leqslant 2(1+\delta_{4s})\|\boldsymbol{z}^{t+1}& \\
- [\boldsymbol{\Psi}^*\boldsymbol{h}_\star]_{T_{01}}\|_2\sum_{k\geqslant 2}\|[\boldsymbol{\Psi}^*\boldsymbol{h}_\star]_{T_k}\|_2.&
\end{aligned}$$

引入 (4.3.30),

$$|\langle \boldsymbol{A\Phi}(\boldsymbol{z}^{t+1} - [\boldsymbol{\Psi}^*\boldsymbol{h}_\star]_{T_{01}}), \boldsymbol{A\Phi}[\boldsymbol{\Psi}^*\boldsymbol{h}_\star]_{T_{01}^c}\rangle| \leqslant 2(1+\delta_{4s})\|\boldsymbol{z}^{t+1} - [\boldsymbol{\Psi}^*\boldsymbol{h}_\star]_{T_{01}}\|_2\Sigma. \tag{4.3.33}$$

估计 $|\langle \boldsymbol{A\Phi}(\boldsymbol{z}^{t+1} - [\boldsymbol{\Psi}^*\boldsymbol{h}_\star]_{T_{01}}), \boldsymbol{e}\rangle|$

当 $\|\boldsymbol{\Phi}^*\boldsymbol{A}^*\boldsymbol{e}\|_\infty \leqslant \lambda$ 时, 我们有

$$|\langle \boldsymbol{A\Phi}(\boldsymbol{z}^{t+1}-[\boldsymbol{\Psi}^*\boldsymbol{h}_\star]_{T_{01}}),\boldsymbol{e}\rangle| = |\langle \boldsymbol{z}^{t+1}-[\boldsymbol{\Psi}^*\boldsymbol{h}_\star]_{T_{01}},\boldsymbol{\Phi}^*\boldsymbol{A}^*\boldsymbol{e}\rangle|.$$

重复利用 Hölder 不等式和假设条件 $\|\boldsymbol{\Phi}^*\boldsymbol{A}^*\boldsymbol{e}\|_\infty \leqslant \lambda$,

$$\begin{aligned}|\langle \boldsymbol{A\Phi}(\boldsymbol{z}^{t+1}-[\boldsymbol{\Psi}^*\boldsymbol{h}_\star]_{T_{01}}),\boldsymbol{e}\rangle| &\leqslant \|\boldsymbol{z}^{t+1}-[\boldsymbol{\Psi}^*\boldsymbol{h}_\star]_{T_{01}}\|_1\|\boldsymbol{\Phi}^*\boldsymbol{A}^*\boldsymbol{e}\|_\infty\\ &\leqslant 2\sqrt{s}\lambda\|\boldsymbol{z}^{t+1}-[\boldsymbol{\Psi}^*\boldsymbol{h}_\star]_{T_{01}}\|_2.\end{aligned}$$

当 $\|\boldsymbol{e}\|_2 \leqslant \epsilon$ 时, 利用 Cauchy-Schwarz 不等式, 根据 $\boldsymbol{\Phi}$-RIP 的定义, 结合 (4.3.27),

$$\begin{aligned}|\langle \boldsymbol{A\Phi}(\boldsymbol{z}^{t+1}-[\boldsymbol{\Psi}^*\boldsymbol{h}_\star]_{T_{01}}),\boldsymbol{e}\rangle| &\leqslant \|\boldsymbol{A\Phi}(\boldsymbol{z}^{t+1}-[\boldsymbol{\Psi}^*\boldsymbol{h}_\star]_{T_{01}})\|_2\|\boldsymbol{e}\|_2\\ &\leqslant \sqrt{(1+\delta_{4s})}\|\boldsymbol{\Phi}(\boldsymbol{z}^{t+1}-[\boldsymbol{\Psi}^*\boldsymbol{h}_\star]_{T_{01}})\|_2\|\boldsymbol{e}\|_2\\ &\leqslant \sqrt{2(1+\delta_{4s})}\|\boldsymbol{z}^{t+1}-[\boldsymbol{\Psi}^*\boldsymbol{h}_\star]_{T_{01}}\|_2\|\boldsymbol{e}\|_2\\ &\leqslant \sqrt{2(1+\delta_{4s})}\epsilon\|\boldsymbol{z}^{t+1}-[\boldsymbol{\Psi}^*\boldsymbol{h}_\star]_{T_{01}}\|_2.\end{aligned}$$

由上面的分析, 我们可得

$$|\langle \boldsymbol{A\Phi}(\boldsymbol{z}^{t+1}-[\boldsymbol{\Psi}^*\boldsymbol{h}_\star]_{T_{01}}),\boldsymbol{e}\rangle| \leqslant \Delta\|\boldsymbol{z}^{t+1}-[\boldsymbol{\Psi}^*\boldsymbol{h}_\star]_{T_{01}}\|_2. \tag{4.3.34}$$

将式 (4.3.31), (4.3.33), (4.3.34) 代入 (4.3.29),

$$\begin{aligned}&\frac{1}{2}\|\boldsymbol{z}^{t+1}-[\boldsymbol{\Psi}^*\boldsymbol{h}_\star]_{T_{01}}\|_2^2\\ &\leqslant \|\boldsymbol{z}^{t+1}-[\boldsymbol{\Psi}^*\boldsymbol{h}_\star]_{T_{01}}\|_2\left(\rho\|\boldsymbol{z}^{t}-[\boldsymbol{\Psi}^*\boldsymbol{h}_\star]_{T_{01}}\|_2+2(1+\eta+\eta\delta_{4s})\Sigma+\eta\Delta\right),\end{aligned} \tag{4.3.35}$$

从而

$$\|\boldsymbol{z}^{t+1}-[\boldsymbol{\Psi}^*\boldsymbol{h}_\star]_{T_{01}}\|_2 \leqslant 2\left(\rho\|\boldsymbol{z}^{t}-[\boldsymbol{\Psi}^*\boldsymbol{h}_\star]_{T_{01}}\|_2+2(1+\eta+\eta\delta_{4s})\Sigma+\eta\Delta\right).$$

回归 (4.3.32) 和 (4.3.7) 中的记号, 我们可得想要的结果. 证明完毕. □

现在, 我们已经作好了定理 4.3.1 的证明准备.

定理 4.3.1 的证明 根据引理 4.3.2, 有 (4.3.28). 迭代利用 (4.3.28), $t=0,\cdots,K-1$, 结合 $\tilde{\rho}=2\rho$, 可得

$$\begin{aligned}\|\boldsymbol{z}^{K}-[\boldsymbol{\Psi}^*\boldsymbol{h}_\star]_{T_{01}}\|_2 &\leqslant \tilde{\rho}^K\|\boldsymbol{z}^{0}-[\boldsymbol{\Psi}^*\boldsymbol{h}_\star]_{T_{01}}\|_2\\ &\quad+\sum_{t=0}^{K-1}\tilde{\rho}^t\left(4(1+\eta+\eta\delta_{4s})\frac{\|[\boldsymbol{\Psi}^*\boldsymbol{h}_\star]_{T_0^c}\|_1}{\sqrt{s}}+2\eta\Delta\right),\end{aligned}$$

引入 $\boldsymbol{z}^0 = \mathbf{0}$, 注意到 (4.3.5), 再利用 $\sum_{t=0}^{K-1} \tilde{\rho}^t \leqslant \sum_{t=0}^{\infty} \tilde{\rho}^t = (1-\tilde{\rho})^{-1}$, 我们可得

$$\begin{aligned}\|\boldsymbol{z}^K - [\boldsymbol{\Psi}^*\boldsymbol{h}_\star]_{T_{01}}\|_2 \leqslant & \tilde{\rho}^K \|[\boldsymbol{\Psi}^*\boldsymbol{h}_\star]_{T_{01}}\|_2 \\ & + \frac{1}{1-\tilde{\rho}}\left(4(1+\eta+\eta\delta_{4s})\frac{\|[\boldsymbol{\Psi}^*\boldsymbol{h}_\star]_{T_0^c}\|_1}{\sqrt{s}} + 2\eta\Delta\right). \quad (4.3.36)\end{aligned}$$

根据 (4.3.18) 中 $\boldsymbol{h}^K$ 的定义, 利用 (4.3.23) (可推出 $\|\boldsymbol{\Psi}\| = 1$),

$$\begin{aligned}\|\boldsymbol{h}^K - \boldsymbol{h}_\star\|_2 = & \|\boldsymbol{\Psi}\boldsymbol{z}^K - \boldsymbol{\Psi}\boldsymbol{\Psi}^*\boldsymbol{h}_\star\|_2 \leqslant \|\boldsymbol{\Psi}\|\|\boldsymbol{z}^K - \boldsymbol{\Psi}^*\boldsymbol{h}_\star\|_2 \\ = & \left\|\boldsymbol{z}^K - \sum_{j\geqslant 0}[\boldsymbol{\Psi}^*\boldsymbol{h}_\star]_{T_j}\right\|_2 \leqslant \|\boldsymbol{z}^K - [\boldsymbol{\Psi}^*\boldsymbol{h}_\star]_{T_{01}}\|_2 + \sum_{j\geqslant 2}\|[\boldsymbol{\Psi}^*\boldsymbol{h}_\star]_j\|_2.\end{aligned}$$

应用 (4.3.30),

$$\|\boldsymbol{h}^K - \boldsymbol{h}_\star\|_2 \leqslant \|\boldsymbol{z}^K - [\boldsymbol{\Psi}^*\boldsymbol{h}_\star]_{T_{01}}\|_2 + \frac{\|[\boldsymbol{\Psi}^*\boldsymbol{h}_\star]_{T_0^c}\|_1}{\sqrt{s}}.$$

代入 (4.3.36), 可得

$$\|\boldsymbol{h}^K - \boldsymbol{h}_\star\|_2 \leqslant \tilde{\rho}^K\|[\boldsymbol{\Psi}^*\boldsymbol{h}_\star]_{T_{01}}\|_2 + \left(\frac{4(1+\eta+\eta\delta_{4s})}{1-\tilde{\rho}}+1\right)\frac{\|[\boldsymbol{\Psi}^*\boldsymbol{h}_\star]_{T_0^c}\|_1}{\sqrt{s}} + \frac{2\eta}{1-\tilde{\rho}}\Delta.$$

注意到 $\|[\boldsymbol{\Psi}^*\boldsymbol{h}_\star]_{T_{01}}\|_2 \leqslant \|\boldsymbol{\Psi}^*\boldsymbol{h}_\star\|_2$, 再利用 (4.3.23), $\|\boldsymbol{\Psi}^*\boldsymbol{h}_\star\|_2 = \|\boldsymbol{h}_\star\|_2$. 因此,

$$\|\boldsymbol{h}^K - \boldsymbol{h}_\star\|_2 \leqslant \tilde{\rho}^K\|\boldsymbol{h}_\star\|_2 + \left(\frac{4(1+\eta+\eta\delta_{4s})}{1-\tilde{\rho}}+1\right)\frac{\|[\boldsymbol{\Psi}^*\boldsymbol{h}_\star]_{T_0^c}\|_1}{\sqrt{s}} + \frac{2\eta}{1-\tilde{\rho}}\Delta. \quad (4.3.37)$$

利用 Cauchy-Schwarz 不等式, 可得

$$\|\boldsymbol{f}_1^K - \boldsymbol{f}_1\|_2 + \|\boldsymbol{f}_2^K - \boldsymbol{f}_2\|_2 \leqslant \sqrt{2}\sqrt{\|\boldsymbol{f}_1^K - \boldsymbol{f}_1\|_2^2 + \|\boldsymbol{f}_2^K - \boldsymbol{f}_2\|_2^2} = \sqrt{2}\|\boldsymbol{h}^K - \boldsymbol{h}_\star\|_2. \quad (4.3.38)$$

此外, 根据 T_0 的定义和记号 $s = s_1 + s_2$, 很容易证明

$$\begin{aligned}\|[\boldsymbol{\Psi}^*\boldsymbol{h}_\star]_{T_0^c}\|_1 = & \min_{\|\boldsymbol{z}\|_0\leqslant s}\|\boldsymbol{z} - \boldsymbol{\Psi}^*\boldsymbol{h}_\star\|_1 \\ \leqslant & \min_{\|\boldsymbol{z}_1\|_0\leqslant s_1, \|\boldsymbol{z}_2\|_0\leqslant s_2}\|\boldsymbol{z}_1 - \boldsymbol{D}_1^*\boldsymbol{f}_1\|_1 + \|\boldsymbol{z}_2 - \boldsymbol{D}_2^*\boldsymbol{f}_2\|_1\end{aligned}$$

$$= \sigma_{s_1}(\boldsymbol{D}_1^* \boldsymbol{f}_1) + \sigma_{s_2}(\boldsymbol{D}_2^* \boldsymbol{f}_2).$$

结合上面的估计与式 (4.3.38) 和 (4.3.37), 可得定理的结论. 证明完毕. □

推论 4.3.1 的证明 结合定理 4.3.1 和 [118, Lemma 2.2], 可证. □

定理 4.3.2 的证明 定理的证明比定理 4.3.1 的证明简单. 在定理 4.3.1 的证明过程中, 令 $\boldsymbol{f}_2 = \boldsymbol{f}_2^t = 0$, $\boldsymbol{D}_2 = \boldsymbol{0}, \mu_1 = 0$, 即可证定理的结论. 具体证明从略. □

第 5 章　压缩感知理论的应用 I: One-Bit 压缩感知的理论与算法

数据科学中的很多问题可以转换为带约束的函数求极小值问题

$$\min_{\|\boldsymbol{x}\|_0 \leqslant s} f(\boldsymbol{x}). \tag{5.0.1}$$

本章在假设目标函数 $f(\boldsymbol{x})$ 的次梯度存在的前提下, 考虑通过目标函数的次梯度信息设计迭代算法求解极小值问题. 算法可以看成投影次梯度算法的一种. 凸优化理论中常见的投影次梯度算法有着悠久的历史, 但是大量的研究工作建立在目标函数的可行域是凸集的假设上. 在很多实际问题里, 特别是机器学习的模型中, 目标函数的可行域被限制在一个非凸集合里. 这一限制为算法的收敛性分析性带来了新的挑战. 分析的难点来自于两个方面, 一是目标函数的导数不一定存在, 二是可行域是一个非凸集合. 本章研究的模型来自于信号处理、机器学习等领域, 主要成果的证明依赖于经典逼近论中的非线性逼近和压缩感知理论中的约束等距性质.

5.1　迭代硬阈值算法

我们简要回忆一下梯度下降算法, 考虑多元函数的求最值问题:

$$\min_{\boldsymbol{x}} f(\boldsymbol{x}). \tag{5.1.1}$$

假设函数 $f(\boldsymbol{x})$ 可微, 则函数 $f(\boldsymbol{x})$ 在点 $\boldsymbol{x}^k$ 的梯度 $\nabla f(\boldsymbol{x}^k)$ 是一个向量. 它的几何意义是 $f(\boldsymbol{x})$ 在当前位置 $\boldsymbol{x}^k$ 处增长最快的方向 (变化率最大的方向), 负梯度方向是 $f(\boldsymbol{x})$ 减少最快的方向. 梯度下降是线搜索方法中的一种, 主要迭代公式如下

$$\boldsymbol{x}^{k+1} = \boldsymbol{x}^k - \mu_k \nabla f(\boldsymbol{x}^k), \quad k = 1, 2, \cdots,$$

其中 μ_k 是给定的常数列, μ_k 可以相同, 也可以不同. 在机器学习中 μ_k 被称为学习率. 梯度下降算法得到的是局部最优解, 如果目标函数是一个凸优化问题, 那么局部最优解就是全局最优解. 以 l_0 约束的最小二乘为例

$$\min_{\tilde{\boldsymbol{x}}} \frac{1}{2}\|\boldsymbol{A}\tilde{\boldsymbol{x}} - \boldsymbol{y}\|_2^2 \quad \text{s.t.} \quad \|\tilde{\boldsymbol{x}}\|_0 \leqslant s. \tag{5.1.2}$$

首先我们注意到

$$\nabla\left(\frac{1}{2}\|\boldsymbol{A}\boldsymbol{x}-\boldsymbol{y}\|_2^2\right)=\boldsymbol{A}^{\mathrm{T}}(\boldsymbol{A}\boldsymbol{x}-\boldsymbol{y}).$$

其次, 优化问题 (5.1.2) 要求解具有稀疏性. 因此, 一个自然的想法是每次都对梯度下降算法产生的点列做硬阈值处理. 该方法被称为迭代硬阈值 (Iterative Hard Thresholding, IHT) 算法[16]:

$$\boldsymbol{x}^{k+1}=\mathcal{H}_s\left(\boldsymbol{x}^k-\mu_k\boldsymbol{A}^{\mathrm{T}}(A\boldsymbol{x}^k-\boldsymbol{y})\right),\quad k=1,2,\cdots,\tag{5.1.3}$$

其中, 函数 $\mathcal{H}_s(\boldsymbol{x})$ 被称为硬阈值算子, 它保留了向量 $\boldsymbol{x}$ 中绝对值最大的 s 个元素, 并将其他元素取为零. 因此向量 $\mathcal{H}_s(\boldsymbol{x})$ 是向量 $\boldsymbol{x}$ 的最佳 s 项逼近, 即

$$\mathcal{H}_s(\boldsymbol{x})\in\arg\min_{\|\boldsymbol{z}\|_0\leqslant s}\|\boldsymbol{x}-\boldsymbol{z}\|_2.$$

在目标函数不可微的假设下, 可以采用比梯度更为一般的次梯度处理.

定义 5.1.1 对于凸函数 $f:\mathcal{V}\subset\mathbb{R}^n\to\mathbb{R}$. 向量 $\boldsymbol{\phi}\in\mathcal{V}^*$ 被称为 f 在 $\boldsymbol{x}\in\mathcal{V}$ 处的次梯度, 如果

$$f(\boldsymbol{y})\geqslant f(\boldsymbol{x})+\langle\boldsymbol{\phi},\boldsymbol{y}-\boldsymbol{x}\rangle\tag{5.1.4}$$

对所有的 $\boldsymbol{y}\in\mathcal{V}$ 成立. 函数 f 在 $\boldsymbol{x}$ 处次梯度的集合记为 $\partial f(\boldsymbol{x})$.

性质 5.1.1 如果 f 在 $\boldsymbol{x}$ 处梯度存在, 则梯度即为此处唯一的次梯度. 即

$$\partial f(\boldsymbol{x})=\nabla f(\boldsymbol{x}).$$

证明 (1) 假设 $\boldsymbol{\phi}\in\partial f(x)$, 对于所有的 $a\in\mathbb{R}$ 和 $\boldsymbol{y}\in\mathbb{R}^n$, 有

$$a\boldsymbol{\phi}^{\mathrm{T}}\boldsymbol{y}\leqslant f(\boldsymbol{x}+a\boldsymbol{y})-f(\boldsymbol{x})=a\nabla f(\boldsymbol{x})^{\mathrm{T}}\boldsymbol{y}+o(|a|).$$

令 $\boldsymbol{y}=\nabla f(\boldsymbol{x})-\boldsymbol{\phi}$,

$$\|\nabla f(\boldsymbol{x})-\boldsymbol{\phi}\|^2\leqslant -o(|a|)/a,\quad\forall\ a<0.$$

令 $a\to 0$, 有 $\boldsymbol{\phi}=\nabla f(\boldsymbol{x})$.

(2) 假设 f 是凸的可微函数, 由定义

$$\begin{aligned}f(\boldsymbol{y})&\geqslant\frac{f((1-\gamma)\boldsymbol{x}+\gamma\boldsymbol{y})-(1-\gamma)f(\boldsymbol{x})}{\gamma}\\&=f(\boldsymbol{x})+\frac{f(\boldsymbol{x}+\gamma(\boldsymbol{y}-\boldsymbol{x}))-f(\boldsymbol{x})}{\gamma}\end{aligned}$$

$$\to f(\boldsymbol{x}) + \nabla f(\boldsymbol{x})^{\mathrm{T}}(\boldsymbol{y}-\boldsymbol{x}) \quad \gamma \to 0.$$

因此, $\nabla f(\boldsymbol{x}) \in \partial f(\boldsymbol{x})$. □

对于凸函数或者非凸函数而言, 满足上述条件 (5.1.4) 的 $\boldsymbol{\phi}$ 均为函数在该点的次梯度. 次梯度不要求函数是否光滑, 是否是凸函数. 相较于梯度, 适用范围更广. 对于光滑的凸函数, 可以直接采用梯度下降算法求解函数的极值. 当函数不可微时, 梯度下降算法就无法使用了. 但很多时候, 函数的次梯度仍然存在.

性质 5.1.2 假设函数 f 为适当闭的凸函数, $\boldsymbol{x}$ 是全局极小值点当且仅当 $0 \in \partial f(\boldsymbol{x})$.

证明 如果 $0 \in \partial f(\boldsymbol{x})$, 则

$$f(\boldsymbol{y}) \geqslant f(\boldsymbol{x}) + \langle 0, \boldsymbol{y}-\boldsymbol{x} \rangle$$

对所有的 $\boldsymbol{y} \in \mathcal{V}$ 成立, 即

$$f(\boldsymbol{y}) \geqslant f(\boldsymbol{x})$$

对所有的 $\boldsymbol{y} \in \mathcal{V}$ 成立. □

次梯度满足以下性质:

(1) 数乘不变性 (Scaling): $\partial(af) = a \cdot \partial f$.

(2) 加法不变性 (Addition): $\partial(f_1 + f_2) = \partial f_1 + \partial f_2$.

(3) 仿射特性 (Affine Composition): 如果 $g(\boldsymbol{x}) = f(\boldsymbol{A}\boldsymbol{x} + \boldsymbol{y})$, 那么 $\partial g(\boldsymbol{x}) = \boldsymbol{A}^{\mathrm{T}} \partial f(\boldsymbol{A}\boldsymbol{x} + \boldsymbol{y})$.

例 5.1.1 考虑绝对值函数 $f(x) = |x|$.

• $x < 0$, 梯度存在, $\partial f(x) = -1$.

• $x > 0$, 梯度存在, $\partial f(x) = 1$.

当 $x = 0$ 时, 由次梯度的定义,

$$|y| = f(y) \geqslant f(0) + \phi y = 0 + \phi y$$

对于所有 y 成立, 上面的不等式意味着 $\phi \in [-1, 1]$. 因此,

$$\partial f(0) = [-1, 1].$$

如图 5.1, 对于定义域内的任何 x, 我们总可以作出一条直线, 它通过点 $(x, f(x))$ 并接触 $y = |x|$ 的图像或在它的下方. 考虑原点, 任意一条在函数 $f(x) = |x|$ 下方的直线的斜率都是函数在该点的次导数.

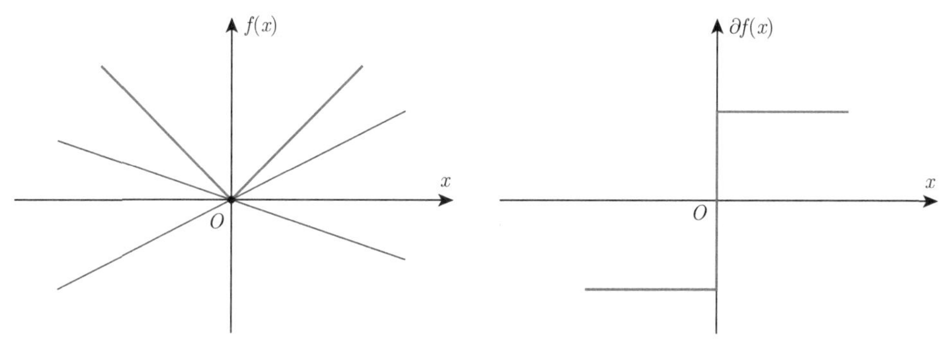

图 5.1 函数 $f(x)=|x|$ 及其次梯度

例 5.1.2 给定向量 $\boldsymbol{y}$, 考虑极小值问题

$$\min_{\boldsymbol{x}\in\mathbb{R}^n} \lambda\|\boldsymbol{x}\|_1+\frac{1}{2}\|\boldsymbol{y}-\boldsymbol{x}\|_2^2. \tag{5.1.5}$$

其中, $\lambda>0$. 由性质 5.1.2,

$$\begin{aligned}&0\in\partial\left(\lambda\|\boldsymbol{x}\|_1+\frac{1}{2}\|\boldsymbol{y}-\boldsymbol{x}\|_2^2\right)\\ &\Leftrightarrow 0\in\lambda\partial(\|\boldsymbol{x}\|_1)+(\boldsymbol{y}-\boldsymbol{x}).\end{aligned}$$

因此, 极值问题 (5.1.5) 的解 $\boldsymbol{x}$ 满足

$$\begin{cases} y_i-x_i=\lambda\mathrm{sgn}(x_i), & x_i\neq 0,\\ |y_i-x_i|\leqslant\lambda, & x_i=0,\end{cases}$$

从上式反解出 $\boldsymbol{x}$, 记为 $\mathcal{T}_\lambda(\boldsymbol{y})$,

$$[\mathcal{T}_\lambda(\boldsymbol{y})]_i=\begin{cases} y_i-\lambda, & y_i>\lambda,\\ 0, & |y_i|\leqslant\lambda,\\ y_i+\lambda, & y_i<-\lambda.\end{cases}$$

将 $\mathcal{T}_\lambda(\boldsymbol{y})$ 代入原问题可以验证, $\mathcal{T}_\lambda(\boldsymbol{y})$ 是极值问题 (5.1.5) 的解. 算子 $\mathcal{T}_\lambda$ 称为软阈值算子.

例 5.1.3 给定向量 $\boldsymbol{y}$, 求

$$\|\boldsymbol{A}\boldsymbol{x}-\boldsymbol{y}\|_1 \tag{5.1.6}$$

的次梯度. 由次梯度的性质, 有

$$\boldsymbol{A}^{\mathrm{T}}\mathrm{sgn}(\boldsymbol{A}\boldsymbol{x}-\boldsymbol{y})\in\partial\left(\|\boldsymbol{A}\boldsymbol{x}-\boldsymbol{y}\|_1\right).$$

5.2　投影次梯度

对于带稀疏约束的多元函数求极值问题 (5.0.1), 受迭代硬阈值算法的启发, 我们采用迭代算法

$$\boldsymbol{x}^{k+1} = \mathcal{H}_s\left(\boldsymbol{x}^k - \mu_k \boldsymbol{g}^k\right), \quad k = 1, 2, \cdots, \tag{5.2.1}$$

其中 $\boldsymbol{g}^k \in \partial f(\boldsymbol{x}^k)$, 步长 μ_k 可以取为正的常数, 或为满足一定条件的正实数列. 为了分析该迭代算法的收敛性, 我们引入 Lipschitz 连续的概念.

定义 5.2.1　称函数 $f: \mathbb{R}^n \to \mathbb{R}$ 是 L-Lipschitz 连续, 如果对所有的 $\boldsymbol{x}, \boldsymbol{y} \in \mathbb{R}^n$, 函数满足

$$|f(\boldsymbol{x}) - f(\boldsymbol{y})| \leqslant L\|\boldsymbol{x} - \boldsymbol{y}\|_2.$$

性质 5.2.1　如果 $f: \mathbb{R}^n \to \mathbb{R}$ 是 L-Lipschitz 连续, 则对于任意 $\boldsymbol{x}$, $\boldsymbol{y} \in \mathbb{R}^n$, 有

$$f(\boldsymbol{y}) \leqslant f(\boldsymbol{x}) + \langle \nabla f(\boldsymbol{x}), \boldsymbol{y} - \boldsymbol{x}\rangle \leqslant \frac{L}{2}\|\boldsymbol{y} - \boldsymbol{x}\|_2^2. \tag{5.2.2}$$

证明　定义

$$g(t) = f(\boldsymbol{x} + t(\boldsymbol{y} - \boldsymbol{x})),$$

其中 $t \in \mathbb{R}$ 为参数. 由链式法则

$$g'(t) = \langle \nabla f(\boldsymbol{x} + t(\boldsymbol{y} - \boldsymbol{x})), \boldsymbol{y} - \boldsymbol{x}\rangle.$$

因此, 我们有

$$\begin{aligned}
f(\boldsymbol{y}) - f(\boldsymbol{x}) &= g(1) - g(0) \\
&= \int_0^1 \frac{dg}{dt}(t)dt \\
&= \int_0^1 \langle \nabla f(\boldsymbol{x} + t(\boldsymbol{y} - \boldsymbol{x})), \boldsymbol{y} - \boldsymbol{x}\rangle dt \\
&\leqslant \int_0^1 \langle \nabla f(\boldsymbol{x}), \boldsymbol{y} - \boldsymbol{x}\rangle dt + \left|\int_0^1 \langle \nabla f(\boldsymbol{x} + t(\boldsymbol{y} - \boldsymbol{x})) - \nabla f(\boldsymbol{x}), \boldsymbol{y} - \boldsymbol{x}\rangle dt\right| \\
&\leqslant \langle \nabla f(\boldsymbol{x}), \boldsymbol{y} - \boldsymbol{x}\rangle + \|\boldsymbol{y} - \boldsymbol{x}\|_2 \int_0^1 Lt\|\boldsymbol{y} - \boldsymbol{x}\|_2 dt \\
&= \langle \nabla f(\boldsymbol{x}), \boldsymbol{y} - \boldsymbol{x}\rangle + \frac{L}{2}\|\boldsymbol{y} - \boldsymbol{x}\|_2^2.
\end{aligned}$$

□

性质 5.2.2 函数 $f:\mathbb{R}^n \to \mathbb{R}$ 是 L-Lipschitz 连续当且仅当 $\|\boldsymbol{g}\|_2 \leqslant L$ 对于所有 $\boldsymbol{g} \in \partial f(\boldsymbol{x})$ 和 $\boldsymbol{x} \in \mathbb{R}^n$ 成立.

证明 "$\Leftarrow$" 假设 $\|\boldsymbol{g}\|_2 \leqslant L$ 对所有的次梯度成立, 选择

$$\boldsymbol{g}_{\boldsymbol{x}} \in \partial f(\boldsymbol{x}), \quad \boldsymbol{g}_{\boldsymbol{y}} \in \partial f(\boldsymbol{y}).$$

我们有

$$\langle \boldsymbol{g}_{\boldsymbol{x}}, \boldsymbol{x}-\boldsymbol{y}\rangle \geqslant f(\boldsymbol{x}) - f(\boldsymbol{y}) \geqslant \langle \boldsymbol{g}_{\boldsymbol{y}}, \boldsymbol{x}-\boldsymbol{y}\rangle.$$

由 Cauchy-Schwarz 不等式,

$$L\|\boldsymbol{x}-\boldsymbol{y}\|_2 \geqslant f(\boldsymbol{x}) - f(\boldsymbol{y}) \geqslant -L\|\boldsymbol{x}-\boldsymbol{y}\|_2.$$

"$\Rightarrow$" 假设存在 $\boldsymbol{g}$ 使得 $\|\boldsymbol{g}\|_2 > L$, 取

$$\boldsymbol{y} = \boldsymbol{x} + \boldsymbol{g}/\|\boldsymbol{g}\|_2.$$

我们有

$$\begin{aligned} f(\boldsymbol{y}) &\geqslant f(\boldsymbol{x}) + \langle \boldsymbol{y}-\boldsymbol{x}, \boldsymbol{g}\rangle \\ &= f(\boldsymbol{x}) + \|\boldsymbol{g}\|_2 \\ &> f(\boldsymbol{x}) + L. \end{aligned}$$

□

引理 5.2.1 令 $\boldsymbol{x}^1 \in \mathbb{R}^n$ 为任意的初始值, 令 $\{\boldsymbol{x}^k\}_{k>1}$ 为迭代算法 (5.2.1) 产生的序列. 记 $\boldsymbol{z}^k = \boldsymbol{x}^k - \mu_k \boldsymbol{g}^k$. 对于所有 $k \geqslant 1$,

$$\|\boldsymbol{x}^{k+1} - \boldsymbol{x}^k\|_2^2 \leqslant 4\mu_k^2 \|\boldsymbol{g}^k\|_2^2 \tag{5.2.3}$$

和

$$\langle \boldsymbol{x}^{k+1} - \boldsymbol{z}^k, \boldsymbol{x}^k - \boldsymbol{x}^* \rangle \leqslant \mu_k^2 \|\boldsymbol{g}^k\|_2^2 + \mu_k \|\boldsymbol{g}^k\|_2 \|\boldsymbol{x}^*\|_2. \tag{5.2.4}$$

证明 由三角不等式

$$\begin{aligned} \|\boldsymbol{x}^{k+1} - \boldsymbol{x}^k\|_2^2 &\leqslant 2\|\boldsymbol{x}^{k+1} - \boldsymbol{z}^k\|_2^2 + 2\|\boldsymbol{z}^k - \boldsymbol{x}^k\|_2^2 \\ &\leqslant 4\|\boldsymbol{x}^k - \boldsymbol{z}^k\|_2^2 = 4\mu_k^2 \|\boldsymbol{g}^k\|_2^2. \end{aligned}$$

第二个不等式成立是因为

$$\boldsymbol{x}^{k+1} = \arg\min_{\|\boldsymbol{x}\|_0 \leqslant s} \|(\boldsymbol{x}^k - \mu_k \boldsymbol{g}^k) - \boldsymbol{x}\|_2.$$

我们有

$$\begin{aligned}\langle \boldsymbol{x}^{k+1}-\boldsymbol{z}^k, \boldsymbol{x}^k-\boldsymbol{x}^*\rangle &= \langle \boldsymbol{x}^{k+1}-\boldsymbol{z}^k, \boldsymbol{x}^k-\boldsymbol{z}^k\rangle + \langle \boldsymbol{x}^{k+1}-\boldsymbol{z}^k, \boldsymbol{z}^k-\boldsymbol{x}^*\rangle \\ &\leqslant \langle \boldsymbol{x}^{k+1}-\boldsymbol{z}^k, \boldsymbol{x}^k-\boldsymbol{z}^k\rangle + \langle \boldsymbol{z}^k-\boldsymbol{x}^{k+1}, \boldsymbol{x}^*\rangle \\ &\leqslant \|\boldsymbol{x}^{k+1}-\boldsymbol{z}^k\|_2\|\boldsymbol{x}^k-\boldsymbol{z}^k\|_2 + \|\boldsymbol{x}^{k+1}-\boldsymbol{z}^k\|_2\|\boldsymbol{x}^*\|_2 \\ &\leqslant \mu_k^2\|\boldsymbol{g}^k\|_2^2 + \mu_k\|\boldsymbol{g}^k\|_2\|\boldsymbol{x}^*\|_2,\end{aligned}$$

其中第一个不等式由 $\langle \boldsymbol{x}^{k+1}-\boldsymbol{z}^k, \boldsymbol{z}^k\rangle \leqslant 0$ 得到. □

定理 5.2.1 ([122]) 假设 $\boldsymbol{x}^*$ 是问题 (5.0.1) 的解, $f(\boldsymbol{x})$ 是凸函数满足 L-Lipschitz 连续, $\boldsymbol{x}^1$ 满足 $\|\boldsymbol{x}^1-\boldsymbol{x}^*\|_2 \leqslant \epsilon$, 其中 $\epsilon > 0$. 则由迭代算法 (5.2.1) 产生的数列 $\{\boldsymbol{x}^k\}_{k>1}$ 满足

$$\|\boldsymbol{x}^{k+1}-\boldsymbol{x}^*\|_2^2 \leqslant \epsilon^2 + \left(6L^2\sum_{t=1}^{k}\mu_t^2 + 2L\|\boldsymbol{x}^*\|_2\sum_{t=1}^{k}\mu_t\right). \tag{5.2.5}$$

进一步地,

$$f_{\text{best}}^k - f(\boldsymbol{x}^*) \leqslant \frac{\epsilon^2}{2\sum\limits_{t=1}^{k}\mu_t} + \frac{3\sum\limits_{t=1}^{k}\mu_t^2}{\sum\limits_{t=1}^{k}\mu_t}L^2 + L\|\boldsymbol{x}^*\|_2. \tag{5.2.6}$$

其中

$$f_{\text{best}}^k := \min\left\{f(\boldsymbol{x}^1), f(\boldsymbol{x}^2), \cdots, f(\boldsymbol{x}^k)\right\}.$$

证明 记 $\boldsymbol{z}^k = \boldsymbol{x}^k - \mu_k\boldsymbol{g}^k$. 由引理 5.2.1 中的不等式 (5.2.3) 和 (5.2.4), 对于所有 $k \geqslant 1$,

$$\begin{aligned}&\|\boldsymbol{x}^{k+1}-\boldsymbol{x}^*\|_2^2 \\ =& \|\boldsymbol{x}^{k+1}-\boldsymbol{x}^k+\boldsymbol{x}^k-\boldsymbol{x}^*\|_2^2 \\ =& \|\boldsymbol{x}^{k+1}-\boldsymbol{x}^k\|_2^2 + \|\boldsymbol{x}^k-\boldsymbol{x}^*\|_2^2 + 2\langle \boldsymbol{x}^{k+1}-\boldsymbol{x}^k, \boldsymbol{x}^k-\boldsymbol{x}^*\rangle \\ \leqslant& \|\boldsymbol{x}^k-\boldsymbol{x}^*\|_2^2 + 4\mu_k^2\|\boldsymbol{g}^k\|_2^2 + 2\langle \boldsymbol{x}^{k+1}-\boldsymbol{z}^k, \boldsymbol{x}^k-\boldsymbol{x}^*\rangle + 2\langle \boldsymbol{z}^k-\boldsymbol{x}^k, \boldsymbol{x}^k-\boldsymbol{x}^*\rangle \\ =& \|\boldsymbol{x}^k-\boldsymbol{x}^*\|_2^2 + 4\mu_k^2\|\boldsymbol{g}^k\|_2^2 + 2\langle \boldsymbol{x}^{k+1}-\boldsymbol{z}^k, \boldsymbol{x}^k-\boldsymbol{x}^*\rangle + 2\langle \mu_k\boldsymbol{g}^k, \boldsymbol{x}^*-\boldsymbol{x}^k\rangle \\ \leqslant& \|\boldsymbol{x}^k-\boldsymbol{x}^*\|_2^2 + 6\mu_k^2\|\boldsymbol{g}^k\|_2^2 + 2\mu_k\|\boldsymbol{g}^k\|_2\|\boldsymbol{x}^*\|_2 + 2\langle \mu_k\boldsymbol{g}^k, \boldsymbol{x}^*-\boldsymbol{x}^k\rangle.\end{aligned} \tag{5.2.7}$$

因为 $f(\boldsymbol{x})$ 是凸的, 我们有

$$\langle \boldsymbol{g}^k, \boldsymbol{x}^* - \boldsymbol{x}^k \rangle \leqslant f(\boldsymbol{x}^*) - f(\boldsymbol{x}^k).$$

因此, 由不等式 (5.2.7) 得到

$$\|\boldsymbol{x}^{k+1} - \boldsymbol{x}^*\|_2^2 \leqslant \|\boldsymbol{x}^k - \boldsymbol{x}^*\|_2^2 + 6\mu_k^2\|\boldsymbol{g}^k\|_2^2 + 2\mu_k\|\boldsymbol{g}^k\|_2\|\boldsymbol{x}^*\|_2 + 2\mu_k(f(\boldsymbol{x}^*) - f(\boldsymbol{x}^k)). \tag{5.2.8}$$

重新整理上式,

$$2\mu_k(f(\boldsymbol{x}^k) - f(\boldsymbol{x}^*)) \leqslant \|\boldsymbol{x}^k - \boldsymbol{x}^*\|_2^2 - \|\boldsymbol{x}^{k+1} - \boldsymbol{x}^*\|_2^2 + 6\mu_k^2\|\boldsymbol{g}^k\|_2^2 + 2\mu_k\|\boldsymbol{g}^k\|_2\|\boldsymbol{x}^*\|_2. \tag{5.2.9}$$

对于所有 $k \geqslant 1$, 有 $f(\boldsymbol{x}^*) \leqslant f(\boldsymbol{x}^k)$. 因为 $f(\boldsymbol{x})$ 是 L-Lipschitz 连续, 由引理 5.2.2, 不等式 (5.2.9) 可以写为

$$\begin{aligned}
\|\boldsymbol{x}^{k+1} - \boldsymbol{x}^*\|_2^2 &\leqslant \|\boldsymbol{x}^k - \boldsymbol{x}^*\|_2^2 + 6\mu_k^2\|\boldsymbol{g}^k\|_2^2 + 2\mu_k\|\boldsymbol{g}^k\|_2\|\boldsymbol{x}^*\|_2 \\
&\leqslant \|\boldsymbol{x}^k - \boldsymbol{x}^*\|_2^2 + 6\mu_k^2 L^2 + 2\mu_k L\|\boldsymbol{x}^*\|_2.
\end{aligned}$$

对 k 采用归纳法可得估计 (5.2.5). 将不等式 (5.2.9) 从 $k=1$ 到 k 求和, 可得

$$\begin{aligned}
&2\sum_{t=1}^{k}\mu_t\left(f(\boldsymbol{x}^t) - f(\boldsymbol{x}^*)\right) \\
\leqslant &\sum_{t=1}^{k}(\|\boldsymbol{x}^t - \boldsymbol{x}^*\|_2^2 - \|\boldsymbol{x}^{t+1} - \boldsymbol{x}^*\|_2^2) + 6\sum_{t=1}^{k}\mu_t^2\|\boldsymbol{g}^t\|_2^2 + 2\sum_{t=1}^{k}\mu_t\|\boldsymbol{g}^t\|_2\|\boldsymbol{x}^*\|_2 \\
= &\|\boldsymbol{x}^1 - \boldsymbol{x}^*\|_2^2 - \|\boldsymbol{x}^{k+1} - \boldsymbol{x}^*\|_2^2 + 6\sum_{t=1}^{k}\mu_t^2\|\boldsymbol{g}^t\|_2^2 + 2\sum_{t=1}^{k}\mu_t\|\boldsymbol{g}^t\|_2\|\boldsymbol{x}^*\|_2 \\
\leqslant &\|\boldsymbol{x}^1 - \boldsymbol{x}^*\|_2^2 + 6\sum_{t=1}^{k}\mu_t^2\|\boldsymbol{g}^t\|_2^2 + 2\sum_{t=1}^{k}\mu_t\|\boldsymbol{g}^t\|_2\|\boldsymbol{x}^*\|_2.
\end{aligned} \tag{5.2.10}$$

注意到

$$f_{\text{best}}^k - f(\boldsymbol{x}^*) \leqslant f(\boldsymbol{x}^t) - f(\boldsymbol{x}^*)$$

对所有 $1 \leqslant t \leqslant k$ 成立. 由 (5.2.10) 可得

$$2\left(\sum_{t=1}^{k}\mu_t\right)\left(f_{\text{best}}^k - f(\boldsymbol{x}^*)\right) \leqslant \|\boldsymbol{x}^1 - \boldsymbol{x}^*\|_2^2 + 6\sum_{t=1}^{k}\mu_t^2\|\boldsymbol{g}^t\|_2^2 + 2\sum_{t=1}^{k}\mu_t\|\boldsymbol{g}^t\|_2\|\boldsymbol{x}^*\|_2.$$

由 $\|\boldsymbol{g}^t\|_2 \leqslant L$, 得

$$f_{\text{best}}^k - f(\boldsymbol{x}^*) \leqslant \frac{\|\boldsymbol{x}^1 - \boldsymbol{x}^*\|_2^2}{2\sum\limits_{t=1}^k \mu_t} + \frac{3\sum\limits_{t=1}^k \mu_t^2 \|\boldsymbol{g}^t\|_2^2}{\sum\limits_{t=1}^k \mu_t} + \frac{\sum\limits_{t=1}^k \mu_t \|\boldsymbol{g}^t\|}{\sum\limits_{t=1}^k \mu_t} \|\boldsymbol{x}^*\|_2$$

$$\leqslant \frac{\epsilon^2}{2\sum\limits_{t=1}^k \mu_t} + \frac{3\sum\limits_{t=1}^k \mu_t^2}{\sum\limits_{t=1}^k \mu_t} L^2 + L\|\boldsymbol{x}^*\|_2.$$

估计 (5.2.6) 得证. □

对于不同的步长选择 $\{\mu_k\}_{k\geqslant 1}$, 我们有以下推论.

推论 5.2.1 ([122])　在定理 5.2.1 的假设下, 如果步长 μ_k 是常数, i.e., $\mu_k = \mu > 0$ 对于所有 $k \geqslant 1$, 则

$$f_{\text{best}}^k - f(\boldsymbol{x}^*) \leqslant \frac{\epsilon^2}{2k\mu} + 3\mu L^2 + L\|\boldsymbol{x}^*\|_2. \tag{5.2.11}$$

如果步长 $\{\mu_k\}_{k\geqslant 1}$ 满足

$$\mu_k \geqslant 0, \quad \sum_{k=1}^{\infty} \mu_k = \infty, \quad \sum_{k=1}^{\infty} \mu_k^2 < \infty,$$

则有

$$\overline{\lim_{k\to+\infty}} f_{\text{best}}^k - f(\boldsymbol{x}^*) \leqslant L\|\boldsymbol{x}^*\|_2. \tag{5.2.12}$$

注意到

$$\lim_{k\to\infty} \frac{\epsilon^2}{2k\mu} = 0,$$

当 k 趋向于无穷时, 不等式的上界 (5.2.11) 退化为

$$3\mu L^2 + L\|\boldsymbol{x}^*\|_2. \tag{5.2.13}$$

下面我们通过一个具体的例子, 说明界 (5.2.13) 的紧性.

例 5.2.1 ([122])　我们考虑稀疏信号

$$\boldsymbol{x}^* = (1, 1, 0, 0)^{\mathrm{T}} \in \mathbb{R}^4.$$

测量矩阵为

$$\boldsymbol{A}=\begin{pmatrix}2a & 0 & -2a & 0\\ 0 & -2a & 0 & 2a\end{pmatrix},$$

其中 $a \geqslant 1$, 观测值为

$$\boldsymbol{y}=\boldsymbol{A}\boldsymbol{x}^*=(2a,-2a)^{\mathrm{T}}\in\mathbb{R}^2,$$

为了恢复 $\boldsymbol{x}^*$, 我们采用通过迭代算法 (5.2.1) 求解优化模型

$$\min_{\|\boldsymbol{x}\|_0\leqslant 2} f(\boldsymbol{x}):=\|\boldsymbol{y}-\boldsymbol{A}\boldsymbol{x}\|_1.$$

因为

$$\|\boldsymbol{g}\|_2=\|\boldsymbol{A}^{\mathrm{T}}\mathrm{sgn}(\boldsymbol{A}\boldsymbol{x}-\boldsymbol{y})\|_2\leqslant 4a,$$

所以 $f(\boldsymbol{x})$ 是 $4a$-Lipschitz 连续, 对于所有 2-稀疏 $\boldsymbol{x}$. 令 $L=4a$. 下面分两个情况讨论.

(1) 令 $\mu_k=1$, $\boldsymbol{x}^1=[3,3,0,0]^{\mathrm{T}}$. 迭代算法 (5.2.1) 产生的序列为

$$\boldsymbol{x}^2=\mathcal{H}_2(\boldsymbol{x}^1-\boldsymbol{A}^{\mathrm{T}}\,\mathrm{sgn}(\boldsymbol{A}\boldsymbol{x}^1-\boldsymbol{y}))=(0,0,2a,2a)^{\mathrm{T}},$$

$$\boldsymbol{x}^3=\mathcal{H}_2(\boldsymbol{x}^2-\boldsymbol{A}^{\mathrm{T}}\,\mathrm{sgn}(\boldsymbol{A}\boldsymbol{x}^2-\boldsymbol{y}))=(2a,2a,0,0)^{\mathrm{T}},$$

对于所有的 $k\geqslant 1$ 归纳可得

$$\boldsymbol{x}^{2k}=(0,0,2a,2a)^{\mathrm{T}},\quad \boldsymbol{x}^{2k+1}=(2a,2a,0,0)^{\mathrm{T}},$$

以及

$$f(\boldsymbol{x}^{2k})-f(\boldsymbol{x}^*)=8a^2+4a,\quad f(\boldsymbol{x}^{2k+1})-f(\boldsymbol{x}^*)=8a^2-4a.$$

因此,

$$f_{\mathrm{best}}^k-f(\boldsymbol{x}^*)=8a^2-4a=\frac{1}{2}L^2-L.$$

上式与理论上的界 (5.2.13)

$$f_{\mathrm{best}}^k-f(\boldsymbol{x}^*)\lesssim 3\mu L^2+L\|\boldsymbol{x}^*\|_2=3L^2+\sqrt{2}L$$

相比, 两者是关于 L^2 同阶的. 因此在 $O(L^2)$ 的意义下, 估计 (5.2.11) 是紧的.

(2) 令 $\mu=1/a$, $\boldsymbol{x}^1=(3,3,0,0)^{\mathrm{T}}$. 类似地,

$$\boldsymbol{x}^{2k}=(0,0,2,2)^{\mathrm{T}},\quad \boldsymbol{x}^{2k+1}=(2,2,0,0)^{\mathrm{T}},\quad k=1,2,3,\cdots$$

以及

$$f_{\text{best}}^k - f(\boldsymbol{x}^*) = 4a = L.$$

上式和理论上的界 (5.2.13)

$$f_{\text{best}}^k - f(\boldsymbol{x}^*) \lesssim 3\mu L^2 + L\|\boldsymbol{x}^*\|_2 = (12+\sqrt{2})L$$

相比, 两者是关于 L 同阶的. 因此在 $O(L)$ 的意义下, 估计 (5.2.11) 是紧的.

注 5.2.1 注意到定理 5.2.1 对于测量矩阵的要求是非常弱的. 如果我们假设测量矩阵满足 1-RIP 条件, 那么可以设计一种具备线性收敛的自适应步长的迭代算法求解[114]

$$\min_{\|\boldsymbol{x}\|_0 \leqslant s} \|\boldsymbol{A}\boldsymbol{x} - \boldsymbol{y}\|_1.$$

算法的分析方法也可以被进一步应用到 One-bit 压缩感知中.

在机器学习中, 以支持向量机为代表的很多正则化模型是依赖于强凸函数的.

定义 5.2.2 令 $\alpha > 0$, 称函数 $f:\mathbb{R}^n \to \mathbb{R}$ 是 α 强凸 $(\alpha > 0)$, 如果

$$f(\boldsymbol{y}) - f(\boldsymbol{x}) \geqslant \langle \boldsymbol{g}, \boldsymbol{y}-\boldsymbol{x}\rangle + \frac{\alpha}{2}\|\boldsymbol{x}-\boldsymbol{y}\|_2^2 \tag{5.2.14}$$

对于 $\boldsymbol{x}, \boldsymbol{y} \in \mathbb{R}^n$ 成立, 其中, $\boldsymbol{g} \in \partial f(\boldsymbol{x})$.

在强凸的假设下, 我们有

定理 5.2.2 ([122]) 假设 $\boldsymbol{x}^*$ 是优化问题(5.0.1)的解, $f(\boldsymbol{x})$ 为 L-Lipschitz 连续的 α 强凸函数. 令 $\boldsymbol{x}^1$ 为初始向量, 由算法 (5.2.1) 产生的数列 $\{\boldsymbol{x}^k\}_{k>1}$ 满足

$$\|\boldsymbol{x}^{k+1} - \boldsymbol{x}^*\|_2^2 \leqslant \prod_{t=1}^{k}(1-\mu_t\alpha)\|\boldsymbol{x}^1 - \boldsymbol{x}^*\|_2^2 + \frac{2L}{\alpha}\|\boldsymbol{x}^*\|_2 + 6L^2\sum_{t=1}^{k}\mu_t^2\prod_{i=t+1}^{k}(1-\mu_i\alpha), \tag{5.2.15}$$

其中, $0 < \mu_k < 1/\alpha$. 并且有

$$f_{\text{best}}^k - f(\boldsymbol{x}^*) \leqslant \frac{\prod\limits_{t=1}^{k}(1-\mu_t\alpha)\|\boldsymbol{x}^1-\boldsymbol{x}^*\|_2^2}{2\sum\limits_{t=1}^{k}\mu_t\prod\limits_{i=t+1}^{k}(1-\mu_i\alpha)} + \frac{\sum\limits_{t=1}^{k}(3\mu_k^2L^2 + \mu_k L\|\boldsymbol{x}^*\|_2)\prod\limits_{i=t+1}^{k}(1-\mu_i\alpha)}{\sum\limits_{t=1}^{k}\mu_t\prod\limits_{i=t+1}^{k}(1-\mu_i\alpha)}. \tag{5.2.16}$$

证明 在定理 5.2.1 的证明中, 有

$$\|\boldsymbol{x}^{k+1} - \boldsymbol{x}^*\|_2^2 \leqslant \|\boldsymbol{x}^k - \boldsymbol{x}^*\|_2^2 + 6\mu_k^2\|\boldsymbol{g}^k\|_2^2 + 2\mu_k\|\boldsymbol{g}^k\|_2\|\boldsymbol{x}^*\|_2 + 2\langle \mu_k\boldsymbol{g}^k, \boldsymbol{x}^* - \boldsymbol{x}^k\rangle.$$

因为 $f(\boldsymbol{x})$ 是 α 强凸的, 由 (5.2.14),

$$\|\boldsymbol{x}^{k+1}-\boldsymbol{x}^*\|_2^2 \leqslant (1-\mu_k\alpha)\|\boldsymbol{x}^k-\boldsymbol{x}^*\|_2^2+6\mu_k^2\|\boldsymbol{g}^k\|_2^2+2\mu_k\|\boldsymbol{g}^k\|_2\|\boldsymbol{x}^*\|_2 \\ +2\mu_k(f(\boldsymbol{x}^*)-f(\boldsymbol{x}^k)). \tag{5.2.17}$$

对于任意 k, 有 $f(\boldsymbol{x}^*)\leqslant f(\boldsymbol{x}^k)$, $\|\boldsymbol{g}^k\|_2\leqslant L$, 对于 (5.2.17),

$$\|\boldsymbol{x}^{k+1}-\boldsymbol{x}^*\|_2^2 \leqslant (1-\mu_k\alpha)\|\boldsymbol{x}^k-\boldsymbol{x}^*\|_2^2+6L^2\mu_k^2+2\mu_kL\|\boldsymbol{x}^*\|_2. \tag{5.2.18}$$

整理得

$$\|\boldsymbol{x}^{k+1}-\boldsymbol{x}^*\|_2^2-\frac{2L}{\alpha}\|\boldsymbol{x}^*\|_2 \leqslant (1-\mu_k\alpha)\left(\|\boldsymbol{x}^k-\boldsymbol{x}^*\|_2^2-\frac{2L}{\alpha}\|\boldsymbol{x}^*\|_2\right)+6L^2\mu_k^2.$$

关于 k 归纳得

$$\left[\|\boldsymbol{x}^{k+1}-\boldsymbol{x}^*\|_2^2-\frac{2L}{\alpha}\|\boldsymbol{x}^*\|_2\right] \leqslant \prod_{t=1}^{k}(1-\mu_t\alpha)\left[\|\boldsymbol{x}^1-\boldsymbol{x}^*\|_2^2-\frac{2L}{\alpha}\|\boldsymbol{x}^*\|_2\right] \\ +6L^2\sum_{t=1}^{k}\mu_t^2\prod_{i=t+1}^{k}(1-\mu_i\alpha),$$

其中我们约定, 当 $t=k$ 时, $\prod\limits_{i=t+1}^{k}(1-\mu_i\alpha)=1$. 因此

$$\|\boldsymbol{x}^{k+1}-\boldsymbol{x}^*\|_2^2 \leqslant \prod_{t=1}^{k}(1-\mu_t\alpha)\|\boldsymbol{x}^1-\boldsymbol{x}^*\|_2^2+\frac{2L}{\alpha}\|\boldsymbol{x}^*\|_2+6L^2\sum_{t=1}^{k}\mu_t^2\prod_{i=t+1}^{k}(1-\mu_i\alpha).$$

不等式 (5.2.17) 等价于

$$2\mu_k(f(\boldsymbol{x}^k)-f(\boldsymbol{x}^*)) \leqslant (1-\mu_k\alpha)\|\boldsymbol{x}^k-\boldsymbol{x}^*\|_2^2-\|\boldsymbol{x}^{k+1}-\boldsymbol{x}^*\|_2^2+6\mu_k^2L^2+2\mu_kL\|\boldsymbol{x}^*\|_2. \tag{5.2.19}$$

关于 k 归纳可得

$$\begin{aligned} &2\sum_{t=1}^{k}\mu_t\prod_{i=t+1}^{k}(1-\mu_i\alpha)(f(\boldsymbol{x}^t)-f(\boldsymbol{x}^*)) \\ \leqslant &\prod_{t=1}^{k}(1-\mu_t\alpha)\|\boldsymbol{x}^1-\boldsymbol{x}^*\|_2^2-\|\boldsymbol{x}^{k+1}-\boldsymbol{x}^*\|_2^2 \\ &+\sum_{t=1}^{k}(6\mu_t^2L^2+2\mu_tL\|\boldsymbol{x}^*\|_2)\prod_{i=t+1}^{k}(1-\mu_i\alpha) \end{aligned}$$

$$\leqslant \prod_{t=1}^{k}(1-\mu_t\alpha)\|\boldsymbol{x}^1-\boldsymbol{x}^*\|_2^2+\sum_{t=1}^{k}(6\mu_t^2L^2+2\mu_tL\|\boldsymbol{x}^*\|_2)\prod_{i=t+1}^{k}(1-\mu_i\alpha), \quad (5.2.20)$$

注意到

$$f_{\text{best}}^k - f(\boldsymbol{x}^*) \leqslant f(\boldsymbol{x}^t) - f(\boldsymbol{x}^*)$$

对于所有 $1 \leqslant t \leqslant k$ 成立, 因此 (5.2.20) 可以推出 (5.2.16) 成立. □

在此基础上, 对于不同的步长选择, 我们可以证明以下结果.

推论 5.2.2 ([122]) 在定理 5.2.2 的假设下, 如果步长 $\mu_k=\mu$. 其中, $0<\mu<\frac{1}{\alpha}$, 则对于所有 $k \geqslant 1$,

$$\|\boldsymbol{x}^{k+1}-\boldsymbol{x}^*\|_2^2 \leqslant (1-\mu\alpha)^k\|\boldsymbol{x}^1-\boldsymbol{x}^*\|_2^2+\left[\frac{2L}{\alpha}\|\boldsymbol{x}^*\|_2+\frac{6L^2\mu}{\alpha}\right],$$

并且有

$$f_{\text{best}}^k - f(\boldsymbol{x}^*) \leqslant \frac{\alpha(1-\mu\alpha)^k}{2-2(1-\mu\alpha)^k}\|\boldsymbol{x}^1-\boldsymbol{x}^*\|_2^2+3\mu L^2+L\|\boldsymbol{x}^*\|_2.$$

证明 通过定理 5.2.2 中的不等式 (5.2.15), 我们有

$$\|\boldsymbol{x}^{k+1}-\boldsymbol{x}*\|_2^2 \leqslant (1-\mu\alpha)^k\|\boldsymbol{x}^1-\boldsymbol{x}^*\|_2^2+\frac{2L}{\alpha}\|\boldsymbol{x}^*\|_2+6L^2\sum_{t=1}^{k}\mu^2\prod_{i=t+1}^{k}(1-\mu\alpha).$$

易得

$$\sum_{t=1}^{k}\mu^2\prod_{i=t+1}^{k}(1-\mu\alpha)=\frac{\mu\left[1-(1-\mu\alpha)^k\right]}{\alpha}\leqslant\frac{\mu}{\alpha}.$$

因此,

$$\|\boldsymbol{x}^{k+1}-\boldsymbol{x}^*\|_2^2 \leqslant (1-\mu\alpha)^k\|\boldsymbol{x}^1-\boldsymbol{x}^*\|_2^2+\left[\frac{2L}{\alpha}\|\boldsymbol{x}^*\|_2+\frac{6L^2\mu}{\alpha}\right].$$

在不等式 (5.2.16) 的基础上,

$$\begin{aligned} f_{\text{best}}^k - f(\boldsymbol{x}^*) &\leqslant \frac{(1-\mu\alpha)^k\|\boldsymbol{x}^1-\boldsymbol{x}^*\|_2^2}{2\sum\limits_{t=1}^{k}\mu\prod\limits_{i=t+1}^{k}(1-\mu\alpha)}+\frac{\sum\limits_{t=1}^{k}(3\mu^2L^2+\mu L\|\boldsymbol{x}^*\|_2)\prod\limits_{i=t+1}^{k}(1-\mu\alpha)}{\sum\limits_{t=1}^{k}\mu\prod\limits_{i=t+1}^{k}(1-\mu\alpha)} \\ &= \frac{\alpha(1-\mu\alpha)^k}{2-2(1-\mu\alpha)^k}\|\boldsymbol{x}^1-\boldsymbol{x}^*\|_2^2+3\mu L+L\|\boldsymbol{x}^*\|_2. \end{aligned}$$

□

推论 5.2.3 ([122]) 在定理 5.2.2 的假设下, 如果步长满足 $\mu_k = \dfrac{2}{\alpha(k+1)}$, 则对于所有 $k \geqslant 1$,

$$\|\boldsymbol{x}^k - \boldsymbol{x}^*\|_2^2 \leqslant \frac{24L^2}{\alpha^2(k+1)} + \frac{2L}{\alpha}\|\boldsymbol{x}^*\|_2. \tag{5.2.21}$$

并有

$$f\left(\sum_{t=1}^{k} \frac{2t}{k(k+1)}\boldsymbol{x}^t\right) - f(\boldsymbol{x}^*) \leqslant \frac{12L^2}{\alpha(k+1)} + L\|\boldsymbol{x}^*\|_2. \tag{5.2.22}$$

证明 由不等式 (5.2.18),

$$\|\boldsymbol{x}^{k+1} - \boldsymbol{x}^*\|_2^2 \leqslant \left(1 - \frac{2}{k+1}\right)\|\boldsymbol{x}^k - \boldsymbol{x}^*\|_2^2 + \frac{24L^2}{\alpha^2(k+1)^2} + \frac{4L\|\boldsymbol{x}^*\|_2}{\alpha(k+1)}. \tag{5.2.23}$$

不等式 (5.2.23) 两边乘以 $k(k+1)$,

$$k(k+1)\|\boldsymbol{x}^{k+1} - \boldsymbol{x}^*\|_2^2 \leqslant (k-1)k\|\boldsymbol{x}^k - \boldsymbol{x}^*\|_2^2 + \frac{24L^2 k}{\alpha^2(k+1)} + \frac{4L\|\boldsymbol{x}^*\|_2 k}{\alpha}.$$

从 $t=1$ 到 k 求和

$$\begin{aligned} k(k+1)\|\boldsymbol{x}^{k+1} - \boldsymbol{x}^*\|_2^2 &\leqslant \frac{24L^2}{\alpha^2}\sum_{t=1}^{k}\frac{t}{t+1} + \frac{2L\|\boldsymbol{x}^*\|_2}{\alpha}k(k+1) \\ &\leqslant \frac{24L^2}{\alpha^2}k + \frac{2L\|\boldsymbol{x}^*\|_2}{\alpha}k(k+1). \end{aligned}$$

因此

$$\|\boldsymbol{x}^{k+1} - \boldsymbol{x}^*\|_2^2 \leqslant \frac{24L^2}{\alpha^2(k+1)} + \frac{2L}{\alpha}\|\boldsymbol{x}^*\|_2.$$

另一方面, 由 (5.2.19),

$$\begin{aligned} f(\boldsymbol{x}^k) - f(\boldsymbol{x}^*) \leqslant \frac{\alpha}{4}\Bigg[&(k-1)\|\boldsymbol{x}^k - \boldsymbol{x}^*\|_2^2 - (k+1)\|\boldsymbol{x}^{k+1} - \boldsymbol{x}^*\|_2^2 \\ &+ \frac{24L^2}{\alpha^2(k+1)} + \frac{4}{\alpha}L\|\boldsymbol{x}^*\|_2\Bigg]. \end{aligned}$$

两边乘以 k,

$$k(f(\boldsymbol{x}^k) - f(\boldsymbol{x}^*)) \leqslant \frac{\alpha}{4}\Big[(k-1)k\|\boldsymbol{x}^k - \boldsymbol{x}^*\|_2^2 - k(k+1)\|\boldsymbol{x}^{k+1} - \boldsymbol{x}^*\|_2^2$$

$$+\frac{24L^2}{\alpha^2(k+1)}k+\frac{4}{\alpha}L\|\boldsymbol{x}^*\|_2k\Bigg].$$

最后将上式从 k 到 1 相加, 应用 Jensen 不等式,

$$f\left(\sum_{t=1}^{k}\frac{2t}{k(k+1)}\boldsymbol{x}^t\right)-f(\boldsymbol{x}^*)\leqslant\frac{2}{k(k+1)}\sum_{t=1}^{k}t(f(\boldsymbol{x}^t)-f(\boldsymbol{x}^*))\leqslant\frac{12L^2}{\alpha(k+1)}+L\|\boldsymbol{x}^*\|_2.$$

□

5.3 随机次梯度投影算法

梯度/次梯度下降算法建立在梯度/次梯度可知的假设下. 由于噪声和数据量等因素的影响, 这一假设会有不成立的情况. 随机梯度下降算法放弃了对精确梯度的要求, 通过随机采样一个 (或少量) 样本估计梯度. 相比之下, 计算速度快, 内存开销小. 但随机梯度下降法对梯度的估计存在偏差, 造成目标函数曲线收敛不稳定, 伴有震荡等情况. 对于极值问题 (5.0.1), 我们提出随机次梯度算法

$$\boldsymbol{x}^{k+1}=\mathcal{H}_s(\boldsymbol{x}^k-\gamma_k\tilde{\boldsymbol{g}}^k),\quad k=1,2,\cdots,\tag{5.3.1}$$

其中非负实数 γ_k 是步长. 随机向量 $\tilde{\boldsymbol{g}}^k=\tilde{\boldsymbol{g}}^k(\boldsymbol{x}^k;\xi_k)$ 的选取依赖于当前的向量 $\boldsymbol{x}^k$ 和随机变量 ξ_k, 满足

$$\mathbb{E}_{\xi_k}\left(\tilde{\boldsymbol{g}}^k(\boldsymbol{x}^k;\xi_k)\mid\boldsymbol{x}^k\right)=\boldsymbol{g}^k\in\partial f(\boldsymbol{x}^k),$$

其中

$$\mathbb{E}_{\xi_k}\left(\tilde{\boldsymbol{g}}^k(\boldsymbol{x}^k;\xi_k)\mid\boldsymbol{x}^k\right)$$

表示在 $\boldsymbol{x}^k$ 发生的情况下, 对于随机向量 $\tilde{\boldsymbol{g}}^k$ 关于随机变量 ξ_k 取期望. 在这一假设下, $\boldsymbol{x}^{k+1}$ 也是依赖于 ξ_k 的随机向量.

例 5.3.1 考虑包含稀疏约束的最小一乘问题

$$\min_{\|\boldsymbol{x}\|_0\leqslant s}f(\boldsymbol{x})=\min_{\|\boldsymbol{x}\|_0\leqslant s}\frac{1}{m}\|\boldsymbol{A}\boldsymbol{x}-\boldsymbol{y}\|_1,$$

其中, $\boldsymbol{A}\in\mathbb{R}^{m\times n}$, $\boldsymbol{y}\in\mathbb{R}^m$. 目标函数在 $\boldsymbol{x}^k$ 处的次梯度为

$$\frac{1}{m}\boldsymbol{A}^{\mathrm{T}}(\mathrm{sgn}(\boldsymbol{A}\boldsymbol{x}^k-\boldsymbol{y}))\in\partial f(\boldsymbol{x}^k).$$

对于正整数 k, 假设每次迭代中对梯度的计算都是随机事件, 记为 ξ_k. 如果事件是从集合 $\{1,2,\cdots,m\}$ 中等概率地选取指标, 即

$$\mathbb{P}(\xi_k=j)=\frac{1}{m},\quad j=1,2,\cdots,m,$$

则有

$$
\begin{aligned}
&\mathbb{E}_{\xi_k}\left(\boldsymbol{a}_{\xi_k}\operatorname{sgn}(\boldsymbol{a}_{\xi}^{\mathrm{T}}\boldsymbol{x}^k-y_{\xi_k})\right)\\
=&\frac{1}{m}\sum_{i=1}^{m}\left[\boldsymbol{a}_i\operatorname{sgn}(\boldsymbol{a}_i^{\mathrm{T}}\boldsymbol{x}^k-y_i)\right]\\
=&\frac{1}{m}\boldsymbol{A}^{\mathrm{T}}\operatorname{sgn}(\boldsymbol{A}\boldsymbol{x}^k-\boldsymbol{y}),
\end{aligned}
$$

其中 $\boldsymbol{a}_i^{\mathrm{T}}\in\mathbb{R}^n$ 为矩阵 $\boldsymbol{A}$ 的第 i 行行向量. 由此得到随机梯度下降算法

$$
\boldsymbol{x}^{k+1}=\boldsymbol{x}^k-\gamma_k\mathcal{H}_s(\boldsymbol{a}_{\xi_k}\operatorname{sgn}(\boldsymbol{a}_{\xi_k}^{\mathrm{T}}\boldsymbol{x}^k-y_{\xi_k})),\quad k=1,2,3,\cdots.
$$

类似于引理 5.2.1, 我们可以证明

引理 5.3.1 令 $\boldsymbol{x}^1\in\mathbb{R}^n$ 为任意的初始值, 令 $\{\boldsymbol{x}^k\}_{k>1}$ 为迭代算法 (5.3.1) 产生的序列. 记 $\boldsymbol{z}^k=\boldsymbol{x}^k-\gamma_k\tilde{\boldsymbol{g}}^k$, 我们有

$$
\mathbb{E}_{\xi_k}\left(\|\boldsymbol{x}^{k+1}-\boldsymbol{x}^k\|_2^2\mid\boldsymbol{x}^k\right)\leqslant 4\gamma_k^2\mathbb{E}_{\xi_k}\left(\|\tilde{\boldsymbol{g}}^k\|_2^2\mid\boldsymbol{x}^k\right),\tag{5.3.2}
$$

且

$$
\mathbb{E}_{\xi_k}\left(\langle\boldsymbol{x}^{k+1}-\boldsymbol{z}^k,\boldsymbol{x}^k-\boldsymbol{x}^*\rangle\mid\boldsymbol{x}^k\right)\leqslant\gamma_k^2\mathbb{E}_{\xi_k}\left(\|\tilde{\boldsymbol{g}}^k\|_2^2\mid\boldsymbol{x}^k\right)+\gamma_k\|\boldsymbol{x}^*\|_2\mathbb{E}_{\xi_k}\left(\|\tilde{\boldsymbol{g}}^k\|_2\mid\boldsymbol{x}^k\right),\tag{5.3.3}
$$

对于 $k=1,2,\cdots$ 成立.

给定正整数 k, 对于随机变量 ξ_t, $t=1,2,\cdots,k$, 定义

$$
\mathbb{E}(\cdot)=\mathbb{E}_{\xi_1}\mathbb{E}_{\xi_2}\cdots\mathbb{E}_{\xi_{k-1}}(\cdot).
$$

和推论 5.2.1, 推论 5.2.3 类似, 我们有

定理 5.3.1 ([122]) 假设函数 f 是凸的, $\boldsymbol{x}^*$ 是极值问题 (5.0.1) 的解. 向量 $\boldsymbol{x}^1$ 满足 $\|\boldsymbol{x}^1-\boldsymbol{x}^*\|_2\leqslant\epsilon$, 其中 $\epsilon>0$. 如果由迭代算法 (5.3.1) 产生的数列 $\{\boldsymbol{x}^k\}_{k>1}$ 满足

$$
\mathbb{E}_{\xi_k}\left(\|\tilde{\boldsymbol{g}}^k\|_2^2\right)\leqslant G_1,\quad\mathbb{E}_{\xi_k}(\|\tilde{\boldsymbol{g}}^k\|_2)\leqslant G_2,
$$

且 $\gamma_k=\gamma$. 则

$$
\mathbb{E}\left[f\left(\frac{1}{k}\sum_{t=1}^{k}\boldsymbol{x}^t\right)-f(\boldsymbol{x}^*)\right]\leqslant\frac{\epsilon^2}{2\gamma k}+3\gamma G_1+G_2\|\boldsymbol{x}^*\|_2.\tag{5.3.4}
$$

证明 记

$$
\boldsymbol{z}^t=\boldsymbol{x}^t-\gamma_t\tilde{\boldsymbol{g}}^t.
$$

对于 $t=1,2,\cdots$, 由不等式 (5.3.2) 和不等式 (5.3.3), 我们有

$$\begin{aligned}
&\mathbb{E}_{\xi_t}\left(\|\boldsymbol{x}^{t+1}-\boldsymbol{x}^*\|_2^2 \mid \boldsymbol{x}^t\right)\\
=&\mathbb{E}_{\xi_t}\left(\|\boldsymbol{x}^{t+1}-\boldsymbol{x}^t+\boldsymbol{x}^t-\boldsymbol{x}^*\|_2^2 \mid \boldsymbol{x}^t\right)\\
=&\mathbb{E}_{\xi_t}\left(\|\boldsymbol{x}^{t+1}-\boldsymbol{x}^t\|_2^2 \mid \boldsymbol{x}^t\right)+\mathbb{E}_{\xi_t}\left(\|\boldsymbol{x}^t-\boldsymbol{x}^*\|_2^2 \mid \boldsymbol{x}^t\right)\\
&+2\mathbb{E}_{\xi_t}\left(\langle \boldsymbol{x}^{t+1}-\boldsymbol{x}^t,\boldsymbol{x}^t-\boldsymbol{x}^*\rangle \mid \boldsymbol{x}^t\right)\\
\leqslant& 4\gamma_t^2\mathbb{E}_{\xi_t}\left(\|\tilde{\boldsymbol{g}}^t\|_2^2 \mid \boldsymbol{x}^t\right)+\|\boldsymbol{x}^t-\boldsymbol{x}^*\|_2^2+2\mathbb{E}_{\xi_t}\left(\langle \boldsymbol{x}^{t+1}-\boldsymbol{z}^t,\boldsymbol{x}^t-\boldsymbol{x}^*\rangle \mid \boldsymbol{x}^t\right)\\
&+2\mathbb{E}_{\xi_t}\left(\langle \boldsymbol{z}^t-\boldsymbol{x}^t,\boldsymbol{x}^t-\boldsymbol{x}^*\rangle \mid \boldsymbol{x}^t\right)\\
=&\|\boldsymbol{x}^t-\boldsymbol{x}^*\|_2^2+4\gamma_t^2\mathbb{E}_{\xi_t}\left(\|\tilde{\boldsymbol{g}}^t\|_2^2 \mid \boldsymbol{x}^t\right)+2\mathbb{E}_{\xi_t}\left(\langle \boldsymbol{x}^{t+1}-\boldsymbol{z}^t,\boldsymbol{x}^t-\boldsymbol{x}^*\rangle \mid \boldsymbol{x}^t\right)\\
&+2\mathbb{E}_{\xi_t}\left(\langle \gamma_t\tilde{\boldsymbol{g}}^t,\boldsymbol{x}^*-\boldsymbol{x}^t\rangle \mid \boldsymbol{x}^t\right)\\
\leqslant&\|\boldsymbol{x}^t-\boldsymbol{x}^*\|_2^2+6\gamma_t^2\mathbb{E}_{\xi_t}\left(\|\tilde{\boldsymbol{g}}^t\|_2^2 \mid \boldsymbol{x}^t\right)+2\gamma_t\mathbb{E}_{\xi_t}\left(\|\tilde{\boldsymbol{g}}^t\|_2\|\boldsymbol{x}^*\|_2 \mid \boldsymbol{x}^t\right)\\
&+2\gamma_t\mathbb{E}_{\xi_t}\left(\langle \tilde{\boldsymbol{g}}^t,\boldsymbol{x}^*-\boldsymbol{x}^t\rangle \mid \boldsymbol{x}^t\right).
\end{aligned}\tag{5.3.5}$$

结合条件中对 $\tilde{\boldsymbol{g}}^t$ 的假设,

$$\begin{aligned}
\mathbb{E}_{\xi_t}\left(\|\boldsymbol{x}^{t+1}-\boldsymbol{x}^*\|_2^2\right)\leqslant&\left(\|\boldsymbol{x}^t-\boldsymbol{x}^*\|_2^2\right)+6\gamma_t^2\mathbb{E}_{\xi_t}\left(\|\tilde{\boldsymbol{g}}^t\|_2^2\right)+2\gamma_t\mathbb{E}_{\xi_t}\left(\|\tilde{\boldsymbol{g}}^t\|_2\right)\|\boldsymbol{x}^*\|_2\\
&+2\gamma_t\mathbb{E}_{\xi_t}\langle \boldsymbol{g}^t,\boldsymbol{x}^*-\boldsymbol{x}^t\rangle\\
\leqslant&\|\boldsymbol{x}^t-\boldsymbol{x}^*\|_2^2+6\gamma_t^2G_1+2\gamma_tG_2\|\boldsymbol{x}^*\|_2+2\gamma_t\left(f(\boldsymbol{x}^*)-f(\boldsymbol{x}^t)\right).
\end{aligned}$$

整理可得

$$2\gamma_t\left(f(\boldsymbol{x}^t)-f(\boldsymbol{x}^*)\right)\leqslant\|\boldsymbol{x}^t-\boldsymbol{x}^*\|_2^2-\mathbb{E}_{\xi_t}\left(\|\boldsymbol{x}^{t+1}-\boldsymbol{x}^*\|_2^2\right)+6\gamma_t^2G_1+2\gamma_tG_2\|\boldsymbol{x}^*\|_2.\tag{5.3.6}$$

不等式 (5.3.6) 两边关于随机变量 ξ_t, $t=1,\cdots,k-1$ 取期望, 可得

$$2\gamma_t\mathbb{E}\left(f(\boldsymbol{x}^t)-f(\boldsymbol{x}^*)\right)\leqslant\mathbb{E}(\|\boldsymbol{x}^t-\boldsymbol{x}^*\|_2^2)-\mathbb{E}(\mathbb{E}_{\xi_t}\left(\|\boldsymbol{x}^{t+1}-\boldsymbol{x}^*\|_2^2\right))+6\gamma_t^2G_1+2\gamma_tG_2\|\boldsymbol{x}^*\|_2.\tag{5.3.7}$$

不等式 (5.3.7) 从 $t=1$ 到 k 求和, 结合 γ 为常数, 我们有

$$\begin{aligned}
2\gamma\sum_{t=1}^{t}\mathbb{E}\left(f(\boldsymbol{x}^t)-f(\boldsymbol{x}^*)\right)\leqslant&\|\boldsymbol{x}^1-\boldsymbol{x}^*\|_2^2+6\gamma^2kG_1+2\gamma kG_2\|\boldsymbol{x}^*\|_2\\
\leqslant&\epsilon^2+6\gamma^2kG_1+2\gamma kG_2\|\boldsymbol{x}^*\|_2.
\end{aligned}$$

由 Jensen 不等式得

$$\mathbb{E}\left[f\left(\frac{1}{k}\sum_{t=1}^{k}\boldsymbol{x}^t\right)-f(\boldsymbol{x}^*)\right]\leqslant\frac{1}{k}\sum_{t=1}^{k}\mathbb{E}\left(f(\boldsymbol{x}^t)-f(\boldsymbol{x}^*)\right)\leqslant\frac{\epsilon^2}{2\gamma k}+3\gamma G_1+G_2\|\boldsymbol{x}^*\|_2.$$

□

当 $f(\boldsymbol{x})$ 是 α 强凸函数时, 我们有

定理 5.3.2 ([122]) 假设函数 f 是 α 强凸, $\boldsymbol{x}^*$ 是极值问题 (5.0.1) 的解. 向量 $\boldsymbol{x}^1$ 满足 $\|\boldsymbol{x}^1-\boldsymbol{x}^*\|_2\leqslant\epsilon$, 其中 $\epsilon>0$. 如果由迭代算法 (5.3.1) 产生的数列 $\{\boldsymbol{x}^k\}_{k>1}$ 满足

$$\mathbb{E}_{\xi_k}\left(\|\tilde{\boldsymbol{g}}^k\|_2^2\right)\leqslant G_1,\quad \mathbb{E}_{\xi_k}\left(\|\tilde{\boldsymbol{g}}^k\|_2\right)\leqslant G_2$$

且 $\gamma_k=\dfrac{2}{\alpha(k+1)}$, 则

$$\mathbb{E}\|\boldsymbol{x}^k-\boldsymbol{x}^*\|_2^2\leqslant\frac{24G_1}{\alpha^2 k}+\frac{2G_2}{\alpha}\|\boldsymbol{x}^*\|_2 \tag{5.3.8}$$

对于所有 $k>1$ 成立, 并有

$$\mathbb{E}\left[f\left(\sum_{t=1}^{k}\frac{2t}{t(t+1)}\boldsymbol{x}_t\right)-f(\boldsymbol{x}^*)\right]\leqslant\frac{12G_1}{\alpha(k+1)}+G_2\|\boldsymbol{x}^*\|_2. \tag{5.3.9}$$

证明 由不等式 (5.3.5),

$$\begin{aligned}\mathbb{E}\left(\|\boldsymbol{x}^{i+1}-\boldsymbol{x}^*\|_2^2\mid\boldsymbol{x}^i\right)\leqslant&\|\boldsymbol{x}^i-\boldsymbol{x}^*\|_2^2+6\gamma_i^2\mathbb{E}\left(\|\tilde{\boldsymbol{g}}^i\|_2^2\mid\boldsymbol{x}^i\right)+2\gamma_i\mathbb{E}\left(\|\tilde{\boldsymbol{g}}^i\|_2\|\boldsymbol{x}^*\|_2\mid\boldsymbol{x}^i\right)\\&+2\gamma_i\langle\boldsymbol{g}^i,\boldsymbol{x}^*-\boldsymbol{x}^i\rangle,\end{aligned} \tag{5.3.10}$$

两边取期望, 利用 $f(\boldsymbol{x})$ 的强凸性,

$$\mathbb{E}\|\boldsymbol{x}^{i+1}-\boldsymbol{x}^*\|_2^2\leqslant(1-\gamma_i\alpha)\mathbb{E}\|\boldsymbol{x}^i-\boldsymbol{x}^*\|_2^2+6\gamma_i^2G_1+2\gamma_iG_2\|\boldsymbol{x}^*\|_2+2\gamma_i\mathbb{E}\left[f(\boldsymbol{x}^*)-f(\boldsymbol{x}^i)\right]. \tag{5.3.11}$$

因为

$$\gamma_i=\frac{2}{\alpha(i+1)},$$

不等式 (5.3.11) 等价于

$$\begin{aligned}&\mathbb{E}\left[f(\boldsymbol{x}^i)-f(\boldsymbol{x}^*)\right]\\\leqslant&\frac{\alpha}{4}\left[(i-1)\mathbb{E}\|\boldsymbol{x}^i-\boldsymbol{x}^*\|_2^2-(i+1)\mathbb{E}\|\boldsymbol{x}^{i+1}-\boldsymbol{x}^*\|_2^2+\frac{24}{\alpha^2(i+1)}G_1+\frac{4}{\alpha}G_2\|\boldsymbol{x}^*\|_2\right].\end{aligned} \tag{5.3.12}$$

对所有 i, 我们有 $f(\boldsymbol{x}^*) \leqslant f(\boldsymbol{x}^i)$. 和推论 5.2.3 类似, 不等式 (5.3.12) 两边乘以 i,

$$0 \leqslant (i-1)i\mathbb{E}\|\boldsymbol{x}^i - \boldsymbol{x}^*\|_2^2 - i(i+1)\mathbb{E}\|\boldsymbol{x}^{i+1} - \boldsymbol{x}^*\|_2^2 + \frac{24}{\alpha^2(i+1)}G_1 i + \frac{4}{\alpha}G_2\|\boldsymbol{x}^*\|_2 i.$$

将 $i=1$ 到 t 求和,

$$t(t+1)\mathbb{E}\|\boldsymbol{x}^{t+1} - \boldsymbol{x}^*\|_2^2 \leqslant \frac{24G_1}{\alpha^2}t + \frac{2G_2\|\boldsymbol{x}^*\|_2}{\alpha}t(t+1).$$

因此

$$\mathbb{E}\|\boldsymbol{x}^{t+1} - \boldsymbol{x}^*\|_2^2 \leqslant \frac{24G_1}{\alpha^2(t+1)} + \frac{2G_2}{\alpha}\|\boldsymbol{x}^*\|_2.$$

结合 Jensen 不等式,

$$\mathbb{E}\left[f\left(\sum_{t=1}^{k}\frac{2t}{t(t+1)}\boldsymbol{x}_t\right) - f(\boldsymbol{x}^*)\right] \leqslant \frac{12G_1}{\alpha(k+1)} + G_2\|\boldsymbol{x}^*\|_2. \qquad \square$$

5.4 基于稀疏约束的非光滑正则化问题

在机器学习, 压缩感知等研究领域中存在大量正则化模型是非光滑的. 很多模型可以统一在模型 (5.0.1) 这一框架下. 其中惩罚函数 $f(x)$ 是非光滑的凸函数. 利用本章提出的投影次梯度算法, 本节讨论两个非凸优化模型的求解算法及其收敛性.

5.4.1 One-Bit 压缩感知

传统压缩感知假设压缩采样值定义在实数域上. 在实际问题中, 压缩采样值必须经过量化才能进行传输和保存. 常用的量化级有 8-bit, 16-bit 等. One-bit 压缩感知保留压缩采样值的符号信息, 数学上建模为

$$\boldsymbol{y} = \operatorname{sgn}(\boldsymbol{A}\boldsymbol{x}), \tag{5.4.1}$$

其中

$$(\operatorname{sgn}(\boldsymbol{x}))_i = \begin{cases} 1, & x_i > 0, \\ -1, & x_i \leqslant 0, \end{cases} \quad i = 1, 2, \cdots, n. \tag{5.4.2}$$

模型 (5.4.1) 从 n 维实数空间 $\mathbb{R}^n$ 映射到二元立方体 $\{-1,1\}^m$, 被称为 One-bit 量化器. 可以看到, 在式 (5.4.1) 的表示下, m 不仅代表测量次数, 也代表测量所

占用的比特数. 注意到 $\boldsymbol{x}$ 的模长信息在观测过程中丢失, 因此我们一般只能在限制在单位球面的意义下恢复目标稀疏向量 $\boldsymbol{x}$, 也就是恢复 $\boldsymbol{x}$ 的方向. 研究人员已经提出了一系列 One-bit 压缩感知重建算法, 其中一个典型的代表算法是由 L. Jacques 等提出的二进制迭代硬阈值 (Binary Iterative Hard Thresholding, BIHT) 算法[97]. 对于给定的测量 $\boldsymbol{y}$ 和测量矩阵 $\boldsymbol{A}$, BIHT 算法通过迭代

$$\boldsymbol{x}^{k+1} = \mathcal{H}_s\left(\boldsymbol{x}^k - \boldsymbol{A}^{\mathrm{T}}\mathrm{sgn}(\boldsymbol{A}\boldsymbol{x}^k - \boldsymbol{y})\right), \quad k = 1, 2, \cdots \tag{5.4.3}$$

恢复原始的稀疏信号 $\boldsymbol{x}$. BIHT 算法的提出受到 IHT 算法 (5.1.3) 的启发. 定义负函数 $[\cdot]_-$ 如下

$$([\boldsymbol{x}]_-)_i = \begin{cases} x_i, & x_i < 0, \\ 0, & x_i \geqslant 0, \end{cases} \quad i = 1, 2, \cdots, n.$$

对于任意的向量 $\boldsymbol{x}, \boldsymbol{y} \in \mathbb{R}^n$, 定义运算

$$(\boldsymbol{x} \circ \boldsymbol{y})_i = x_i y_i, \quad i = 1, 2, \cdots, n.$$

$\boldsymbol{x} \circ \boldsymbol{y}$ 称为 Hadmard 积. BIHT 算法被用于求解非凸模型

$$\min_{\|\boldsymbol{x}\|_0 \leqslant s} \left\|[\boldsymbol{y} \circ (\boldsymbol{A}\boldsymbol{x})]_-\right\|_1. \tag{5.4.4}$$

可以验证, 向量 $\boldsymbol{A}^{\mathrm{T}}\mathrm{sgn}(\boldsymbol{A}\boldsymbol{x}^k - \boldsymbol{y})$ 是函数

$$\|[\boldsymbol{y} \circ (\boldsymbol{A}\boldsymbol{x})]_-\|_1$$

在 $\boldsymbol{x}^k$ 处的次梯度. 即

$$\boldsymbol{A}^{\mathrm{T}}\mathrm{sgn}(\boldsymbol{A}\boldsymbol{x}^k - \boldsymbol{y}) \in \partial\left(\left\|[\boldsymbol{y} \circ (\boldsymbol{A}\boldsymbol{x}^k)]_-\right\|_1\right).$$

我们可以把 BIHT 算法看作是一个投影次梯度算法, 值得注意的是这里的投影是投影到一个非凸集上, 即稀疏向量集合. 以此为动机, 我们考虑投影次梯度算法在求解非凸约束条件下最小化一个非光滑的凸函数问题的收敛性.

定理 5.4.1 ([122]) 对于任意稀疏的向量 $\boldsymbol{x}^* \in \mathbb{R}^n$ 满足 $\|\boldsymbol{x}^*\|_0 \leqslant s$, 假设 $m < n$ 且 $\boldsymbol{A} \in \mathbb{R}^{m\times n}$ 是一个高斯随机矩阵, 其元素来自独立同分布的高斯分布 $N\left(0, \dfrac{1}{n}\right)$. 令 $\boldsymbol{x}^1 \in \mathbb{R}^n$ 为一初始向量且满足 $\|\boldsymbol{x}^1 - \boldsymbol{x}^*\|_2 \leqslant \epsilon$, ϵ 为一正常数. 那么

由 BIHT 算法 (5.4.3) 生成的序列 $\{\boldsymbol{x}^k\}_{k>1}$ 以极大的概率满足如下的结论:

$$\|\boldsymbol{x}^k-\boldsymbol{x}^*\|_2^2 \leqslant \epsilon^2+\left(6\sum_{t=1}^{k}\mu_t^2+2\sum_{t=1}^{k}\mu_t\|x^*\|_2\right), \tag{5.4.5}$$

以及

$$f_{\text{best}}^k - f(\boldsymbol{x}^*) \leqslant \frac{\epsilon^2}{2\sum\limits_{t=1}^{k}\mu_t}+\frac{3\sum\limits_{t=1}^{k}\mu_t^2}{\sum\limits_{t=1}^{k}\mu_t}+\|\boldsymbol{x}^*\|_2 \tag{5.4.6}$$

对所有的 $k>1$ 成立.

证明 证明依赖于定理 5.2.1. 非渐近的 Bai-Yin 定律[173, Corollary 5.35] 表明 Φ 的最大奇异值

$$\sigma_{\max}(\Phi) \leqslant \sqrt{m}+\sqrt{n}+t$$

成立的概率大于 $1-2\exp(-t^2/2)$, 其中 $t \geqslant 0$. 由此可得

$$\begin{aligned}\frac{1}{2}\|\boldsymbol{A}^{\mathrm{T}}(\operatorname{sgn}(\boldsymbol{A}(\boldsymbol{x}))-\boldsymbol{y})\|_2 &\leqslant \frac{\sqrt{m}+2\sqrt{n}}{2}\|\operatorname{sgn}(\boldsymbol{A}(\boldsymbol{x}))-\boldsymbol{y}\|_2\\ &\leqslant (m+2\sqrt{mn}) \leqslant 3\sqrt{mn}\end{aligned}$$

成立的概率至少大于 $1-2\exp(-cn)$, 其中 $c>0$. 如果我们将目标函数转变为 $f(\boldsymbol{x})=\dfrac{1}{3\sqrt{mn}}\|[\boldsymbol{y}\circ(\Phi\boldsymbol{x})]_-\|_1$, 那么优化问题本身并没有发生变化. 在这个情况下, $f(\boldsymbol{x})$ 的次梯度的 l_2 范数有一个一致上界 1. 进而我们可以应用定理 5.2.1 得到本定理的结论. □

5.4.2 支持向量机

分类是监督学习的一个核心问题. 通过数据学习一个分类模型或分类决策函数, 称为分类器. 分类器对新的输入进行输出的预测, 称为分类, 可能的输出称为类, 分类的类别为多个时, 称为多类分类问题, 本节主要讨论二分类问题, 如图 5.2. 支持向量基 (Supprot Vector Machine, SVM) 在 20 世纪 90 年代后得到快速发展并衍生出一系列改进和扩展算法, 在人像识别、文本分类等模式识别问题中得到应用. 它的基本模型是定义在特征空间上的间隔最大的线性分类器. 假设带标签数据 $\{\boldsymbol{a}_i,y_i\}_{i=1}^m$ 满足 $\boldsymbol{a}_i\in\mathbb{R}^n$, $y_i\in\{+1,-1\}$. 我们的目标是通过一个超平面对数据实现分类,

$$y_i=\operatorname{sgn}(\boldsymbol{x}^{\mathrm{T}}\boldsymbol{a}_i+b), \quad i=1,2,\cdots,m.$$

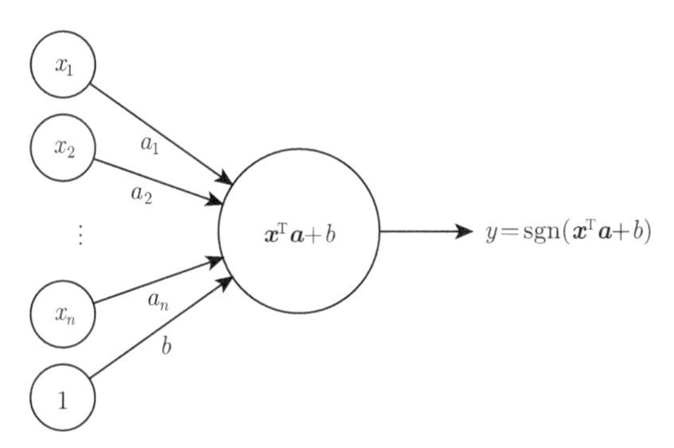

图 5.2 感知机模型

在本节的讨论中, 我们引入两个假设:

1. 为了记号上的简洁, 在下面的讨论中, 我们设偏置项 $b=0$.

2. 我们同时引入稀疏假设, 即假设 $\boldsymbol{x}$ 大部分元素 (也就是特征) 和最终的输出 y_i 没有关系或者不提供任何信息.

在这些假设下, 首先我们尝试在可分数据集上为两类数据建立一个缓冲带. 其中一类数据 $(y_i=+1)$ 在超平面 $\boldsymbol{x}^{\mathrm{T}}\boldsymbol{a}_i=1$ 以上, 另一类数据 $(y_i=-1)$ 在超平面 $\boldsymbol{x}^{\mathrm{T}}\boldsymbol{a}_i=-1$ 以下. 样本中距离超平面最近的一些点称为支持向量. 两类数据可以统一为

$$y_i(\boldsymbol{x}^{\mathrm{T}}\boldsymbol{a}_i)\geqslant 1,\quad i=1,2,\cdots,m,$$

等价于

$$\max\left(0,1-y_i(\boldsymbol{x}^{\mathrm{T}}\boldsymbol{a}_i)\right)=0.$$

因此建模为

$$\min_{\boldsymbol{x}}\sum_{i=1}^{m}\max\left(0,1-y_i(\boldsymbol{x}^{\mathrm{T}}\boldsymbol{a}_i)\right).\tag{5.4.7}$$

对于任意给定的分割平面 $\boldsymbol{x}^{\mathrm{T}}\boldsymbol{a}=1$ 和 $\boldsymbol{x}^{\mathrm{T}}\boldsymbol{a}=-1$. 我们计算缓冲区域的宽度. 取平面 $\boldsymbol{x}^{\mathrm{T}}\boldsymbol{a}=1$ 上的点 $\boldsymbol{a}_1$ 和 $\boldsymbol{x}^{\mathrm{T}}\boldsymbol{a}_i=-1$ 上的点 $\boldsymbol{a}_2$. 我们有

$$\boldsymbol{x}^{\mathrm{T}}(\boldsymbol{a}_1-\boldsymbol{a}_2)=(\boldsymbol{x}^{\mathrm{T}}\boldsymbol{a}_1)-(\boldsymbol{x}^{\mathrm{T}}\boldsymbol{a}_2)=1-(-1)=2.$$

利用内积的性质, 当向量 $\boldsymbol{a}_1-\boldsymbol{a}_2$ 和向量 $\boldsymbol{x}$ 平行时, 我们有

$$\boldsymbol{x}^{\mathrm{T}}(\boldsymbol{a}_1-\boldsymbol{a}_2)=\langle\boldsymbol{x},\boldsymbol{a}_1-\boldsymbol{a}_2\rangle=\|\boldsymbol{x}\|\|\boldsymbol{a}_1-\boldsymbol{a}_2\|=2.$$

因此, 两个平面之间的距离为

$$\|\boldsymbol{a}_1 - \boldsymbol{a}_2\| = \frac{2}{\|\boldsymbol{x}\|}.$$

为了使得缓冲区域足够大, 我们希望 $\frac{2}{\|\boldsymbol{x}\|}$ 足够小. 结合优化模型 (5.4.7) 得到无约束 SVM 模型

$$\min_{\boldsymbol{x}\in\mathbb{R}^n} \left\{ \frac{1}{m}\sum_{i=1}^{m} h(y_i, \langle \boldsymbol{x}, \boldsymbol{a}_i \rangle) + \frac{\lambda}{2}\|\boldsymbol{x}\|_2^2 \right\}. \tag{5.4.8}$$

模型 (5.4.8) 中的函数 $h(x) = \max(0, 1-x)$ 是凸的不可微函数. 非负参数 λ 用于平衡拟合项和惩罚项. 如果加上对参数 $\boldsymbol{x}$ 的稀疏约束 (假设 2), 得到模型

$$\min_{\|\boldsymbol{x}\|_0 \leqslant s} \left\{ \frac{1}{m}\sum_{i=1}^{m} h(y_i, \langle \boldsymbol{x}, \boldsymbol{a}_i \rangle) + \frac{\lambda}{2}\|\boldsymbol{x}\|_2^2 \right\}. \tag{5.4.9}$$

极小化问题 (5.4.9) 可以通过次梯度下降算法求解:

$$\boldsymbol{x}^{k+1} = \mathcal{H}_s(\boldsymbol{x}^k - \gamma_t \boldsymbol{g}^k), \tag{5.4.10}$$

其中

$$\boldsymbol{g}^k := \lambda \boldsymbol{x}^k - \frac{1}{m}\sum_{i=1}^{m} \mathbf{1}_{\{y_i\langle \boldsymbol{a}_i, \boldsymbol{x}^k \rangle < 1\}} y_i \boldsymbol{a}_i. \tag{5.4.11}$$

定理 5.4.2 ([122]) 给定一个数据集 $\{(\boldsymbol{a}_i, y_i)\}_{i=1}^m$, 其中 $\boldsymbol{a}_i \in \mathbb{R}^n$, $y_i \in \{+1, -1\}$. 假设 $\boldsymbol{x}^* \in \mathbb{R}^n$ 为 (5.4.9) 的一个最优解且 $\|\boldsymbol{x}^*\|_0 \leqslant s$. 令 $\boldsymbol{x}^1 \in \mathbb{R}^n$ 为任意的一初始向量, 那么存在一列与 $\boldsymbol{x}^*$ 无关的步长 $\{\mu_k\}_{k\geqslant 1}$ 使得由 (5.4.10) 生成的序列 $\{\boldsymbol{x}^k\}_{k>1}$ 满足

$$\|\boldsymbol{x}^k - \boldsymbol{x}^*\|_2^2 \leqslant \frac{24}{\lambda^2 k} + \frac{2}{\lambda}\|\boldsymbol{x}^*\|_2, \tag{5.4.12}$$

以及

$$f\left(\sum_{t=1}^{k} \frac{2t}{k(k+1)} \boldsymbol{x}^{\mathrm{T}}\right) - f(\boldsymbol{x}^*) \leqslant \frac{12}{\lambda(k+1)} + \|\boldsymbol{x}^*\|_2. \tag{5.4.13}$$

在 [203] 中, 针对模型 (5.4.8), 利用 l_1 范数惩罚项来代替 l_2 范数惩罚项, 从而引入对参数的稀疏约束, 达到特征选择的目的:

$$\min_{\boldsymbol{x}\in\mathbb{R}^n} \left\{ \frac{1}{m}\sum_{i=1}^{m} h(y_i, \langle \boldsymbol{x}, \boldsymbol{a}_i \rangle) + \frac{\lambda}{2}\|\boldsymbol{x}\|_1 \right\}. \tag{5.4.14}$$

首先我们通过一个简单的例子来说明标准的 SVM、1-范数 SVM[203] 和模型 (5.4.9) 的差异. 我们有两组无法完全线性分离的数据, 数据来自 Demo: Sparse SVM①. 图 5.3 的左边画出了由标准的 SVM、1-范数 SVM 和模型 (5.4.9) 分别得到的 3 个分隔超平面. 可以看到 1-范数 SVM[203] 和模型 (5.4.9) 都得到垂直的超平面, 即稀疏的解. 但模型 (5.4.9) 相对 1-范数 SVM 而言有着更高的分类准确度. 这里可以给出可能的解释, 注意到在 (5.4.9) 中的 l_2 惩罚项刻画了图 5.3 的右图里两个平行超平面之间的距离. 如果我们取 (5.4.9) 中的 λ 取为 0, 此时 l_2 惩罚项消失, 可以看到由 (5.4.9) 得到的超平面与 1-范数 SVM 得到的超平面完整地吻合.

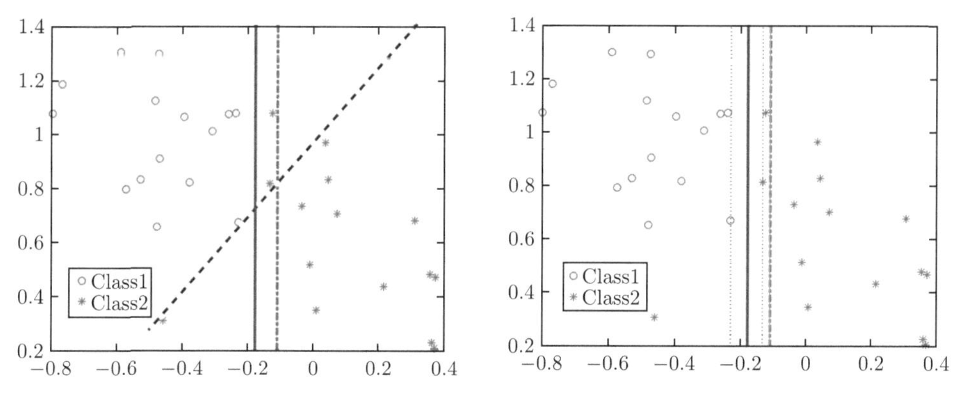

图 5.3 标准 SVM, 1-范数 SVM 和稀疏 SVM (5.4.9) 在二分类上得到的不同超平面. 左: 虚线: 标准 SVM; 点横线: 1-范数 SVM; 实线: 模型 (5.4.9). 右: 点横线: 1-范数 SVM; 粗实线: 模型 (5.4.9); 细实线: 模型 (5.4.9), 其中 $\lambda = 0$

接下来我们使用的 3 个二分类数据集 (colon-cancer, duke breast-cancer 和 leukemia), 都是来自 LIBSVM②数据集. 每一个数据集上都包含一个训练集和测试集. 我们比较了稀疏 SVM (5.4.9) 和标准 SVM (5.4.8)、1-范数 SVM[203] 以及 LIBSVM 工具箱[47] 的表现. 其中 1-范数 SVM 和标准 SVM (5.4.8) 都使用次梯度下降方法求解. 比较的结果可见表 5.1, 不难看到我们的方法不仅保证分类的准确度, 而且可以明显降低特征选择的数量.

① http://cvxr.com/tfocs/demos/sparsesvm/.

② https://www.csie.ntu.edu.tw/~cjlin/libsvm/.

表 5.1　模型 (5.4.9) 与其他 SVM 模型在三个实际数据集上的分类结果比较

数据集	方法	准确率	特征数
colon-cancer	模型 (5.4.9)	84.38%	20
	1-范数 SVM	84.38%	1278
	LIBSVM	84.38%	2000
	SVM	81.25%	2000
duke breast-cancer	模型(5.4.9)	100.00%	100
	1-范数 SVM	100.00%	281
	LIBSVM	97.73%	7129
	SVM	97.73%	7129
leukemia	模型 (5.4.9)	97.37%	20
	1-范数 SVM	84.21%	411
	LIBSVM	100%	7129
	SVM	78.95%	7129

第 6 章　压缩感知理论的应用 II: 相位恢复理论与算法

相位恢复是近 70 年以来出现在 X 射线晶体学[92]、自适应光学[45]、光学波前重构[129]、信号复原[133]、全息成像[154] 等光学领域, 以及显微镜[134]、天文学[4]、逆源问题[104], 甚至是微分几何[14] 等诸多领域中, 受到数学、物理以及工程界等广泛关注的一个重要领域, 其数学模型是: 如何由观测到的信号或图像的强度分布或振幅分布来重构信号或图像, 这就是我们所熟知的相位恢复问题. 更确切地说, 经典的相位恢复问题就是从信号傅里叶系数的模长信息中重构原始信号或图像. 以信号为例, 我们需要从下述观测量:

$$y_k = |\langle \boldsymbol{f}_k, \boldsymbol{x}_0\rangle|^2, \quad k = 1, \cdots, m \tag{6.0.1}$$

重构 $\boldsymbol{x}_0$, $\boldsymbol{f}_k$ 是测量向量. 例如, 在 X 射线晶体结构分析中, 相关仪器只能测定结构因子的模长信息, 而丢失相位信息; 在散射问题中, 只能采集到图像经散射得到的振幅大小, 但其相位信息也丧失在此测量过程中; 在利用光学显微镜或电子显微镜来确定物体的结构时, 同样也会出现类似的问题. 由于光波的频率比较高, 我们可以通过光学设备记录下光场的强度信息, 但是光波的相位信息在采集过程中却很难获取甚至会丢失. 由此可见, 在很多实际应用中, 往往测量到的数据只是标量信息 (即强度或振幅), 而相应的矢量信息 (既有强度又有相位信息) 很难直接测量, 甚至是不可能测量的. 因相位信息包含了成像物体的很多重要的结构信息, 所以相位恢复问题一直受到人们的广泛关注.

6.1　相位恢复的背景介绍

从数学角度来看, 相位恢复问题是从傅里叶变换 $\{|\langle \boldsymbol{f}_k, \boldsymbol{x}_0\rangle|^2\}_{k=1}^m$ 后的模长信息中估计未知信号或者图像 $\boldsymbol{x}_0$. 从 (6.0.1) 可以看出, 当 $m = n$ 时, 由于许多不同的 n 维信号在傅里叶变换下具有相同的模长[95], 因此问题 (6.0.1) 解的存在唯一性问题是经典相位恢复中极具挑战性的. 为保证解的唯一性, 许多研究者考虑使用过采样技术, 即 $m = 2n$ 的离散傅里叶变换, 对应的相位恢复问题就等价于从信号的自相关测量:

$$Y_k = \sum_{j=1}^{m-k} x_0[j]\overline{x_0[k+j]}, \quad k = 1, \cdots, m \tag{6.1.1}$$

中恢复原始信号 $\boldsymbol{x}_0$, 这里, $x_0[j]$ 是向量 $\boldsymbol{x}_0$ 的第 j 个元素. 值得注意的是, 由于下述情形

(1) 信号的时移 $x_0[t - a \bmod n]$, 其中 $t = 1, \cdots, n$;

(2) 共轭翻转 $[\overline{x_0[n]}, \overline{x_0[n-1]}, \cdots, \overline{x_0[1]}]^{\mathrm{T}}$;

(3) 全局相位变化 $c \cdot \boldsymbol{x}_0$, 其中 $c \in \mathbb{C}$ 且 $|c| = 1$

对信号的自相关测量没有影响, 通过这些操作获得的信号被认为是等价于原始信号的, 一般称之为平凡解 (或等价解). 因此, 在大多数应用中, 我们只需恢复任何等价的信号就足够了. 例如, 在天文学中, 原始信号对应于天空中的恒星, 或在 X 射线结晶学中, 原始信号对应于晶体中的原子或分子, 它们等价解的信息量是相等的[72,132], 所以我们只需重构其中任意一个等价解即可①.

近 10 年以来, 随着科学技术的进步以及交叉领域理论的发展, 特别是随着压缩感知以及低秩矩阵恢复理论的出现, 研究者们利用这些理论重新开展相位恢复理论的研究工作. 我们在本章将侧重于利用压缩感知与低秩矩阵恢复方法来研究基于傅里叶测量下的相位恢复理论以及算法. 在相位恢复领域中, 研究者们提出克服经典相位恢复解唯一性问题的一种有效方法是在衍射前以不同方式调节信号, 即

$$y_{k,l} = \left|\sum_{j=1}^{n} x_j \bar{\varepsilon}_{l,j} e^{-\frac{\mathrm{i}2\pi kj}{n}}\right|^2 := |\boldsymbol{f}_k^* \boldsymbol{D}_l^* \boldsymbol{x}|^2, \quad k = 1, \cdots, n,\ l = 1, \cdots, L, \tag{6.1.2}$$

这里 $\varepsilon_{l,j}$ 用来调节信号, $\boldsymbol{D}_l$ 是以 $\varepsilon_{l,j}$ 为对角线元素的对角矩阵. $\boldsymbol{D}_l$ $(1 \leqslant l \leqslant L)$ 在不同应用领域中可以通过使用掩模[101]、光学光栅[127]、倾斜照明[70] 等方法实现. 这种测量一般称为掩模傅里叶测量, 经常出现在衍射成像等应用中, 例如, 它发生在样品粒子的结构信息被超短和超亮的 X 射线脉冲捕获并由电荷耦合器件 (CCD) 相机记录的情况下. 由此可见, 相位恢复问题不再限于传统的傅里叶测量, 研究者们将它延伸至广义测量下的相位恢复问题, 即这些测量可以是服从某个随机分布的随机测量、掩模傅里叶测量等. 针对广义相位恢复问题解的唯一性、稳定性以及采样复杂度, 目前也有一些理论研究结果, 详情可参考文献 [3,7,9-11,20,69,139,179,191]. 然而正如文献 [129] 所指出的, 这些理论结果大多基于随机测量, 并且没有提供从相位恢复问题中求解相位的通用方法. 因此, 我们在相位恢复问题的求解算法和实际应用方面仍然面临着巨大的挑战.

① 对于相位恢复问题, 我们一般所说的信号唯一恢复是在接受等价解的意思上而言的.

6.2 相位恢复的数学理论与算法

经典的相位恢复算法是利用傅里叶变换将信号或图像从时域到频域反复地进行迭代变换, 在每次变换中添加已知的限制条件对信号进行反复修复, 从而重构出原始信号或图像. 这个想法最初是 R. Gerchberg 和 W. Saxton 提出来的, 即 GS 算法[83]. 由于 GS 算法计算简单, 易于实现, 并且容易处理额外的信号的约束条件, 也可以用来求解二维相位恢复问题, 所以该算法成为处理相位恢复问题最流行的算法之一. 随后, 在此基础上, J. Fienup 等提出了各种有效的修正算法, 并提出了几种迭代傅里叶变换 (Iterative Fourier Transform, IFT) 算法, 其中包括误差减少 (Error Reduction, ER) 算法和混合输入输出 (Hybrid Input-Output, HIO) 算法, 该算法被认为是目前相位恢复领域中最好的算法. 遗憾的是即使在无噪声干扰状态下, 此类算法也不能保证迭代过程收敛到正确解, 有时甚至会停滞在某个局部极小值附近. 所以, 关于此类算法解的唯一性, 噪声干扰下的稳定性以及算法理论上的收敛性目前还不是非常清楚.

基于此, 近年来涌现了许多数值算法来求解相位恢复问题, 详情可参考文献 [99]. 这些算法可分为凸算法[6,34-36,41,86,90,91,98,110,172,174] 和非凸算法[22,37,143,175,182-184]. 这些算法在随机高斯测量下的稳定性、采样复杂度都得了很好的理论分析, 但该测量在实际应用中难以实现, 所以许多学者仍在研究高效且有理论保证的算法来求解掩模傅里叶测量或傅里叶测量下的相位恢复问题. 在文献 [12] 中, A. Bandeira 等提供了一些基于极化技术的相位恢复算法, 在无噪声干扰下, 能够唯一重构 n 维信号 $\boldsymbol{x}_0 \in \mathbb{C}^n$, 并且只需用 $O(\log n)$ 个掩模 (即 $O(n\log n)$ 个掩模傅里叶测量). 据我们所知, 这是掩模傅里叶测量下的第一个理论结果. 然而, 此结果是以具有特定代数结构的掩模的选择为代价的, 所以具有一定的局限性. 近年来, Ridgelet, Curvelet 的创始人之一、压缩感知领域的开拓者之一 E. Candès 教授及其合作者在文献 [34,41] 中提出了一种凸算法, 即 PhaseLift 算法,

$$\begin{aligned} &\text{(PhaseLift)} \quad \min_{\boldsymbol{Z}\succeq 0} \quad \operatorname{tr}(\boldsymbol{Z}) \\ &\qquad\qquad\quad \text{s.t.} \quad \operatorname{tr}(\boldsymbol{D}_l \boldsymbol{f}_k \boldsymbol{f}_k^* \boldsymbol{D}_l^* \boldsymbol{Z}) = y_{k,l},\ k=1,\cdots,n, \quad l=1,\cdots,L, \end{aligned} \tag{6.2.1}$$

它主要基于 "提升" 技巧[8], 将平方测量 $|\boldsymbol{f}_k^*\boldsymbol{D}_l^*\boldsymbol{x}_0|^2$ 重新表达为矩阵 $\boldsymbol{X}_0 = \boldsymbol{x}_0\boldsymbol{x}_0^*$ 的线性测量 $\operatorname{tr}(\boldsymbol{D}_l\boldsymbol{f}_k\boldsymbol{f}_k^*\boldsymbol{D}_l^*\boldsymbol{X}_0)$, 然后通过求解半正定规划来估计原始信号或者图像. 在文献 [36] 中, E. Candès 等证明了当在 (6.1.2) 中选用 L 个随机掩模 (即 $\boldsymbol{D}_l$ $(1 \leqslant l \leqslant L)$ 独立同分布于一个复随机对角矩阵 $\boldsymbol{D}$) 时, 在无噪声情况下, 用 $O(\log^4 n)$ 个复的随机掩模可保证 PhaseLift 算法 (6.2.1) 能够唯一重构原始信号 $\boldsymbol{x}_0 \in \mathbb{C}^n$. 同时他们提出了一个问题: 希望将所需掩模阶数 $O(\log^4 n)$ 降

为 $O(\log n)$, 甚至是常数阶 $O(1)$. 随后, 在文献 [91] 中, D. Gross 等在信号模长 $y' := \|\boldsymbol{x}_0\|_2$ 已知的前提下, 用下述修正的 PhaseLift 算法:

$$\begin{aligned} \min_{\boldsymbol{Z}\succeq 0} \quad & \operatorname{tr}(\boldsymbol{Z}) \\ \text{s.t.} \quad & \operatorname{tr}(\boldsymbol{D}_l \boldsymbol{f}_k \boldsymbol{f}_k^* \boldsymbol{D}_l^* \boldsymbol{Z}) = y_{k,l},\ k=1,\cdots,n,\ l=1,\cdots,L, \\ & \operatorname{tr}(\boldsymbol{Z}) = y' \end{aligned} \tag{6.2.2}$$

来求解此相位恢复问题, 并证明了当信号维数 n 为奇数时, 用 $O(\log^2 n)$ 个实的随机掩模, $\boldsymbol{x}_0 \in \mathbb{C}^n$ 可通过 PhaseLift 算法 (6.2.2) 得以唯一重构; 之后, 文献 [108] 证明了当 n 为偶数时相同的结论成立. 此外, 文献 [98] 中的作者也考虑用特定的掩模来测量信号. 他们证明了两个特定的简单掩模 (每个掩模提供 n 个测量) 或五个特定的简单掩模 (每个掩模提供 n 个测量) 足以稳定地恢复大部分信号. 正如我们所见, PhaseLift 算法是一类基于半正定规划的易于运行实现的凸算法, 但随着信号维数的升高, 它们的计算效率会降低. 因此, 在文献 [37] 中, E. Candès 等提出了一类非凸算法——Wirtinger Flow 算法 (Wirtinger 流算法, 简称 WF 算法), 用来求解掩模傅里叶测量下的相位恢复问题. 相比 PhaseLift 算法, WF 算法直接作用在原始向量空间中, 通过求解下述非凸的最小二乘函数:

$$\min_{\boldsymbol{x}} \ \frac{1}{2nL} \sum_{l=1}^{L} \sum_{k=1}^{n} (|\boldsymbol{f}_k^* \boldsymbol{D}_l^* \boldsymbol{x}_0|^2 - y_{k,l})^2 \tag{6.2.3}$$

来估计原始信号 $\boldsymbol{x}_0$. 具体来说, WF 算法主要由两个部分组成: (1) 利用谱方法构造初始值 $\boldsymbol{z}_0$; (2) 通过类似于梯度下降的迭代更新初始值, 即

$$\begin{aligned} \text{(WF)} \quad \boldsymbol{z}_{t+1} &= \boldsymbol{z}_t - \frac{\mu_{t+1}}{\|\boldsymbol{z}_0\|^2} \left(\frac{1}{nL} \sum_{l=1}^{L} \sum_{k=1}^{n} \left(|\boldsymbol{f}_k^* \boldsymbol{D}_l^* \boldsymbol{z}_t|^2 - y_{k,l} \right) \boldsymbol{D}_l \boldsymbol{f}_k \boldsymbol{f}_k^* \boldsymbol{D}_l^* \boldsymbol{z}_t \right) \\ &:= \boldsymbol{z}_t - \frac{\mu_{t+1}}{\|\boldsymbol{z}_0\|^2} \nabla f(\boldsymbol{z}_t). \end{aligned} \tag{6.2.4}$$

E. Candès 等证明了在无噪声干扰下, 由 WF 算法生成的迭代序列可以线性收敛到真实解 $\boldsymbol{x}_0$, 所需随机掩模阶数为 $O(\log^4 n)$, 与 PhaseLift 算法相比, 用来重构原始信号的随机掩模数大大增加, 但是, E. Candès 等在 [37] 中指出, 他们相信在 WF 和 PhaseLift 两种算法下, 能将重构信号所需的随机掩模数降低到 $O(\log n)$. 因此, 一类很重要的问题是要为掩模傅里叶测量下的相位恢复问题寻找鲁棒算法, 并能在最佳样本复杂度下建立理论保证.

6.3 掩模傅里叶测量下的 PhaseLift 算法

在本节中我们考虑带掩模傅里叶测量下的相位恢复问题:

$$y_{k,l} = |\boldsymbol{f}_k^* \boldsymbol{D}_l^* \boldsymbol{x}_0|^2 + \varepsilon_{k,l}, \quad 1 \leqslant k \leqslant n, 1 \leqslant l \leqslant L, \tag{6.3.1}$$

其中 $\boldsymbol{x}_0 = (x_1, \cdots, x_n)^{\mathrm{T}}$, 且 $y' = \|\boldsymbol{x}_0\|_2$ 是已知的, 不妨设 $y' = 1$, $\boldsymbol{f}_k$ 是对应 n 点离散傅里叶变换的傅里叶向量, $\boldsymbol{\varepsilon} = (\varepsilon_{1,1}, \cdots, \varepsilon_{n,L})^{\mathrm{T}} \in \mathbb{R}^{nL}$ 是噪声向量, 对常数 $\eta > 0$, 有 $\|\boldsymbol{\varepsilon}\|_2 \leqslant \eta$, $\varepsilon_{l,j}$, $j = 1, \cdots, n$ 是对角矩阵 $\boldsymbol{D}_l$ 对角线上的元素, 用来调制信号的掩模. 然后, 我们引入如下定义:

定义 6.3.1 设对角矩阵 $\{\boldsymbol{D}_l,\ l = 1, \cdots, L\}$ 独立同分布于随机对角矩阵 $\boldsymbol{D}$, 其中 $\boldsymbol{D}$ 对角线上的元素 $\{\epsilon_i\}$, $i = 1, \cdots, n$ 独立同分布于一个随机变量 ϵ, 称 $\{\boldsymbol{D}_l,\ l = 1, \cdots, L\}$ 为复随机掩模, 如果 $\epsilon \in \mathbb{C}$ 且满足

$$\begin{aligned}
&\mathbb{E}[\epsilon] = \mathbb{E}[\epsilon^2] = 0, \\
&|\epsilon| \leqslant M, \quad M > 0, \\
&\mathbb{E}[|\epsilon|^4] = 2\mathbb{E}[|\epsilon|^2]^2, \quad \nu := \mathbb{E}[\epsilon^2].
\end{aligned} \tag{6.3.2}$$

称 $\{\boldsymbol{D}_l,\ l = 1, \cdots, L\}$ 为实随机掩模, 如果 $\epsilon \in \mathbb{R}$ 且满足

$$\begin{aligned}
&\mathbb{E}[\epsilon] = \mathbb{E}[\epsilon^3] = 0, \\
&|\epsilon| \leqslant M, \quad M > 0, \\
&\mathbb{E}[\epsilon^4] = 2\mathbb{E}[\epsilon^2]^2, \quad \nu := \mathbb{E}[\epsilon^2].
\end{aligned} \tag{6.3.3}$$

上述两种掩模分别由文献 [36] 和文献 [91] 提出. 在本章中, 我们考虑用这两种不同的随机掩模分别测量信号, 证明在无噪声干扰下 (即 $\eta = 0$), 当 $L = O(\log^2 n)$ 时, 用实随机掩模 $\{\boldsymbol{D}_l,\ l = 1, \cdots, L\}$ 可以在 PhaseLift 算法 (6.2.2)下精确重构偶数维的实信号 $\boldsymbol{x}_0$.

定理 6.3.1 ([108]) 设向量 $\boldsymbol{x}_0 \in \mathbb{R}^n$, $y' = 1$, $n > 3$ 为偶数. 考虑无噪声测量 $y_{k,l} = |\boldsymbol{f}_k^* \boldsymbol{D}_l^* \boldsymbol{x}_0|^2$, $1 \leqslant k \leqslant n, 1 \leqslant l \leqslant L$, 设 $\{\boldsymbol{D}_l,\ l = 1, 2, \cdots, L\}$ 是实随机掩模, 如果 $L \geqslant C_0 \omega \log^2 n$, 则在概率大于 $1 - e^{-\omega}$ 下, PhaseLift 算法 (6.2.2) 能精确重构信号 $\boldsymbol{x}_0$, 其中 $\omega \geqslant 1$ 为常数, C_0 是不依赖于信号维数的常数.

另外我们证实了此类实随机掩模并不适用于偶数维的复信号 $\boldsymbol{x}_0$ 的唯一重构问题, 这些结果本质上改进了文献 [36] 和 [91] 中的结论.

为了证明这一结论, 我们需要定义算子 $\mathcal{F}_D$:

$$\mathcal{F}_D:\ \mathbb{C}^n/\sim\ \longrightarrow \mathbb{R}^{nL}$$

$$\boldsymbol{x} \longrightarrow \mathcal{F}_D(\boldsymbol{x}) = \boldsymbol{y},$$

其中 $\boldsymbol{y} = (y_{1,1},\cdots,y_{n,L})^{\mathrm{T}}$, $y_{k,l} = |\boldsymbol{f}_k^* \boldsymbol{D}_l^* \boldsymbol{x}_0|^2,\ \ 1 \leqslant k \leqslant n, 1 \leqslant l \leqslant L$, “$\boldsymbol{x} \sim \boldsymbol{y}$” 表示 $\boldsymbol{y} = c\cdot\boldsymbol{x}$, 其中 $|c| = 1$. 然后我们证明了算子 $\mathcal{F}_D$ 在 $\mathbb{C}^n/\sim$ 上不是单射.

定理 6.3.2 ([108])　设 $n > 0$ 是偶数, $\{\boldsymbol{D}_l,\ l = 1,2,\cdots,L\}$ 是实随机掩模, 则算子 $\mathcal{F}_D$ 在 $\mathbb{C}^n/\sim$ 上不是单射.

注 6.3.1　由定理 6.3.2 可以看出, 实随机掩模 $\{\boldsymbol{D}_l,\ l = 1,2,\cdots,L\}$ 不适用于重构偶数维的复信号 $\boldsymbol{x}_0 \in \mathbb{C}^n$.

注 6.3.2　为了更直观地展示奇数维/偶数维复/实信号通过 PhaseLift 算法唯一重构所需随机掩模数量, 我们在此提供了一个表, 即表 6.1.

表 6.1　每一种情况所需的掩模数量

	复随机掩模 (6.3.2)	实随机掩模 (6.3.3)
$\boldsymbol{x}_0 \in \mathbb{C}^d/\mathbb{R}^d$, d 是奇数	$O(\log^4 d)$	$O(\log^2 d)$
$\boldsymbol{x}_0 \in \mathbb{C}^d$, d 是偶数	$O(\log^4 d)$	不能唯一重构
$\boldsymbol{x}_0 \in \mathbb{R}^d$, d 是偶数	$O(\log^4 d)$	$O(\log^2 d)$

另一方面, 我们证明了在有界噪声下, 当 $L = O(\log^4 n)$ 时, 用复随机掩模 $\{\boldsymbol{D}_l,\ l = 1,\cdots,L\}$ 可以通过 PhaseLift 算法:

$$\begin{aligned}&\min_{\boldsymbol{Z}\succeq 0}\ \mathrm{tr}(\boldsymbol{Z})\\ &\text{s.t.}\ \left(\sum_{l=1}^{L}\sum_{k=1}^{n}|\mathrm{tr}(\boldsymbol{D}_l\boldsymbol{f}_k\boldsymbol{f}_k^*\boldsymbol{D}_l^*\boldsymbol{Z}) - y_{k,l}|^2\right)^{\frac{1}{2}} \leqslant \eta,\ k = 1,\cdots,n,\ l = 1,\cdots,L\end{aligned} \tag{6.3.4}$$

稳定地估计复信号 $\boldsymbol{x}_0 \in \mathbb{C}^n$.

定理 6.3.3 ([108])　设信号 $\boldsymbol{x}_0 \in \mathbb{C}^n$, 考虑有界噪声干扰下的测量 $y_{k,l} = |\boldsymbol{f}_k^*\boldsymbol{D}_l^*\boldsymbol{x}_0|^2 + \varepsilon_{k,l},\ 1 \leqslant k \leqslant n,\ 1 \leqslant l \leqslant L$, 假设 $\{\boldsymbol{D}_l,\ l = 1,2,\cdots,L\}$ 是复随机掩模. 如果 $L \geqslant c_0\gamma\log^4 n$, 其中 c_0 充分大的常数, 则在概率不小于 $1 - n^{-\gamma}$ 下, PhaseLift 算法 (6.3.4) 的解 $\hat{\boldsymbol{X}}$ 满足

$$\|\hat{\boldsymbol{X}} - \boldsymbol{x}_0\boldsymbol{x}_0^*\|_F \leqslant C\log^{\frac{3}{2}} n\cdot\eta,$$

其中 $C > 0$ 是一个绝对常数, 常数 $\gamma > 0$.

推论 6.3.1 在上述定理的假设条件下, 设 $\hat{\boldsymbol{X}}$ 是 PhaseLift 算法 (6.3.4) 的解, 如果 $L \geqslant c_0\gamma\log^4 n$, 其中 c_0 是充分大的常数, 则取向量 $\hat{\boldsymbol{x}}$ 为 $\hat{\boldsymbol{X}}$ 的最大特征值对应的特征向量, 我们有

$$\|\hat{\boldsymbol{x}} - e^{i\phi}\boldsymbol{x}_0\|_2 \leqslant C \cdot \min\left\{\|\boldsymbol{x}_0\|_2, \frac{\log^{\frac{3}{2}} n \cdot \eta}{\|\boldsymbol{x}_0\|_2}\right\}$$

在概率不小于 $1 - n^{-\gamma}$ 下成立, 其中 $\phi \in [0, 2\pi]$, $\gamma > 0$ 是一个绝对常数.

同时, 对于奇数维复信号和偶数维实信号, 我们在 $\|\boldsymbol{x}_0\|_2 = y'$ 已知的前提下, 用下述修正的 PhaseLift 算法:

$$\begin{aligned} \min_{\boldsymbol{Z}\succeq 0} \quad & \mathrm{tr}(\boldsymbol{Z}) \\ \text{s.t.} \quad & \left(\sum_{l=1}^{L}\sum_{k=1}^{n} |\mathrm{tr}(\boldsymbol{D}_l \boldsymbol{f}_k \boldsymbol{f}_k^* \boldsymbol{D}_l^* \boldsymbol{Z}) - y_{k,l}|^2\right)^{\frac{1}{2}} \leqslant \eta, \\ & k = 1, \cdots, n, \ l = 1, \cdots, L, \\ & \mathrm{tr}(\boldsymbol{Z}) = y' \end{aligned} \tag{6.3.5}$$

来估计 $\boldsymbol{x}_0$, 并证明了当 $L = O(\log^2 n)$ 时, 用实随机掩模 $\{\boldsymbol{D}_l, \ l = 1, \cdots, L\}$ 可以通过 PhaseLift 算法 (6.3.5) 稳定地估计奇数维复信号或偶数维实信号 $\boldsymbol{x}_0$. 为简便阐述定理结果, 我们仅给出针对偶数维实信号的稳定性分析结果, 类似的结果对于奇数维复信号亦成立. 这些结果推广了 E. Candès 等的工作.

定理 6.3.4 ([108]) 设信号 $\boldsymbol{x}_0 \in \mathbb{R}^n$, $y' = \|\boldsymbol{x}_0\|_2 = 1$, $n > 3$ 是偶数. 考虑有界噪声干扰下的测量 $y_{k,l} = |\boldsymbol{f}_k^* \boldsymbol{D}_l^* \boldsymbol{x}_0|^2 + \varepsilon_{k,l}$, $1 \leqslant k \leqslant n$, $1 \leqslant l \leqslant L$, 假设 $\{\boldsymbol{D}_l, \ l = 1, 2, \cdots, L\}$ 是实随机掩模. 如果 $L \geqslant c_0'\omega\log^2 n$, 则在概率不小于 $1 - e^{-\omega}$ 下, PhaseLift 算法 (6.2.2) 的解 $\hat{\boldsymbol{X}}$ 满足

$$\|\hat{\boldsymbol{X}} - \boldsymbol{x}_0\boldsymbol{x}_0^{\mathrm{T}}\|_F \leqslant C'\sqrt{\log n} \cdot \eta,$$

若设 $\hat{\boldsymbol{x}}$ 是矩阵 $\hat{\boldsymbol{X}}$ 的最大特征值对应的最大特征向量, 则有

$$\|\hat{\boldsymbol{x}} - e^{i\phi}\boldsymbol{x}_0\|_2 \leqslant C' \cdot \min\left\{\|\boldsymbol{x}_0\|_2, \frac{\sqrt{\log n} \cdot \eta}{\|\boldsymbol{x}_0\|_2}\right\},$$

其中 $\phi \in [0, 2\pi]$, $\omega \geqslant 1$ 是常数, c_0', $C' > 0$ 是绝对常数.

最后, 我们利用文献 [5, 96] 中的两阶段算法来估计 s-稀疏信号, 给出了稳定性分析, 并证明了稳定恢复 s-稀疏信号所需测量阶数在忽略 log 因子的前提下, 达到了最优, 即 $O\left(s\log\left(\frac{en}{s}\right)\log^4\left(s\log\left(\frac{en}{s}\right)\right)\right)$. 在许多实际应用中, 我们经常会遇到要重构稀疏信号相位的问题, 所以近年来涌现出了许多凸方法[5,96,116,144] 和

非凸方法[24, 140, 143, 146, 156, 157, 176] 来解决这个问题. 然而对于带随机掩模的傅里叶测量, 这些方法要么缺乏采样率分析, 要么没有稳定性的理论保证, 所以在本节我们来研究掩模傅里叶测量下的稀疏相位恢复问题

$$y_{k,l} = |\boldsymbol{a}_{k,l}^* \boldsymbol{x}_0|^2 + \varepsilon_{k,l}, \quad 1 \leqslant k \leqslant n, 1 \leqslant l \leqslant L,$$

其中 $\boldsymbol{x}_0$ 是 s-稀疏的信号, 噪声向量 $\boldsymbol{\varepsilon} \in \mathbb{R}^{nL}$, 且 $\|\boldsymbol{\varepsilon}\|_2 \leqslant \eta$ $(\eta > 0)$. 测量向量 $\boldsymbol{a}_{k,l}$ 是复合向量:

$$\boldsymbol{a}_{k,l} := \boldsymbol{\Psi}^* \tilde{\boldsymbol{D}}_l \tilde{\boldsymbol{f}}_k,$$

其中 $\boldsymbol{\Psi} \in \mathbb{C}^{d\times n}$, $\tilde{\boldsymbol{f}}_k = \sum\limits_{j=1}^{d} \omega^{jk} \boldsymbol{e}_j$, $\tilde{\boldsymbol{D}}_l \in \mathbb{C}^{d\times d}$ $(d \leqslant n)$ 是实随机掩模或复随机掩模, 这种类型的测量方便我们先将 n 维信号 $\boldsymbol{x}_0$ 压缩到低维的向量空间, 然后用带随机掩模的傅里叶测量来重构它. 基于“提升”技巧, 这些平方测量可转换成

$$y_{k,l} = \langle \boldsymbol{\Psi}^* \tilde{\boldsymbol{D}}_l \tilde{\boldsymbol{f}}_k \tilde{\boldsymbol{f}}_k^* \tilde{\boldsymbol{D}}_l^* \boldsymbol{\Psi}, \boldsymbol{X}_0 \rangle + \varepsilon_{k,l}, \quad k = 1, 2, \cdots, n, \ l = 1, 2, \cdots, L,$$

由此得到测量 $\boldsymbol{b} = \mathcal{A}(\boldsymbol{\Psi} \boldsymbol{X}_0 \boldsymbol{\Psi}^*) + \boldsymbol{\varepsilon}$. 此时我们需要通过重构一个稀疏且秩为 1 的半正定矩阵 $\boldsymbol{X}_0$, 这里采用文献 [5, 96] 提出的两阶段算法来估计 $\boldsymbol{X}_0$:

(1) 低秩矩阵估计阶段:

$$\begin{aligned} \hat{\boldsymbol{Z}} \in \underset{\boldsymbol{Z} \succeq \boldsymbol{0}}{\operatorname{argmin}} \quad & \|\boldsymbol{Z}\|_* \\ \text{s.t.} \quad & \|\boldsymbol{y} - \mathcal{A}(\boldsymbol{Z})\|_2 \leqslant \eta; \end{aligned}$$

(2) 稀疏矩阵估计阶段:

$$\begin{aligned} \hat{\boldsymbol{X}} \in \underset{\boldsymbol{X}}{\operatorname{argmin}} \quad & \|\boldsymbol{X}\|_1 \\ \text{s.t.} \quad & \|\boldsymbol{\Psi} \boldsymbol{X} \boldsymbol{\Psi}^* - \boldsymbol{Z}^*\|_F \leqslant C \log^{\frac{3}{2}} d \cdot \eta, \end{aligned}$$

其中 $\|\boldsymbol{X}\|_1$ 表示矩阵 $\boldsymbol{X}$ 元素的 l_1 范数, $\|\boldsymbol{Z}\|_*$ 表示矩阵 $\boldsymbol{Z}$ 的核范数, 然后我们证明了 s-稀疏信号 $\boldsymbol{x}_0$ 可以得到稳定的估计.

定理 6.3.5 ([108]) 设 $\boldsymbol{x}_0 \in \mathbb{C}^n$ 是 s-稀疏的信号, 考虑测量 $y_{k,l} = |\langle \boldsymbol{a}_{k,l}, \boldsymbol{x}_0 \rangle|^2 + \varepsilon_{k,l}$, 其中 $\boldsymbol{a}_{k,l} := \boldsymbol{\Psi}^* \tilde{\boldsymbol{D}}_l \tilde{\boldsymbol{f}}_k$, $\|\boldsymbol{\varepsilon}\|_2 \leqslant \eta$ $(\eta > 0)$. 假设 $\{\boldsymbol{D}_l, \ l = 1, 2, \cdots, L\}$ 是复随机掩模, $\boldsymbol{\Psi} = (\psi_{i,j})_{d\times n}$ 是随机矩阵, 其元素独立同分布于一个对称随机次高斯变量 ϕ, 其中 $\mathbb{E}\phi = 0$, $\mathbb{E}\phi^2 = 1$. 如果 $m \geqslant C_3 \gamma d \log^4 d$ 且 $d = O\left(s \log \dfrac{en}{s}\right)$, 则存在常数 C_2, C_3, C_4 使得不等式

$$\|\hat{\boldsymbol{X}} - \boldsymbol{X}_0\|_F \leqslant C_2 \log^{\frac{3}{2}} d \cdot \eta,$$

在概率不小于 $1-d^{-\gamma}-2e^{-C_4 d}$ 下成立, 若选取 $\hat{\boldsymbol{x}}$ 为 $\hat{\boldsymbol{X}}$ 最大特征值对应的最大特征向量, 我们有

$$\|\hat{\boldsymbol{x}}-e^{i\phi}\boldsymbol{x}_0\|_2 \leqslant C_2\cdot\min\left\{\|\boldsymbol{x}_0\|_2, \frac{\log^{\frac{3}{2}} d\cdot\eta}{\|\boldsymbol{x}_0\|_2}\right\}$$

在相同的概率下成立, 其中 $\phi\in[0,2\pi]$, $\gamma>0$ 与定理 6.3.3中所定义的一样. 特别地, 当 $\eta=0$ 时, $\boldsymbol{x}_0$ 可得到唯一重构.

注6.3.3 (1) 从定理 6.3.5 可以看出, s-稀疏的信号 $\boldsymbol{x}_0$ 能从$m\geqslant O\left(s\log\left(\frac{en}{s}\right)\cdot\log^4\left(s\log\left(\frac{en}{s}\right)\right)\right)$ 次测量中得以稳定估计, 且测量次数在忽略 log 因子下达到最优.

(2) 事实上, 我们可以选取压缩矩阵 $\boldsymbol{\Psi}$ 为其他形式的矩阵, 比如随机傅里叶矩阵, 相应的概率与测量次数可参见文献 [43].

(3) 基于定理 6.3.3, 我们可以采取文献 [5] 中定理 1 的证明方法来证得. 另外, 在实随机掩模下, 修改第二阶段稀疏矩阵的估计, 即用

$$\begin{aligned}\boldsymbol{X}^*\in\operatorname*{argmin}_{\boldsymbol{X}} &\quad \|\boldsymbol{X}\|_1\\ \text{s.t.} &\quad \|\boldsymbol{\Psi}\boldsymbol{X}\boldsymbol{\Psi}^*-\boldsymbol{Z}^*\|_F\leqslant C_3\sqrt{\log d}\eta.\end{aligned}$$

对于奇数维复信号和偶数维实信号也可类似地建立稳定性分析.

6.4 带噪声掩模傅里叶测量下的相位恢复问题

6.4.1 掩模傅里叶测量下的黎曼算法

我们研究了在随机掩模傅里叶测量下用 PhaseLift 算法求解相位恢复问题的稳定性及采样阶数, 但随着信号维数的升高, 使用“提升”技术之后, 需要在 $n\times n$ 矩阵空间中进行半正定规划 (SDP) 求解信号所对应的低秩矩阵, 从而导致计算量增加, PhaseLift 算法效率降低. 所以这类算法在处理高维数据时是不切实际的. 因此, 在本章中, 我们将继续研究带噪声的掩模傅里叶测量下的相位恢复问题:

$$y_{k,l}=|\boldsymbol{f}_k^*\boldsymbol{D}_l^*\boldsymbol{x}_0|^2+\eta_{k,l},\quad 1\leqslant k\leqslant n, 1\leqslant l\leqslant L, \tag{6.4.1}$$

其中 $\boldsymbol{\eta}=(\eta_{1,1},\cdots,\eta_{n,L})^{\mathrm{T}}\in\mathbb{R}^{nL}$ 是噪声向量, 不同于 6.3 节, 这里我们考虑噪声向量具体以 $c\cdot\|\boldsymbol{x}_0\|_2^2$ 为界, 即 $\|\boldsymbol{\eta}\|_2\leqslant c\cdot\|\boldsymbol{x}_0\|_2^2$, $c>0$ 是常数; 未知信号 $\boldsymbol{x}_0$ 为复信号且 $\|\boldsymbol{x}_0\|_2$ 是已知的, 不妨设 $\|\boldsymbol{x}_0\|_2=1$; $\boldsymbol{D}_l$ $(1\leqslant l\leqslant L)$ 是独立同分布的复随

机掩模. 正如上一节所述, 利用“提升”技术[8,34], 可将测量 (6.4.1) 转化为

$$y_{k,l} = \mathrm{tr}(\boldsymbol{F}_{k,l}\boldsymbol{X}_0) + \eta_{k,l}, \quad 1 \leqslant k \leqslant n, 1 \leqslant l \leqslant L, \tag{6.4.2}$$

其中 $\boldsymbol{X}_0 = \boldsymbol{x}_0\boldsymbol{x}_0^*$, $\boldsymbol{F}_{k,l} = \boldsymbol{D}_l\boldsymbol{f}_k\boldsymbol{f}_k^*\boldsymbol{D}_l^*$. 在如下 (6.4.3):

$$\begin{aligned} \mathcal{A}: \quad & \mathbb{H}^{n\times n} \to \mathbb{R}^{nL} \\ \boldsymbol{X} \to \mathcal{A}(\boldsymbol{X}) &= \sum_{l=1}^{L}\sum_{k=1}^{n} \mathrm{tr}(\boldsymbol{D}_l\boldsymbol{f}_k\boldsymbol{f}_k^*\boldsymbol{D}_l^*\boldsymbol{X})\boldsymbol{e}_{kl} \end{aligned} \tag{6.4.3}$$

所定义的线性算子 $\mathcal{A}$ 的辅助下, 得到噪声测量 $\boldsymbol{y} = \mathcal{A}(\boldsymbol{X}_0) + \boldsymbol{\eta}$. 然后我们通过求解非凸问题:

$$\begin{aligned} \min_{\boldsymbol{Z}} \quad & \frac{1}{2\nu^2 nL}\|\mathcal{A}(\boldsymbol{Z}) - \boldsymbol{y}\|_2^2 \\ \text{s.t.} \quad & \mathrm{rank}(\boldsymbol{Z}) = 1, \quad \boldsymbol{Z} \geqslant \boldsymbol{0} \end{aligned} \tag{6.4.4}$$

来估计低秩矩阵 $\boldsymbol{X}_0 = \boldsymbol{x}_0\boldsymbol{x}_0^*$, 进而, 通过求解矩阵 $\boldsymbol{X}_0$ 的最大特征值对应的特征向量来估计原始信号 $\boldsymbol{x}_0$. 我们用黎曼梯度下降算法 (RGrad) 和黎曼共轭梯度下降算法 (RCG) 来求解非凸问题 (6.4.4).

算法 4 截断的 RGrad (TRGrad)

- $\boldsymbol{Z}_0 := \boldsymbol{z}_0\boldsymbol{z}_0^*$.
- $\boldsymbol{z}_0$ 是矩阵 $\boldsymbol{Y} := \dfrac{1}{\nu^2 nL}\sum_{l=1}^{L}\sum_{k=1}^{n} y_{k,l}(\boldsymbol{D}_l\boldsymbol{f}_k)(\boldsymbol{D}_l\boldsymbol{f}_k)^*\boldsymbol{1}_{U_{k,l}(\boldsymbol{X}_0)}$ 的最大特征值对应的特征向量.
- 对于 $t = 0, 1, \cdots$,
- $\boldsymbol{G}_t = \dfrac{1}{\nu^2 nL}\mathcal{A}_{\boldsymbol{Z}_t}^*(\boldsymbol{y} - \mathcal{A}_{\boldsymbol{Z}_t}(\boldsymbol{Z}_t))$,
- $\boldsymbol{W}_t = \boldsymbol{Z}_t + \alpha_t \cdot \mathcal{P}_{T_C(\boldsymbol{Z}_t)}(\boldsymbol{G}_t)$, 其中 $\alpha_t > 0$,
- $\boldsymbol{Z}_{t+1} = \mathcal{H}_1(\boldsymbol{W}_t)$.

为保证理论结果成立, 这里我们用截断的 RGrad 算法和 RCG 算法来处理非凸问题 (6.4.4). 其中算子 $\mathcal{H}_1$ 的定义如下.

定义 6.4.1 设矩阵 $\boldsymbol{W} \in \mathbb{H}^{n\times n}$ 的特征分解为 $\boldsymbol{W} = \boldsymbol{U}\boldsymbol{\Sigma}\boldsymbol{U}^*$, 定义

$$\mathcal{H}_1(\boldsymbol{W}) := \boldsymbol{U}\boldsymbol{\Sigma}_1\boldsymbol{U}^*, \quad \text{其中} \quad \boldsymbol{\Sigma}_1(i,i) := \begin{cases} 1, & i = 1, \\ 0, & i > 1. \end{cases} \tag{6.4.5}$$

由算法 4 和算法 5 可以看出, 每次的估计值 $\boldsymbol{Z}_t$ 均为秩 1 的半正定矩阵, 可分解为 $\boldsymbol{Z}_t = \boldsymbol{z}_t\boldsymbol{z}_t^* = \sigma_t\boldsymbol{u}_t\boldsymbol{u}_t^*$, 则其在矩阵 $\boldsymbol{Z}_t$ 处的正切空间为

$$T_C(\boldsymbol{Z}_t) = \{\boldsymbol{u}_t\boldsymbol{y}^* + \boldsymbol{y}\boldsymbol{u}_t^* : \forall \boldsymbol{y} \in \mathbb{C}^n\} \subset \mathbb{H}^{n\times n}$$

算法 5 截断的 RCG (TRCG)

- $\boldsymbol{Z}_0 := \boldsymbol{z}_0\boldsymbol{z}_0^*$, $\beta_0 = 0$, $\boldsymbol{S}_{-1} = \boldsymbol{0}$.
- $\boldsymbol{z}_0$ 是矩阵 $\boldsymbol{Y} := \dfrac{1}{\nu^2 nL}\sum_{l=1}^{L}\sum_{k=1}^{n} y_{k,l}(\boldsymbol{D}_l\boldsymbol{f}_k)(\boldsymbol{D}_l\boldsymbol{f}_k)^*\mathbf{1}_{U_{k,l}(\boldsymbol{X}_0)}$ 的最大特征值对应的特征向量.
- 对于$t = 0, 1, \cdots$,
- $\boldsymbol{G}_t = \dfrac{1}{\nu^2 nL}\mathcal{A}_{\boldsymbol{Z}_t}^*(\boldsymbol{y} - \mathcal{A}_{\boldsymbol{Z}_t}(\boldsymbol{Z}_t))$,
- $\beta_t = -\dfrac{\langle \mathcal{A}_{\boldsymbol{Z}_t}\mathcal{P}_{T_C(\boldsymbol{Z}_t)}(\boldsymbol{G}_t), \mathcal{A}_{\boldsymbol{Z}_t}\mathcal{P}_{T_C(\boldsymbol{Z}_t)}(\boldsymbol{S}_{t-1})\rangle}{\|\mathcal{A}_{\boldsymbol{Z}_t}\mathcal{P}_{T_C(\boldsymbol{Z}_t)}(\boldsymbol{S}_{t-1})\|_{l_2}^2}$,
- $\boldsymbol{S}_t = \mathcal{P}_{T_C(\boldsymbol{Z}_t)}(\boldsymbol{G}_t) + \beta_t \cdot \mathcal{P}_{T_C(\boldsymbol{Z}_t)}(\boldsymbol{S}_{t-1})$,
- $\boldsymbol{W}_t = \boldsymbol{Z}_t + \alpha_t' \cdot \mathcal{P}_{T_C(\boldsymbol{Z}_t)}(\boldsymbol{S}_t)$, 其中 $\alpha_t' > 0$,
- $\boldsymbol{Z}_{t+1} - \mathcal{H}_1(\boldsymbol{W}_t)$.

且 $\boldsymbol{Z}_t \in T_C(\boldsymbol{Z}_t)$. 同时,

$$\mathcal{P}_{T_C(\boldsymbol{Z}_t)}(\boldsymbol{G}_t) = \boldsymbol{G}_t\boldsymbol{u}_t\boldsymbol{u}_t^* + \boldsymbol{u}_t\boldsymbol{u}_t^*\boldsymbol{G}_t - \boldsymbol{u}_t\boldsymbol{u}_t^*\boldsymbol{G}_t\boldsymbol{u}_t\boldsymbol{u}_t^*$$

为 $\boldsymbol{G}_t$ 在正切空间 $T_C(\boldsymbol{Z}_t)$ 上的正交投影. 所以 $\boldsymbol{W}_t = \boldsymbol{Z}_t + \alpha_t \cdot \mathcal{P}_{T_C(\boldsymbol{Z}_t)}(\boldsymbol{G}_t) \in T_C(\boldsymbol{Z}_t)$. 正如文献 [22, 183, 184] 所分析的, 算法 4 和算法 5 本质上是基于由所有秩 1 矩阵组成的光滑流形上在每个迭代值处的正切空间上的梯度下降和共轭梯度下降方法. 这类黎曼算法的最主要的特征是用投影到低维空间的梯度下降方向代替原来的梯度下降方向进行迭代更新. 因此, 与传统算法相比, 这两种算法的计算复杂度会大大降低. 更具体地说, 在算法 4 的第 t 次迭代, 先将梯度下降方向 $\boldsymbol{G}_t$ 投影到矩阵 $\boldsymbol{Z}_t$ 的正切空间 $T_C(\boldsymbol{Z}_t)$ 上得到迭代方向 $\mathcal{P}_{T_C(\boldsymbol{Z}_t)}(\boldsymbol{G}_t)$, 更新得到 $\boldsymbol{W}_t = \boldsymbol{Z}_t + \alpha_t \cdot \mathcal{P}_{T_C(\boldsymbol{Z}_t)}(\boldsymbol{G}_t)$, 这样我们有 $\mathrm{rank}(\boldsymbol{W}_t) \leqslant 2$. 先将其做 SVD 分解, 然后通过阈值算子 $\mathcal{H}_1$ 将 $\boldsymbol{W}_t$ 除最大的特征值的其他特征值转化为零, 从而得到新的估计值 $\boldsymbol{Z}_{t+1} = \mathcal{H}_1(\boldsymbol{W}_t)$. 算法 4 每一次迭代所涉及的最大计算量就在于矩阵 $\boldsymbol{W}_t$ 的 SVD 分解, 而因先将梯度下降方向 $\boldsymbol{G}_t$ 投影到了低维空间 $T_C(\boldsymbol{Z}_t)$ 上, 所以得到 $\mathrm{rank}(\boldsymbol{W}_t) \leqslant 2$, 此时 $\boldsymbol{W}_t$ 的 SVD 分解计算量为 $O(1)$, 而不是传统意义上的 $O(n^3)$, 这就极大地降低了计算量. 算法 5 也使用了类似于算法 4 的方法, 与算法 4 不同的是, 它的迭代方向为当前投影梯度下降方向 $\mathcal{P}_{T_C(\boldsymbol{Z}_t)}(\boldsymbol{G}_t)$ 和上一步迭代方向投影到 $T_C(\boldsymbol{Z}_t)$ 上的 $\mathcal{P}_{T_C(\boldsymbol{Z}_t)}(\boldsymbol{S}_{t-1})$ 的线性组合. 在算法 5 中, β_t 的选择保证了新的迭代方向 $\boldsymbol{S}_t$ 与上一步的迭代方向 $\boldsymbol{S}_{t-1}$ 正交, 从而得到黎曼共轭梯度下降算法.

在上述算法中, 我们在每次迭代中用截断算子 $\mathcal{A}_{\boldsymbol{Z}_t}$, $\mathcal{A}_{\boldsymbol{Z}_t}^*$ 来估计 $\boldsymbol{X}_0$, 结合式 (6.4.3) 中算子 $\mathcal{A}$ 的定义, 我们定义, 对于 $\boldsymbol{Z}_t = \boldsymbol{z}_t\boldsymbol{z}_t^*$, $\boldsymbol{W} \in \mathbb{H}^{n\times n}$, $\boldsymbol{y} \in \mathbb{R}^{nL}$,

$$\mathcal{A}_{\boldsymbol{Z}_t}(\boldsymbol{W}) := \sum_{l=1}^{L}\sum_{k=1}^{n} \operatorname{tr}(\boldsymbol{F}_{k,l}\boldsymbol{W})\boldsymbol{e}_{kl} \cdot \mathbf{1}_{U_{k,l}(\boldsymbol{Z}_t)},$$
$$\mathcal{A}^*_{\boldsymbol{Z}_t}(\boldsymbol{b}) := \sum_{l=1}^{L}\sum_{k=1}^{n} y_{k,l}\boldsymbol{F}_{k,l} \cdot \mathbf{1}_{U_{k,l}(\boldsymbol{Z}_t)}, \tag{6.4.6}$$

其中 $\mathbf{1}_{U_{k,l}(\boldsymbol{Z}_t)}$ 是在事件 $U_{k,l}(\boldsymbol{Z}_t)$ 上的示性函数. 事件 $U_{k,l}(\boldsymbol{Z}_t)$ 定义如下: 对于任意的矩阵 $\boldsymbol{W} \in T_C(\boldsymbol{Z}_t)$, 有

$$U_{k,l}(\boldsymbol{Z}_t) := \{|\operatorname{tr}(\boldsymbol{F}_{k,l}\boldsymbol{W})| \leqslant \tau^2\|\boldsymbol{W}\|_F\}$$

其中 $T_C(\boldsymbol{Z}_t)$ 是由所有秩 1 矩阵构成的光滑流形在矩阵 $\boldsymbol{Z}_t$ 的正切空间, $\boldsymbol{Z}_t = \boldsymbol{z}_t\boldsymbol{z}_t^*$, $l \in \{1,2,\cdots,L\}$, $k \in \{1,2,\cdots,n\}$, $\tau = M\sqrt{4\gamma\log n}$, $\gamma = 8+2\log_2\left(\dfrac{M^2}{\nu}\right)$. 此外, 事件 $U_{k,l}(\boldsymbol{Z})$ 的发生能推出事件 $\phi^{k,l}(\boldsymbol{z}_t) := \{|(\boldsymbol{D}_l\boldsymbol{f}_k)^*\boldsymbol{z}_t| \leqslant \tau\|\boldsymbol{z}_t\|_2\}$ 的成立.

6.4.2 掩模傅里叶测量下黎曼算法的收敛性分析

在 6.4.1 小节中的截断规则下, 结合 $\|\boldsymbol{x}_0\|_2 = 1$, 我们可利用下述截断的谱方法来构造恰当的初始值 $\boldsymbol{Z}_0$:

$$\boldsymbol{Z}_0 := \boldsymbol{z}_0\boldsymbol{z}_0^*, \tag{6.4.7}$$

其中 $\boldsymbol{z}_0$ 是矩阵 $\boldsymbol{Y} := \dfrac{1}{\nu^2 nL}\sum\limits_{l=1}^{L}\sum\limits_{k=1}^{n} y_{k,l}(\boldsymbol{D}_l\boldsymbol{f}_k)(\boldsymbol{D}_l\boldsymbol{f}_k)^*\mathbf{1}_{U_{k,l}(\boldsymbol{X}_0)}$ 的最大特征值对应的特征向量. 然后对于信号 $\boldsymbol{x}_0 \in \mathbb{C}^n$, 建立了算法 4 和算法 5 的稳定性分析, 并将复随机掩模的阶数降为 $O(n\log n)$. 此外, 在无噪声情况下, 我们证明了由 TRGrad 和 TRCG 生成的迭代序列分别以几何速率收敛到真实解.

首先, 我们证明了, 当 $L = O(\log n)$ 时, 用截断的谱方法来构造的初始值 $\boldsymbol{Z}_0$ 将落在 $\boldsymbol{X}_0$ 的局部邻域内.

定理 6.4.1 ([109]) 设 $\boldsymbol{x}_0 \in \mathbb{C}^n$ 是一未知信号, 满足 $\|\boldsymbol{x}_0\|_2 = 1$, 其中 $n \geqslant 3$, 考虑噪声测量

$$y_{k,l} = |\boldsymbol{f}_k^*\boldsymbol{D}_l^*\boldsymbol{x}_0|^2 + \eta_{k,l}, \quad 1 \leqslant k \leqslant n, 1 \leqslant l \leqslant L,$$

其中 $\{\boldsymbol{D}_l,\ l = 1,\cdots,L\}$ 为复随机掩模, $\|\boldsymbol{\eta}\|_2 \leqslant c\|\boldsymbol{x}_0\|_2^2$. 如果 $L \geqslant c_0\omega\log n$, 对于固定的 $\delta \in \left(\dfrac{1}{2\log n}, 1\right)$, 则存在常数 $\epsilon_0 \in (0,1)$, 使得

$$\|\boldsymbol{Z}_0 - \boldsymbol{X}_0\|_F \leqslant \epsilon_0 \cdot \|\boldsymbol{X}_0\|_F$$

在概率不小于 $1-\frac{1}{12}e^{-\omega}-\frac{1}{n^2}$ 下成立, 其中

$$\epsilon_0 \leqslant \frac{1}{2}\sqrt{\frac{\rho}{\tau^4+5\tau^3+5\tau M\sqrt{n}+8\tau^2+2M^2 n}},$$

c_0 是充分大的常数, $\omega>0$ 是绝对常数, $\rho>0$ 是充分小的绝对常数.

证明 首先, 由文献 [36] 中的引理 3.3 可知, 当 $L=O(\log n)$ 时, 对于固定的常数 $\delta_2>0$, 在概率不小于 $1-\frac{1}{n^2}$ 下, 有

$$\left\|\frac{1}{\nu^2 nL}\mathcal{A}^*(\mathbf{1})-\boldsymbol{I}_n\right\| \leqslant \delta_2 \tag{6.4.8}$$

成立, 因 $\mathcal{A}^*(\mathbf{1})=\sum_{l=1}^{L}\sum_{k=1}^{n}\boldsymbol{F}_{k,l}$, 所以有 $\left\|\frac{1}{\nu^2 nL}\sum_{l=1}^{L}\sum_{k=1}^{n}\boldsymbol{F}_{k,l}-\boldsymbol{I}_n\right\| \leqslant \delta_2$. 因为 $\|\boldsymbol{x}_0\|_2=1$, 则有 $\|\boldsymbol{X}_0\|_F=1$, 注意到

$$\begin{aligned}\boldsymbol{Y} &:= \frac{1}{\nu^2 nL}\sum_{l=1}^{L}\sum_{k=1}^{n} y_{k,l}\boldsymbol{F}_{k,l}\cdot \mathbf{1}_{U_{k,l}(\boldsymbol{X}_0)} \\ &= \frac{1}{\nu^2 nL}\sum_{l=1}^{L}\sum_{k=1}^{n}\operatorname{tr}(\boldsymbol{F}_{k,l}\boldsymbol{X})\boldsymbol{F}_{k,l}\cdot \mathbf{1}_{U_{k,l}(\boldsymbol{X}_0)}+\frac{1}{\nu^2 nL}\sum_{l=1}^{L}\sum_{k=1}^{n}\eta_{k,l}\boldsymbol{F}_{k,l}\cdot \mathbf{1}_{U_{k,l}(\boldsymbol{X}_0)},\end{aligned} \tag{6.4.9}$$

且由文献 [109] 中的引理 4 可知, 对于固定的常数 $\delta\in\left(\frac{1}{2\log n},1\right)$, 有

$$\|\mathcal{P}_{T_C(\boldsymbol{X}_0)}(\mathcal{R}_{\boldsymbol{X}_0}-\mathbb{E}[\mathcal{R}])\|_{\text{op}} \leqslant \delta \tag{6.4.10}$$

成立, 这里 $\|\cdot\|_{\text{op}}$ 是算子的谱范数, $\|\mathcal{M}\|_{\text{op}}=\sup_{\boldsymbol{Z}\in\mathbb{H}^{n\times n}}\frac{\operatorname{tr}(\boldsymbol{Z}\mathcal{M}\boldsymbol{Z})}{\|\boldsymbol{Z}\|_F^2}$. 所以我们可以得到

$$\begin{aligned}&\|\boldsymbol{Y}-(\boldsymbol{x}_0\boldsymbol{x}_0^*+\|\boldsymbol{x}_0\|_2\boldsymbol{I}_n)\| \leqslant \|\boldsymbol{Y}-(\boldsymbol{x}_0\boldsymbol{x}_0^*+\|\boldsymbol{x}_0\|_2\boldsymbol{I}_n)\|_F \\ \leqslant &\left\|\frac{1}{\nu^2 nL}\sum_{l=1}^{L}\sum_{k=1}^{n}\eta_{k,l}\boldsymbol{F}_{k,l}\right\|_F \\ &+\left\|\frac{1}{\nu^2 nL}\sum_{l=1}^{L}\sum_{k=1}^{n}\operatorname{tr}(\boldsymbol{F}_{k,l}\boldsymbol{X}_0)\boldsymbol{F}_{k,l}\cdot \mathbf{1}_{U_{k,l}(\boldsymbol{X}_0)}-(\boldsymbol{x}_0\boldsymbol{x}_0^*+\|\boldsymbol{x}_0\|_2\boldsymbol{I}_n)\right\|_F\end{aligned}$$

$$\leqslant \left\| \frac{1}{\nu^2 nL} \sum_{l=1}^{L} \sum_{k=1}^{n} \eta_{k,l} \boldsymbol{F}_{k,l} \right\|_F + \|\mathcal{P}_{T_C(\boldsymbol{X}_0)}(\mathcal{R}_{\boldsymbol{X}_0} - \mathbb{E}[\mathcal{R}])\|_{\mathrm{op}} \cdot \|\boldsymbol{X}_0\|_F$$
$$\leqslant c(\delta_2 + 1) + \delta.$$

设向量 $\boldsymbol{z}_0$ 是对应于矩阵 $\boldsymbol{Y}$ 最大特征值 λ 的特征向量, 且 $\|\boldsymbol{z}_0\|_2 = 1$, 所以有

$$\begin{aligned} |\lambda - (|\boldsymbol{z}_0^* \boldsymbol{x}_0|^2 + 1)| &= |\boldsymbol{z}_0^* \boldsymbol{Y} \boldsymbol{z}_0 - \boldsymbol{z}_0^* (\boldsymbol{x}_0 \boldsymbol{x}_0^* + \|\boldsymbol{x}_0\|_2 \boldsymbol{I}_n) \boldsymbol{z}_0| \\ &\leqslant \|\boldsymbol{Y} - (\boldsymbol{x}_0 \boldsymbol{x}_0^* + \|\boldsymbol{x}_0\|_2 \boldsymbol{I}_n)\| \leqslant c(\delta_2 + 1) + \delta. \end{aligned}$$

因此, 我们得到 $|\boldsymbol{z}_0^* \boldsymbol{x}_0|^2 \geqslant \lambda - 1 - (c(\delta_2 + 1) + \delta)$. 因为 λ 是矩阵 $\boldsymbol{Y}$ 的最大特征值, $\|\boldsymbol{x}_0\|_2 = 1$, 所以

$$\lambda \geqslant \boldsymbol{x}_0^* \boldsymbol{Y} \boldsymbol{x}_0 = \boldsymbol{x}_0^* (\boldsymbol{Y} - \boldsymbol{x}_0 \boldsymbol{x}_0^* + \|\boldsymbol{x}_0\|_2 \boldsymbol{I}_n) \boldsymbol{x}_0 + 2 \geqslant 2 - (c(\delta_2 + 1) + \delta).$$

因此, 我们可以得到

$$\begin{aligned} |\boldsymbol{z}_0^* \boldsymbol{x}_0|^2 &\geqslant \lambda - 1 - (c(\delta_2 + 1) + \delta) \geqslant 2 - (c(\delta_2 + 1) + \delta) - 1 - (c(\delta_2 + 1) + \delta) \\ &\geqslant 1 - 2(c(\delta_2 + 1) + \delta). \end{aligned}$$

从而有

$$\begin{aligned} \|\boldsymbol{x}_0 \boldsymbol{x}_0^* - \boldsymbol{z}_0 \boldsymbol{z}_0^*\|_F^2 &= 2 - 2|\boldsymbol{z}_0^* \boldsymbol{x}_0|^2 \\ &\leqslant 2 - 2(1 - 2(c(\delta_2 + 1) + \delta)) \\ &= 4(c(\delta_2 + 1) + \delta). \end{aligned}$$

所以, 当 $\|\boldsymbol{X}_0\|_F = 1$ 时, 直接取 $\boldsymbol{Z}_0 := \boldsymbol{z}_0 \boldsymbol{z}_0^*$, 选取充分小的 $c > 0$ 及适当的 $\delta > 0$, $\delta_2 > 0$, 我们有 $\|\boldsymbol{Z}_0 - \boldsymbol{X}_0\|_F \leqslant \epsilon_0$. □

然后, 我们来分析 TRGrad 算法在复随机掩模下的收敛性及其在有界噪声下的稳定性.

定理 6.4.2 ([109]) 设 $\boldsymbol{x}_0 \in \mathbb{C}^n$ 是一未知信号, 满足 $\|\boldsymbol{x}_0\|_2 = 1$, 其中 $n \geqslant 3$, 考虑噪声测量 $y_{k,l} = |\boldsymbol{f}_k^* \boldsymbol{D}_l^* \boldsymbol{x}_0|^2 + \eta_{k,l}$, $1 \leqslant k \leqslant n, 1 \leqslant l \leqslant L$, 其中 $\{\boldsymbol{D}_l,\ l = 1, \cdots, L\}$ 为复随机掩模, $\|\boldsymbol{\eta}\|_2 \leqslant c\|\boldsymbol{x}_0\|_2^2$. 如果 $L \geqslant c_0 \omega \log n$, 则存在常数 $\sigma_1, \sigma_2 \in \left(\dfrac{1}{3(4+\delta)}, \dfrac{2}{3(4+\delta)} \right)$ 使得当 $\sigma_2 \leqslant \alpha_t \leqslant \sigma_1$, 从初始值 $\boldsymbol{Z}_0$ 出发, 在 TRGrad 算法的第 t 次迭代, 有下述估计

$$\|\boldsymbol{Z}_t - \boldsymbol{X}_0\|_F \leqslant \mu_2^t \cdot \epsilon_0 \|\boldsymbol{X}_0\|_F + c_1 \|\boldsymbol{X}_0\|_F \tag{6.4.11}$$

在概率不小于 $1-\frac{1}{4}e^{-\omega}-\frac{5}{n^2}$ 下成立. 其中 c_0 是充分大的常数, $c_1=\frac{c\sqrt{\delta+4}\sigma_1}{\nu\sqrt{nL}(1-\mu_2)}$, $c>0$, $\omega>0$ 是绝对常数, 常数 $0<\mu_2<1$ 依赖于 δ, ϵ_0, c, 及充分小的常数 $\rho>0$, 信号的维数 n 和随机掩模数 L.

证明 为证明定理 6.4.2, 我们可以通过以下两个步骤来完成.

第一步 递归分析 对于 $t\geqslant 0$, 有 $\|\boldsymbol{Z}_{t+1}-\boldsymbol{X}_0\|_F\leqslant\mu_2\|\boldsymbol{Z}_t-\boldsymbol{X}_0\|_F+c_1\|\boldsymbol{X}_0\|_F$ 成立. 设 $\boldsymbol{W}_t:=\boldsymbol{Z}_t+\alpha_t\mathcal{P}_{T_C(\boldsymbol{Z}_t)}(\boldsymbol{G}_t)$, 其中 $\boldsymbol{G}_t=\frac{1}{\nu^2nL}\mathcal{A}^*_{\boldsymbol{Z}_t}(\mathcal{A}_{\boldsymbol{Z}_t}(\boldsymbol{X}_0)+\boldsymbol{\eta}-\mathcal{A}_{\boldsymbol{Z}_t}(\boldsymbol{Z}_t))$. 然后我们有

$$
\begin{aligned}
&\|\boldsymbol{W}_t-\boldsymbol{X}_0\|_F\\
=&\left\|\boldsymbol{Z}_t+\frac{\alpha_t}{\nu^2nL}\mathcal{P}_{T_C(\boldsymbol{Z}_t)}\mathcal{A}^*_{\boldsymbol{Z}_t}(\mathcal{A}_{\boldsymbol{Z}_t}(\boldsymbol{X}_0)+\boldsymbol{\eta}-\mathcal{A}_{\boldsymbol{Z}_t}(\boldsymbol{Z}_t))-\boldsymbol{X}_0\right\|_F\\
\leqslant&\left\|\left(\mathcal{P}_{T_C(\boldsymbol{Z}_t)}-\frac{\alpha_t}{\nu^2nL}\mathcal{P}_{T_C(\boldsymbol{Z}_t)}\mathcal{A}^*_{\boldsymbol{Z}_t}\mathcal{A}_{\boldsymbol{Z}_t}\mathcal{P}_{T_C(\boldsymbol{Z}_t)}\right)(\boldsymbol{Z}_t-\boldsymbol{X}_0)\right\|_F\\
&+\|(\mathcal{I}-\mathcal{P}_{T_C(\boldsymbol{Z}_t)})\boldsymbol{X}_0\|_F+\left\|\frac{\alpha_t}{\nu^2nL}\mathcal{P}_{T_C(\boldsymbol{Z}_t)}\mathcal{A}^*_{\boldsymbol{Z}_t}\mathcal{A}_{\boldsymbol{Z}_t}(\mathcal{I}-\mathcal{P}_{T_C(\boldsymbol{Z}_t)})(\boldsymbol{Z}_t-\boldsymbol{X}_0)\right\|_F\\
&+\frac{1}{\nu^2nL}\|\alpha_t\mathcal{P}_{T_C(\boldsymbol{Z}_t)}\mathcal{A}^*_{\boldsymbol{Z}_t}(\boldsymbol{\eta})\|_F\\
\leqslant&(\max\{|1-(1-\delta)\alpha_t|,|1-(4+\delta)\alpha_t|\}+\epsilon_0+\alpha_t\cdot\sqrt{\rho(\delta+4)})\|\boldsymbol{Z}_t-\boldsymbol{X}_0\|_F\\
&+\left\|\frac{\alpha_t}{\nu^2nL}\mathcal{P}_{T_C(\boldsymbol{Z}_t)}\mathcal{A}^*_{\boldsymbol{Z}_t}(\boldsymbol{\eta})\right\|_F\\
\leqslant&(\max\{|1-(1-\delta)\alpha_t|,|1-(4+\delta)\alpha_t|\}+\epsilon_0+\alpha_t\cdot\sqrt{\rho(\delta+4)})\|\boldsymbol{Z}_t-\boldsymbol{X}_0\|_F\\
&+\frac{|\alpha_t|\cdot\sqrt{\delta+4}\cdot\|\boldsymbol{\eta}\|_2}{\nu\sqrt{nL}},
\end{aligned}\tag{6.4.12}
$$

其中第一个不等式主要基于类 RIP、弱相互相干性 (即文献 [109] 的命题 1, 命题 2) 以及文献 [183] 中的引理 4.1, 同时第二个不等式也可由文献 [109] 的命题 1 得到. 结合 $\|\boldsymbol{\eta}\|_2\leqslant c\|\boldsymbol{X}_0\|_F$, $\sigma_2\leqslant|\alpha_t|\leqslant\sigma_1$, 我们得到

$$
\frac{|\alpha_t|\cdot\sqrt{\delta+4}\cdot\|\boldsymbol{\eta}\|_2}{\nu\sqrt{nL}}\leqslant\frac{c\sqrt{\delta+4}\sigma_1\cdot\|\boldsymbol{X}_0\|_F}{\nu\sqrt{nL}}.
$$

由文献 [109] 的引理 5 可得

$$
\|\boldsymbol{Z}_{t+1}-\boldsymbol{X}_0\|_F\leqslant(1+4\mu_1\epsilon_0)\mu_1\|\boldsymbol{Z}_t-\boldsymbol{X}_0\|_F+\frac{c\sqrt{\delta+4}\sigma_1\cdot\|\boldsymbol{X}_0\|_F}{\nu\sqrt{nL}},\tag{6.4.13}
$$

其中 $\mu_1 = \max\{|1-(1-\delta)\alpha_t|, |1-(4+\delta)\alpha_t|\} + \epsilon_0 + \sigma_1 \cdot \sqrt{\rho(\delta+4)}$. 因此, 令 $\mu_2 := (1+4\mu_1\epsilon_0)\mu_1$, 则可推导出

$$\begin{aligned}\|\boldsymbol{Z}_{t+1}-\boldsymbol{X}_0\|_F &\leqslant \mu_2^{t+1}\epsilon_0\|\boldsymbol{X}_0\|_F + \sum_{k=1}^{t}\mu_2^k \frac{c\sqrt{\delta+4}\sigma_1 \cdot \|\boldsymbol{X}_0\|_F}{\nu\sqrt{nL}} \\ &\leqslant \mu_2^{t+1}\epsilon_0\|\boldsymbol{X}_0\|_F + \frac{c\sqrt{\delta+4}\sigma_1 \cdot \|\boldsymbol{X}\|_F}{\nu\sqrt{nL}(1-\mu_2)},\end{aligned} \tag{6.4.14}$$

这表明

$$\|\boldsymbol{Z}_{t+1}-\boldsymbol{X}_0\|_F \leqslant \mu_2^{t+1}\epsilon_0\|\boldsymbol{X}_0\|_F + c_1 \cdot \|\boldsymbol{X}_0\|_F,$$

其中 $c_1 = \dfrac{c\sqrt{\delta+4}\sigma_1}{\nu\sqrt{nL}(1-\mu_2)}$. 因此, 对于常数 $\delta \in \left(\dfrac{1}{2\log n}, 1\right)$, 如果 $L \geqslant c_0\omega\log n$, 且常数 μ_2 满足 $\mu_2 \in (0,1)$, 则有 $\|\boldsymbol{Z}_t-\boldsymbol{X}\|_F \leqslant \epsilon_0\|\boldsymbol{X}\|_F$ 成立. 由此也表明文献 [109] 的引理 5 可以在式 (6.4.13) 中使用.

第二步　证明 $\mu_2<1$　注意到, 如果 $\mu_1 < \dfrac{1}{1+4\epsilon_0}$, 则有

$$\mu_2 = (1+4\mu_1\epsilon_0)\mu_1 < 1. \tag{6.4.15}$$

所以要使式 (6.4.15) 成立, 我们可取

$$\mu_1 = \max\{|1-(1-\delta)\alpha_t|, |1-(4+\delta)\alpha_t|\} + \sigma_1 \cdot \sqrt{\rho(\delta+4)} < \frac{1}{1+4\epsilon_0} - \epsilon_0,$$

其中 $\dfrac{1}{1+4\epsilon_0} - \epsilon_0 > 0$, $\epsilon_0 \leqslant \dfrac{1}{11}$. 因为 $\sigma_2 \leqslant \alpha_t \leqslant \sigma_1$, 所以如果

$$\frac{1}{4+\delta} \leqslant \sigma_2 \leqslant \sigma_1 \leqslant \frac{2}{4+\delta},$$

我们有

$$\begin{aligned}&\max\{|1-(1-\delta)\alpha_t|, |1-(4+\delta)\alpha_t|\} + \alpha_t \cdot \sqrt{\rho(\delta+4)} \\ \leqslant\ &\max\{|1-(1-\delta)\sigma_2|, |1-(4+\delta)\sigma_1|\} + \sigma_1 \cdot \sqrt{\rho(\delta+4)},\end{aligned}$$

其中 $\delta \in \left(\dfrac{1}{2\log n}, 1\right)$. 因此, 对于固定的常数 $\delta \in \left(\dfrac{1}{2\log n}, 1\right)$, 如果我们取常数 $\rho > 0$ 充分小, 则存在 σ_1, $\sigma_2 \in \left(\dfrac{1}{4+\delta}, \dfrac{2}{4+\delta}\right)$ 使得不等式

$$\max\{|1-(1-\delta)\sigma_2|, |1-(4+\delta)\sigma_1|\} + \sigma_1 \cdot \sqrt{\rho(\delta+4)} < \frac{1}{1+4\epsilon_0} - \epsilon_0$$

成立, 从而使得 $\mu_1 < \dfrac{1}{1+4\epsilon_0}$ 成立, 最后得到 $0 < \mu_2 < 1$. □

最后, 为保证理论结果成立, 我们在分析算法 5 时, 添加了重新开始算法的条件, 即在第 t 次迭代时, 将重设 $\beta_t = 0$, 如果对于某常数 $K_1 \in (0,1)$, $K_2 \in (0,1)$, 下述条件不满足时:

$$\begin{aligned}
&\frac{|\langle \mathcal{P}_{T_C(\boldsymbol{Z}_t)}(\boldsymbol{G}_t), \mathcal{P}_{T_C(\boldsymbol{Z}_t)}(\boldsymbol{S}_{t-1})\rangle|}{\|\mathcal{P}_{T_C(\boldsymbol{Z}_t)}(\boldsymbol{G}_t)\|_F \cdot \|\mathcal{P}_{T_C(\boldsymbol{Z}_t)}(\boldsymbol{S}_{t-1})\|_F} \leqslant K_1, \\
&\|\mathcal{P}_{T_C(\boldsymbol{Z}_t)}(\boldsymbol{G}_t)\|_F \leqslant K_2 \cdot \|\mathcal{P}_{T_C(\boldsymbol{Z}_t)}(\boldsymbol{S}_{t-1})\|_F.
\end{aligned} \tag{6.4.16}$$

我们证明了在复随机掩模测量和条件 (6.4.16) 下, TRCG 算法的收敛性和噪声干扰下的稳定性.

定理 6.4.3 ([109]) 设 $\boldsymbol{x}_0 \in \mathbb{C}^n$ 是一未知信号, 满足 $\|\boldsymbol{x}_0\|_2 = 1$, 其中 $n \geqslant 3$, 考虑噪声测量 $y_{k,l} = |\boldsymbol{f}_k^* \boldsymbol{D}_l^* \boldsymbol{x}_0|^2 + \eta_{k,l}$, $1 \leqslant k \leqslant n, 1 \leqslant l \leqslant L$, 其中 $\{\boldsymbol{D}_l, l = 1, \cdots, L\}$ 为复随机掩模, $\|\boldsymbol{\eta}\|_2 \leqslant c\|\boldsymbol{x}\|_2^2$. 对于常数 $K_1 \in (0,1)$, $K_2 \in (0,1)$ 及 $\delta \in \left(\dfrac{1}{2\log n}, 1\right)$, 如果 $L \geqslant c_0'\omega \log n$, 则存在常数 σ_1', $\sigma_2' \in \left(\dfrac{1}{3(4+\delta)}, \dfrac{2}{3(4+\delta)}\right)$ 使得当 $\sigma_2' \leqslant \alpha_t' \leqslant \sigma_1'$, 从初始值 $\boldsymbol{Z}_0$ 出发, 在条件 (6.4.16) 下, TRCG 算法的第 t 次迭代值在概率不小于 $1 - \dfrac{1}{4}e^{-\omega} - \dfrac{5}{n^2}$ 的情况下满足

$$\|\boldsymbol{Z}_t - \boldsymbol{X}_0\|_F \leqslant \tilde{\mu}_2^t \cdot (\epsilon_0' + c_1')\|\boldsymbol{X}_0\|_F, \quad 0 < \tilde{\mu}_2 < 1, \tag{6.4.17}$$

其中 $0 < \tilde{\mu}_2 < 1$, $c_1' > 0$ 是某个充分小的常数, $\omega > 0$ 是绝对常数, 常数 $\tilde{\mu}_2$ 依赖于 δ, ϵ_0', $c > 0$ 及充分小的常数 $\rho > 0$, 信号的维数 n 和掩模数 L.

我们采取类似定理 6.4.2 的证明思路来证明定理 6.4.3.

证明 为证明定理 6.4.3, 我们可以通过以下三个步骤来完成. 首先, 由定理 6.4.1 可知, $\|\boldsymbol{Z}_0 - \boldsymbol{X}_0\|_F \leqslant \epsilon_0'\|\boldsymbol{X}_0\|_F$. 设 $\boldsymbol{W}_t := \boldsymbol{Z}_t + \alpha_t'\mathcal{P}_{T_C(\boldsymbol{Z}_t)}(\boldsymbol{S}_t)$, 其中 $\boldsymbol{G}_t = \dfrac{1}{\nu^2 nL}\mathcal{A}_{\boldsymbol{Z}_t}^*(\mathcal{A}_{\boldsymbol{Z}_t}(\boldsymbol{X}_0) + \boldsymbol{\eta} - \mathcal{A}_{\boldsymbol{Z}_t}(\boldsymbol{Z}_t))$ 且 $\boldsymbol{S}_t = \boldsymbol{G}_t + \beta_t\boldsymbol{S}_{t-1}$.

第一步 估计 $\|\boldsymbol{W}_t - \boldsymbol{X}_0\|_F$.

$$\begin{aligned}
\|\boldsymbol{W}_t - \boldsymbol{X}_0\|_F &= \|\boldsymbol{Z}_t + \alpha_t'\mathcal{P}_{T_C(\boldsymbol{Z}_t)}(\boldsymbol{S}_t) - \boldsymbol{X}_0\|_F \\
&= \|\boldsymbol{Z}_t + \alpha_t'\mathcal{P}_{T_C(\boldsymbol{Z}_t)}(\boldsymbol{G}_t + \beta_t\boldsymbol{S}_{t-1}) - \boldsymbol{X}_0\|_F \\
&\leqslant \Bigg\|\boldsymbol{Z}_t - \boldsymbol{X}_0 - \frac{\alpha_t'}{\nu^2 nL}\mathcal{P}_{T_C(\boldsymbol{Z}_t)}\mathcal{A}_{\boldsymbol{Z}_t}^*\mathcal{A}_{\boldsymbol{Z}_t}(\boldsymbol{Z}_t - \boldsymbol{X}_0) \\
&\quad + \frac{\alpha_t'}{\nu^2 nL}\mathcal{P}_{T_C(\boldsymbol{Z}_t)}\mathcal{A}_{\boldsymbol{Z}_t}^*(\boldsymbol{\eta}) + \alpha_t'\beta_t\mathcal{P}_{T_C(\boldsymbol{Z}_t)}(\boldsymbol{S}_{t-1})\Bigg\|_F
\end{aligned}$$

$$
\begin{aligned}
&\leqslant \left\|(\mathcal{P}_{T_C(\boldsymbol{Z}_t)} - \frac{\alpha_t'}{\nu^2 nL}\mathcal{P}_{T_C(\boldsymbol{Z}_t)}\mathcal{A}_{\boldsymbol{Z}_t}^*\mathcal{A}_{\boldsymbol{Z}_t}\mathcal{P}_{T_C(\boldsymbol{Z}_t)})(\boldsymbol{Z}_t - \boldsymbol{X}_0)\right\|_F \\
&\quad + \|(\mathcal{I} - \mathcal{P}_{T_C(\boldsymbol{Z}_t)})\boldsymbol{X}_0\|_F \\
&\quad + \left\|\frac{\alpha_t'}{\nu^2 nL}\mathcal{P}_{T_C(\boldsymbol{Z}_t)}\mathcal{A}_{\boldsymbol{Z}_t}^*\mathcal{A}_{\boldsymbol{Z}_t}(\mathcal{I} - \mathcal{P}_{T_C(\boldsymbol{Z}_t)})(\boldsymbol{Z}_t - \boldsymbol{X}_0)\right\|_F \\
&\quad + \frac{1}{\nu^2 nL}\left\|\alpha_t'\mathcal{P}_{T_C(\boldsymbol{Z}_t)}\mathcal{A}_{\boldsymbol{Z}_t}^*(\boldsymbol{\eta})\right\|_F + \left\|\alpha_t'\beta_t\mathcal{P}_{T_C(\boldsymbol{Z}_t)}(\boldsymbol{S}_{t-1})\right\|_F \\
&\leqslant (\max\{|1-(1-\delta)\alpha_t'|, |1-(4+\delta)\alpha_t'|\} + \epsilon_0' \\
&\quad + |\alpha_t'| \cdot \sqrt{\rho(\delta+4)})\|\boldsymbol{Z}_t - \boldsymbol{X}_0\|_F \\
&\quad + \frac{|\alpha_t'| \cdot \sqrt{\delta+4} \cdot \|\boldsymbol{\eta}\|_2}{\nu\sqrt{nL}} + \|\alpha_t'\beta_t\mathcal{P}_{T_C(\boldsymbol{Z}_t)}(\boldsymbol{S}_{t-1})\|_F,
\end{aligned}
\tag{6.4.18}
$$

其中最后的不等式主要基于类 RIP、弱相互相干性 (即文献 [109] 的命题 1, 命题 2) 及文献 [183] 的引理 4.1 推导得到.

第二步　估计 $\|\alpha_t'\beta_t\mathcal{P}_{T_R}(\boldsymbol{S}_{t-1})\|_F$　对于 $t \geqslant 1$, 设 $\epsilon_2 := \dfrac{4+\delta}{1-\delta}K_2 + \dfrac{K_1 \cdot K_2}{1-\delta}$, $\epsilon_1 := \sigma_1'$, 由于 $\sigma_2' \leqslant \alpha_t' \leqslant \sigma_1'$, 所以由推导可得

$$
\begin{aligned}
\|\alpha_t'\beta_t\mathcal{P}_{T_C(\boldsymbol{Z}_t)}(\boldsymbol{S}_{t-1})\|_F &= \|\alpha_t' \cdot \sum_{j=0}^{t-1}\prod_{p=j+1}^{t}\beta_p\prod_{q=j}^{t}\mathcal{P}_{T_C(\boldsymbol{Z}_q)}(\boldsymbol{G}_j)\|_F \\
&\leqslant |\alpha_t'| \cdot \sum_{j=0}^{t-1}\prod_{p=j+1}^{t}|\beta_p|\|\mathcal{P}_{T_C(\boldsymbol{Z}_j)}(\boldsymbol{G}_j)\|_F \\
&\leqslant \epsilon_1\sum_{j=0}^{t-1}\epsilon_2^{t-j} \cdot \left(\left\|\frac{1}{\nu^2 nL}\mathcal{P}_{T_C(\boldsymbol{Z}_j)}(\mathcal{A}_{\boldsymbol{Z}_j}^*\mathcal{A}_{\boldsymbol{Z}_j}(\boldsymbol{Z}_j - \boldsymbol{X}_0))\right.\right. \\
&\quad \left. + \frac{1}{\nu^2 nL}\mathcal{P}_{T_C(\boldsymbol{Z}_j)}\mathcal{A}_{\boldsymbol{Z}_j}^*(\boldsymbol{\eta})\right\|_F \\
&\quad + \left\|\frac{1}{\nu^2 nL}(\mathcal{P}_{T_C(\boldsymbol{Z}_j)}\mathcal{A}_{\boldsymbol{Z}_j}^*\mathcal{A}_{\boldsymbol{Z}_j}(\mathcal{I} - \mathcal{P}_{T_C(\boldsymbol{Z}_j)})(\boldsymbol{Z}_j - \boldsymbol{X}_0))\right\|_F \\
&\quad \left. + \left\|\frac{1}{\nu^2 nL}\mathcal{P}_{T_C(\boldsymbol{Z}_j)}\mathcal{A}_{\boldsymbol{Z}_j}^*(\boldsymbol{\eta})\right\|_F\right) \\
&\leqslant \epsilon_1((4+\delta) + \sqrt{\rho(4+\delta)})\sum_{j=0}^{t-1}\epsilon_2^{t-j} \cdot \|\boldsymbol{Z}_j - \boldsymbol{X}_0\|_F
\end{aligned}
$$

$$+\epsilon_1\sum_{j=0}^{t-1}\epsilon_2^{t-j}\cdot\frac{\sqrt{4+\delta}\|\boldsymbol{\eta}\|_2}{\nu\sqrt{nL}},\tag{6.4.19}$$

其中第三个不等式由文献 [109] 的命题 1, 命题 2 推导得到. 所以结合式 (6.4.18) 和式 (6.4.19), 我们有

$$\begin{aligned}\|\boldsymbol{W}_t-\boldsymbol{X}_0\|_F\leqslant&(\max\{|1-(1-\delta)\alpha_t'|,|1-(4+\delta)\alpha_t'|\}\\&+\epsilon_0'+\epsilon_1\cdot\sqrt{\rho(\delta+4)})\|\boldsymbol{Z}_t-\boldsymbol{X}_0\|_F\\&+\epsilon_1((4+\delta)+\sqrt{\rho(4+\delta)})\sum_{j=0}^{t-1}\epsilon_2^{t-j}\cdot\|\boldsymbol{Z}_j-\boldsymbol{X}_0\|_F\\&+\left(\frac{\epsilon_1\cdot\sqrt{\delta+4}}{\nu\sqrt{nL}}+\epsilon_1\sum_{j=0}^{t-1}\epsilon_2^{t-j}\cdot\frac{\sqrt{4+\delta}}{\nu\sqrt{nL}}\right)\|\boldsymbol{\eta}\|_2.\end{aligned}\tag{6.4.20}$$

因此, 由文献 [109] 的引理 5 可得

$$\begin{aligned}\|\boldsymbol{Z}_{t+1}-\boldsymbol{X}_0\|_F\leqslant&\tilde{\mu}_1(1+4\tilde{\mu}_1\epsilon_0')\|\boldsymbol{Z}_t-\boldsymbol{X}_0\|_F+\epsilon_1((4+\delta)\\&+\sqrt{\rho(4+\delta)})\sum_{j=0}^{t-1}\epsilon_2^{t-j}\cdot\|\boldsymbol{Z}_j-\boldsymbol{X}_0\|_F\\&+\left(\frac{\epsilon_1\cdot\sqrt{\delta+4}}{\nu\sqrt{nL}}+\epsilon_1\sum_{j=0}^{t-1}\epsilon_2^{t-j}\cdot\frac{\sqrt{4+\delta}}{\nu\sqrt{nL}}\right)\|\boldsymbol{\eta}\|_2,\end{aligned}\tag{6.4.21}$$

其中 $\tilde{\mu}_1:=\max\{|1-(1-\delta)\alpha_t'|,|1-(4+\delta)\alpha_t'|\}+\epsilon_0'+\epsilon_1\cdot\sqrt{\rho(\delta+4)}$. 由于当 $L\geqslant c_0'\omega\log n$, 有 $\epsilon_1\cdot\dfrac{\sqrt{\delta+4}}{\nu\sqrt{nL}}\leqslant\dfrac{1}{2}\epsilon_1((4+\delta)+\sqrt{\rho(4+\delta)})$, $\epsilon_1\cdot\dfrac{\sqrt{\delta+4}}{\nu\sqrt{nL}}\leqslant\dfrac{1}{2}\epsilon_1((4+\delta)+\sqrt{\rho(4+\delta)})\sum\limits_{j=0}^{t-1}\epsilon_2^{t-j}$ 成立, 其中 $c_0'>0$ 是充分大的常数, 设 $\psi_0:=\|\boldsymbol{Z}_0-\boldsymbol{X}_0\|_F+\|\boldsymbol{\eta}\|_2$, 则对于 $t\geqslant 1$, 有

$$\psi_{t+1}=\tilde{\mu}_1(1+4\tilde{\mu}_1\epsilon_0')\psi_t+C'\sum_{j=0}^{t-1}\epsilon_2^{t-j}\psi_j,\quad\|\boldsymbol{Z}_{t+1}-\boldsymbol{X}_0\|_F\leqslant\psi_{t+1}$$

成立, 其中 $C'=\epsilon_1((4+\delta)+\sqrt{\rho(4+\delta)})$. 注意到

$$\psi_{t+1}=\tilde{\mu}_1(1+4\tilde{\mu}_1\epsilon_0')\psi_t+\epsilon_2\psi_t-\epsilon_2\psi_t+C'\sum_{j=0}^{t-1}\epsilon_2^{t-j}\psi_j$$

$$\leqslant (\tilde{\mu}_1(1+4\tilde{\mu}_1\epsilon_0')+\epsilon_2)\psi_t+\epsilon_2\cdot C'\psi_{t-1}. \tag{6.4.22}$$

当 $t=0$ 时, 算法 5 与算法 4 一致, 所以有 $\|\boldsymbol{Z}_1-\boldsymbol{X}_0\|_F\leqslant \mu_1(1+4\mu_1\epsilon_0')\|\boldsymbol{Z}_0-\boldsymbol{X}_0\|_F+\dfrac{|\alpha_1|\cdot\sqrt{\delta+4}\cdot\|\boldsymbol{\eta}\|_2}{\nu\sqrt{nL}}$, 其中 $\mu_1=\tilde{\mu}_1=\max\{|1-(1-\delta)\alpha_1|,|1-(4+\delta)\alpha_1|\}+\epsilon_0'+|\alpha_1|\cdot\sqrt{\rho(\delta+4)}$, $\alpha_1=\alpha_1'$. 因此定义 $\psi_1:=\mu_1(1+4\mu_1\epsilon_0')\psi_0$, 对于 $t=0,1$, 我们也有 $\|\boldsymbol{Z}_t-\boldsymbol{X}_0\|_F\leqslant\psi_t$ 成立. 设

$$\begin{aligned}
&\tau_1:=\tilde{\mu}_1(1+4\tilde{\mu}_1\epsilon_0')+\epsilon_2,\\
&\tau_2:=\epsilon_2\cdot\epsilon_1((4+\delta)+\sqrt{\rho(4+\delta)}),\\
&\tilde{\mu}_2:=\frac{1}{2}(\tau_1+\sqrt{\tau_1^2+4\tau_2}),
\end{aligned}$$

如果 $\tilde{\mu}_2<1$, 则文献 [183] 中的引理 4.5 及式 (6.4.22) 可得 $\psi_t\leqslant\tilde{\mu}_2^t\psi_0$, 又因 $\epsilon_2>0$, 所以 $\psi_1=\mu_1(1+4\mu_1\epsilon_0')\psi_0<\tau_1\psi_0<\tilde{\mu}_2\psi_0$.

第三步　证明 $\tilde{\mu}_2<1$　因 $\tilde{\mu}_2:=\dfrac{1}{2}(\tau_1+\sqrt{\tau_1^2+4\tau_2})\leqslant\tau_1+\tau_2$, 所以我们只需证 $\tau_1+\tau_2<1$. 注意到

$$\tau_1+\tau_2=\tilde{\mu}_1(1+4\tilde{\mu}_1\epsilon_0')+\epsilon_2+\epsilon_2\cdot\epsilon_1((4+\delta)+\sqrt{\rho(4+\delta)}),$$

则对于充分小的常数 $\rho>0$, 我们有 $\tau_1+\tau_2\leqslant\tilde{\mu}_1(1+4\tilde{\mu}_1\epsilon_0')+\epsilon_2(1+5\epsilon_1)$. 此时可以转化为证明 $\tilde{\mu}_1(1+4\tilde{\mu}_1\epsilon_0')<1-\epsilon_2(1+5\epsilon_1)$, 而通过简单的计算我们可以发现当 $\tilde{\mu}_1<\dfrac{1-\epsilon_2(1+5\epsilon_1)}{1+(1-\epsilon_2(1+5\epsilon_1))\epsilon_0'}$ 时, 此不等式成立. 对于固定的 $\delta\in\left(\dfrac{1}{2\log n},1\right)$, 如果 $\dfrac{1}{4+\delta}\leqslant\sigma_2'\leqslant\sigma_1'\leqslant\dfrac{2}{4+\delta}$, 有

$$\tilde{\mu}_1\leqslant\max\{|1-(1-\delta)\sigma_2'|,|1-(4+\delta)\sigma_1'|\}+\sigma_1'\cdot\sqrt{\rho(\delta+4)}+\epsilon_0' \tag{6.4.23}$$

成立, 因此对于常数 $K_1\in(0,1)$, $K_2\in(0,1)$, $\delta\in\left(\dfrac{1}{2\log n},1\right)$ 满足 $1-\epsilon_2(1+5\sigma_1')>0$ 及充分小的常数 $\rho>0$, 存在 σ_1', $\sigma_2'\in\left(\dfrac{1}{4+\delta},\dfrac{2}{4+\delta}\right)$ 使得

$$\begin{aligned}
&\max\{|1-(1-\delta)\sigma_2'|,|1-(4+\delta)\sigma_1'|\}+\sigma_1'\cdot\sqrt{\rho(\delta+4)}\\
&<\frac{1-\epsilon_2(1+5\sigma_1')}{1+(1-\epsilon_2(1+5\sigma_1'))\epsilon_0'}-\epsilon_0'
\end{aligned} \tag{6.4.24}$$

成立, 其中我们取 $\epsilon_0' \leqslant \dfrac{(1-\epsilon_2(1+5\sigma_1'))}{3}$ 来保证 $\dfrac{1-\epsilon_2(1+5\sigma_1')}{1+(1-\epsilon_2(1+5\sigma_1'))\epsilon_0'} - \epsilon_0' > 0$. 综之, 我们得到

$$\|\boldsymbol{Z}_t - \boldsymbol{X}_0\|_F + \|\boldsymbol{\eta}\|_2 \leqslant \tilde{\mu}_2^t(\|\boldsymbol{Z}_0 - \boldsymbol{X}_0\|_F + \|\boldsymbol{\eta}\|_2) \leqslant \tilde{\mu}_2^t(\epsilon_0' + c)\|\boldsymbol{X}_0\|_F. \qquad \square$$

注 6.4.1 定理 6.4.2 和定理 6.4.3 中所考虑的复随机掩模是在 (6.3.2) 的前提下并满足条件 $\mathbb{E}[\varepsilon^3] = 0$.

注 6.4.2 据我们所知, 相比于 E. Candès 等在无噪声下, 用 PhaseLift 算法及 WF 算法[36,37] 恢复信号所需的掩模阶数 $(\log^4 n)$, 我们大大地降低了重构信号所需的掩模阶数, 而且建立了噪声干扰下用掩模傅里叶测量重构信号相位的稳定性. 虽然所用的算法是黎曼优化算法, 但这从某种程度上解决了 E. Candès 等提出的降阶问题, 也推广了他们的工作.

6.5 无噪声干扰掩模傅里叶测量下的相位恢复问题

6.5.1 掩模傅里叶测量下的 Wirtinger Flow 算法

在 6.4 节, 我们研究了带噪声的随机掩模傅里叶测量下的相位恢复问题, 并结合 "提升" 技术和两种黎曼优化算法来求解此类问题, 分别证明了当掩模阶数为 $(\log n)$ 时, 原始信号可以得到稳定的重构. 特别地, 当噪声为零时, 两类非凸算法得到的迭代序列线性收敛到真实解. 但 E. Candès 等提出的关于 WF 算法降阶问题仍未得到解决. 因此, 在本章中, 我们将继续 E. Candès 等的问题, 研究无噪声的掩模傅里叶测量下的相位恢复问题:

$$y_{k,l} = |\boldsymbol{f}_k^* \boldsymbol{D}_l^* \boldsymbol{x}_0|^2, \quad 1 \leqslant k \leqslant n, 1 \leqslant l \leqslant L, \tag{6.5.1}$$

其中未知信号 $\boldsymbol{x}_0$ 为复信号且 $\|\boldsymbol{x}_0\|_2$ 是已知的, 这主要是因为我们可以额外应用一个掩模 $\boldsymbol{D} = \boldsymbol{I}$, 结合 Parseval 等式 $\sum\limits_k |\boldsymbol{f}_k^* \boldsymbol{D}^* \boldsymbol{x}|^2 = n\|\boldsymbol{x}\|_2^2$ 得到信号的模长 $\|\boldsymbol{x}_0\|_2$. 因此, 在本章中, 为了简单起见, 我们也假设了 $\|\boldsymbol{x}_0\|_2 = 1$ 以及 $\nu = 1$, $\boldsymbol{D}_l$ $(1 \leqslant l \leqslant L)$ 是独立同分布的复随机掩模. 正如 6.2 节所述, 我们将在原始向量空间中, 直接通过求解最小二乘函数:

$$\min_{\boldsymbol{x}} \ \frac{1}{2nL} \sum_{l=1}^{L} \sum_{k=1}^{n} (|\boldsymbol{f}_k^* \boldsymbol{D}_l^* \boldsymbol{x}_0|^2 - y_{k,l})^2 \tag{6.5.2}$$

来估计原始信号 $\boldsymbol{x}_0$. 然后通过结合一定的截断规则和 WF 算法 (简称 TWF) 来求解上述问题, 从而近似或精确地重构真实解. 在算法 6 中,

$$F_t(\boldsymbol{z}) := \frac{1}{2n|L_t|}\sum_{l\in L_t}\sum_{k=1}^{n}(|(\boldsymbol{D}_l\boldsymbol{f}_k)^*\boldsymbol{z}|^2 - y_{k,l})^2\cdot \mathbf{1}_{U_{k,l}(\boldsymbol{z})},$$

算法 6 再采样的 TWF

- 输入: n 维离散傅里叶向量 $\{\boldsymbol{f}_k\}_{k=1}^n$, 复随机掩模 $\{\boldsymbol{D}_l\}_{l=1}^L$, 观测值 $y_{k,l}$ 以及迭代次数 T.
- 将 $\{1,\cdots,L\}$ 平均分成 $T+1$ 块: $L_0,\cdots,L_T$, 每块大小为 $\lfloor L/(T+1)\rfloor$.
- $\boldsymbol{z}_0$ 是矩阵 $\boldsymbol{Y}_0 := \dfrac{1}{n|L_0|}\displaystyle\sum_{l\in L_0}\sum_{k=1}^{n} y_{k,l}(\boldsymbol{D}_l\boldsymbol{f}_k)(\boldsymbol{D}_l\boldsymbol{f}_k)^*\cdot 1_{U_{k,l}(\boldsymbol{x}_0)}$ 的最大特征值对应的特征向量.
- 对于$t=0,1,\cdots,T-1$,
- $\boldsymbol{z}_{t+1}=\boldsymbol{z}_t-\eta\cdot\nabla F_{t+1}(\boldsymbol{z}_t)$,
- 输出: $\boldsymbol{z}_T$.

其中的截断规则 $U_{k,l}(\boldsymbol{z})$ 为

$$U_{k,l}(\boldsymbol{z}) := \{|(\boldsymbol{D}_l\boldsymbol{f}_k)^*\boldsymbol{z}| \leqslant \tau\|\boldsymbol{z}\|_2\}, \tag{6.5.3}$$

$\tau = M\sqrt{4\gamma\log n}$, $\gamma = 12+4\log_2 M$. 事实上, 当初始值的构造及估计得到理论保证后, 即 $\mathrm{dist}(\boldsymbol{z}_0,\boldsymbol{x}_0)\leqslant \epsilon\|\boldsymbol{x}_0\|_2$, 上述的截断规则可以用于邻域 $E(\epsilon)$ 中的任意向量 $\boldsymbol{z}$, 这里 $E(\epsilon)$ 为

$$E(\epsilon) = \{\boldsymbol{z}\in\mathbb{C}^n : \mathrm{dist}(\boldsymbol{z},\boldsymbol{x}_0)\leqslant\epsilon\|\boldsymbol{x}_0\|_2\}, \tag{6.5.4}$$

$\epsilon\in(0,1)$, $\mathrm{dist}(\boldsymbol{z}_0,\boldsymbol{x}_0)\leqslant\epsilon\|\boldsymbol{x}_0\|_2$ 为向量 $\boldsymbol{x}_0$ 与向量 $\boldsymbol{z}$ 之间的最短距离, 具体定义为

$$\mathrm{dist}(\boldsymbol{z}_0,\boldsymbol{x}_0) = \min_{\phi\in[0,2\pi]}\|\boldsymbol{z}-e^{i\cdot\phi}\boldsymbol{x}_0\|_2.$$

另外, 对于 $t=0,\cdots,T-1$ 基于 Wirtinger 导数, 我们可以计算得到 $\nabla F_{t+1}(\boldsymbol{z})$:

$$\nabla F_{t+1}(\boldsymbol{z}) = \frac{1}{n|L_{t+1}|}\sum_{l\in L_{t+1}}\sum_{k=1}^{n}(|(\boldsymbol{D}_l\boldsymbol{f}_k)^*\boldsymbol{z}|^2 - y_{k,l})(\boldsymbol{D}_l\boldsymbol{f}_k)(\boldsymbol{D}_l\boldsymbol{f}_k)^*\boldsymbol{z}\cdot 1_{U_{k,l}(\boldsymbol{z})}. \tag{6.5.5}$$

6.5.2 掩模傅里叶测量下 Wirtinger Flow 算法的收敛性分析

正如在 6.2 节所述, WF 算法主要分为两个重要部分: 初始值构造以及迭代更新过程. 在 6.5.1 小节内容中我们在原始 WF 算法的基础上, 结合截断规则以及再

采样技术, 给出了改进版的算法 6 来求解掩模傅里叶测量下的相位恢复问题. 因此, 在本节中, 我们将给出算法的理论性分析. 首先, 我们证明了当 $L=O(\log n)$ 时, 用截断的谱方法来构造的初始值 $\boldsymbol{z}_0$ 将落在向量 $\boldsymbol{x}_0$ 的局部邻域 $E\left(\frac{1}{7}\right)$ 内. 对比文献 [37] 中初始值构造所需的掩模数 $O(\log^4 n)$, 此结果将掩模阶数降到了最优, 即 $O(\log n)$.

定理 6.5.1 ([111]) 设 $\boldsymbol{x}_0\in\mathbb{C}^n$ 是一未知信号, 模长为 $\|\boldsymbol{x}_0\|_2=1$. 考虑无噪声测量 $y_{k,l}=|\boldsymbol{f}_k^*\boldsymbol{D}_l^*\boldsymbol{x}_0|^2,\ 1\leqslant k\leqslant n, 1\leqslant l\leqslant L$, 其中 $\{\boldsymbol{D}_l,\ l=1,\cdots,L\}$ 为复随机掩模. 如果 $|L_0|\geqslant c_1\rho\log n$ (即测量次数 $m\geqslant c_1\rho n\log n$), 则在概率不小于 $1-\dfrac{1}{12}e^{-\rho}$ 下, 由算法 6 所构造的初始值 $\boldsymbol{z}_0$ 满足

$$
\operatorname{dist}(\boldsymbol{z}_0,\boldsymbol{x}_0)\leqslant\frac{1}{7},
$$

这里 c_1 是依赖于 $\max\limits_{1\leqslant k\leqslant n,1\leqslant l\leqslant L}\{y_{k,l}\}$ 的足够大的常数, $\rho>0$ 为绝对常数.

然后我们证明了在迭代更新阶段, 由再采样的 TWF 算法得到的迭代序列拥有线性收敛性质. 再者, 我们发现算法 6 以比 WF 算法更精细的方式进行迭代, 并且可以更好地控制下降方向. 此外, 与文献 [37] 中的测量次数 $O(\log^4 n)$ 相比, 再采样的 TWF 算法可以拥有更好的采样复杂度, 即 $O(\log^2 n)$.

定理 6.5.2 ([111]) 设 $\boldsymbol{x}_0\in\mathbb{C}^n$ 是一未知信号, 模长为 $\|\boldsymbol{x}_0\|_2=1$. 考虑无噪声测量 $y_{k,l}=|\boldsymbol{f}_k^*\boldsymbol{D}_l^*\boldsymbol{x}_0|^2,\ 1\leqslant k\leqslant n, 1\leqslant l\leqslant L$, 其中 $\{\boldsymbol{D}_l,\ l=1,\cdots,L\}$ 为复随机掩模. 从算法 6 所构造的初始值 $\boldsymbol{z}_0$ 出发, 假设迭代步长 η 满足 $0<\eta\leqslant\dfrac{2}{\beta}$, 第 t 次迭代值 $\boldsymbol{z}_t$ 满足 $\operatorname{dist}(\boldsymbol{z}_t,\boldsymbol{x}_0)\leqslant\dfrac{1}{7}$, 则当 $|L_t|\geqslant c_2\rho\log^2 n$ (即测量次数 $m_t\geqslant c_2\rho n\log^2 n$) 时, 在概率不小于 $1-c_2'e^{-\rho}$ 下, 第 $(t+1)$ 次迭代值 $\boldsymbol{z}_{t+1}$ 满足

$$
\operatorname{dist}(\boldsymbol{z}_{t+1},\boldsymbol{x}_0)\leqslant\left(1-\frac{2\eta}{\alpha}\right)^{\frac{1}{2}}\operatorname{dist}(\boldsymbol{z}_t,\boldsymbol{x}_0), \tag{6.5.6}
$$

这里 $\alpha,\beta>0$ 是满足 $\alpha\beta\geqslant 4$ 的常数, $c_2,c_2'>0$ 是依赖于 $\max\limits_{1\leqslant k\leqslant n,1\leqslant l\leqslant L}\{y_{k,l}\}$ 的常数, $\rho>0$ 为绝对常数.

基于上述定理 6.5.1 和定理 6.5.2, 我们可以得到下述结果.

定理 6.5.3 ([111]) 设 $\boldsymbol{x}_0\in\mathbb{C}^n$ 是一未知信号, 模长为 $\|\boldsymbol{x}_0\|_2=1$. 考虑无噪声测量 $y_{k,l}=|\boldsymbol{f}_k^*\boldsymbol{D}_l^*\boldsymbol{x}_0|^2,\ 1\leqslant k\leqslant n, 1\leqslant l\leqslant L$, 其中 $\{\boldsymbol{D}_l,\ l=1,\cdots,L\}$ 为复随机掩模. 假设迭代步长 η 满足 $0<\eta\leqslant\dfrac{2}{\beta}$, 对于任意的常数 $\widetilde{\epsilon}\in(0,1)$, 如果

$L \geqslant c_3 \log\left(\frac{1}{\widetilde{\epsilon}}\right) \rho \log^2 n$ (即测量次数 $m \geqslant c_3 \log\left(\frac{1}{\widetilde{\epsilon}}\right) \rho n \log^2 n$), 则在概率不小于 $1 - c_3' \log\left(\frac{1}{\widetilde{\epsilon}}\right) e^{-\rho}$ 下, 由算法 6 得到的输出值 $\boldsymbol{z}_T$ 满足

$$\operatorname{dist}(\boldsymbol{z}_T, \boldsymbol{x}_0) \leqslant \widetilde{\epsilon}, \tag{6.5.7}$$

其中 $c_3, c_3' > 0$ 是依赖于 $\max\limits_{1 \leqslant k \leqslant n, 1 \leqslant l \leqslant L} \{y_{k,l}\}$ 的常数, $\beta > 0$ 是定理 6.5.2 中的常数, $\rho > 0$ 为绝对常数.

注 6.5.1 定理 6.5.1, 定理 6.5.2 以及定理 6.5.3 中所考虑的复随机掩模也是在 (6.3.2) 的前提下并满足条件 $\mathbb{E}[\varepsilon^3] = 0$.

注 6.5.2 相比于 E. Candès 等在无噪声下, 用再采样的 WF 算法[37] 恢复信号所需的掩模阶数 ($\log^4 n$), 我们利用一定的截断规则将其降到了 ($\log^2 n$), 并给出无噪声干扰下用掩模傅里叶测量重构信号相位的收敛性分析, 从某种程度上改进了 E. Candès 等的工作.

参考文献

[1] Aguilar E A , Borkała J J, Mironowicz P, Pawłowski M. Connections between mutually unbiased bases and quantum random access codes. Physical Review Letters, 2018, 121(5): 050501.

[2] Aldroubi A, Chen X M, Powell A M. Perturbations of measurement matrices and dictionaries in compressed sensing. Applied and Computational Harmonic Analysis, 2012, 33(2): 282-291.

[3] Alexeev B, Bandeira A S, Fickus M, Mixon D G. Phase retrieval with polarization. SIAM Journal on Imaging Sciences, 2014, 7(1): 35-66.

[4] Baba N, Mutoh K. Measurement of telescope aberrations through atmospheric turbulence by use of phase diversity. Applied Optics, 2001, 40(4): 544-552.

[5] Bahmani S, Romberg J. Efficient compressive phase retrieval with constrained sensing vectors. Advances in Neural Information Processing Systems, 2015, 28: 523-531.

[6] Bahmani S, Romberg J. A flexible convex relaxation for phase retrieval. Electronic Journal of Statistics, 2017, 11(2): 5254-5281.

[7] Balan R. Stability of phase retrievable frames. In Wavelets and Sparsity XV, volume 8858, pages 107-116. SPIE, 2013.

[8] Balan R, Bodmann B G, Casazza P G, Edidin D. Painless reconstruction from magnitudes of frame coefficients. Journal of Fourier Analysis and Applications, 2009, 15(4): 488-501.

[9] Balan R, Casazza P, Edidin D. On signal reconstruction without noisy phase. arXiv preprint math/0412411, 2004.

[10] Balan R, Wang Y. Invertibility and robustness of phaseless reconstruction. Applied and Computational Harmonic Analysis, 2015, 38(3): 469-488.

[11] Bandeira A S, Cahill J, Mixon D G, Nelson A A. Saving phase: Injectivity and stability for phase retrieval. Applied and Computational Harmonic Analysis, 2014, 37(1): 106-125.

[12] Bandeira A S, Chen Y T, Mixon D G. Phase retrieval from power spectra of masked signals. Information and Inference: A Journal of the IMA, 2014, 3(2): 83-102.

[13] Baraniuk R, Davenport M, DeVore R, Wakin M. A simple proof of the restricted isometry property for random matrices. Constructive Approximation, 2008, 28(3): 253-263.

[14] Bianchi G, Segala F, Volčič A. The solution of the covariogram problem for plane $\mathcal{C}_+^2$ convex bodies. Journal of Differential Geometry, 2002, 60(2): 177-198.

[15] Bickel P J, Ritov Y, Tsybakov A B. Simultaneous analysis of lasso and Dantzig selector. The Annals of Statistics, 2009: 1705-1732.

[16] Blumensath T, Davies M E. Iterative hard thresholding for compressed sensing. Applied and Computational Harmonic Analysis, 2009, 27(3): 265-274.

[17] Bourgain J. An improved estimate in the restricted isometry problem //Klartag B, Milman E, Eds. Geometric Aspects of Functional Analysis Lecture Notes in Mathematics, vol. 2016. Springer International Publishing, 2014: 65-70.

[18] Bourgain J, Dilworth S, Ford K, Konyagin S, Kutzarova D. Explicit constructions of RIP matrices and related problems. Duke Mathematical Journal, 2011, 159(1): 145-185.

[19] Bruckstein A M, Donoho D L, Elad M. From sparse solutions of systems of equations to sparse modeling of signals and images. SIAM Review, 2009, 51(1): 34-81.

[20] Cahill J, Casazza P G, Peterson J, Woodland L. Phase retrieval by projections. arXiv preprint arXiv: 1305.6226, 2013.

[21] Cai J F, Osher S, Shen Z W. Split Bregman methods and frame based image restoration. Multiscale Modeling & Simulation, 2009, 8(2): 337-369.

[22] Cai J F, Wei K. Solving systems of phaseless equations via Riemannian optimization with optimal sampling complexity. arXiv preprint arXiv: 1809.02773, 2018.

[23] Cai T T, Jiang T F, Li X O. Asymptotic analysis for extreme eigenvalues of principal minors of random matrices. The Annals of Applied Probability, 2021, 31(6): 2953-2990.

[24] Cai T T, Li X D, Ma Z M. Optimal rates of convergence for noisy sparse phase retrieval via thresholded wirtinger flow. The Annals of Statistics, 2016, 44(5): 2221-2251.

[25] Cai T T, Wang L. Orthogonal matching pursuit for sparse signal recovery with noise. IEEE Transactions on Information Theory, 2011, 57(7): 4680-4688.

[26] Cai T T, Wang L, Xu G W. New bounds for restricted isometry constants. IEEE Transactions on Information Theory, 2010, 56(9): 4388-4394.

[27] Cai T T, Wang L, Xu G W. Shifting inequality and recovery of sparse signals. IEEE Transactions on Signal Processing, 2010, 58(3): 1300-1308.

[28] Cai T T, Xu G W, Zhang J. On recovery of sparse signals via $\mathcal{L}_1$ minimization. IEEE Transactions on Information Theory, 2009, 55(7): 3388-3397.

[29] Cai T T, Zhang A. Compressed sensing and affine rank minimization under restricted isometry. IEEE Transactions on Signal Processing, 2013, 61(13): 3279-3290.

[30] Cai T T, Zhang A. Sharp RIP bound for sparse signal and low-rank matrix recovery. Applied and Computational Harmonic Analysis, 2013, 35(1): 74-93.

[31] Cai T T, Zhang A. Sparse representation of a polytope and recovery of sparse signals and low-rank matrices. IEEE Transactions on Information Theory, 2013, 60(1): 122-132.

[32] Candès E J. The restricted isometry property and its implications for compressed sensing. Comptes Rendus Mathematique, 2008, 346(9-10): 589-592.

[33] Candès E J, Eldar Y C, Needell D, Randall P. Compressed sensing with coherent and redundant dictionaries. Applied and Computational Harmonic Analysis, 2011, 31(1): 59-73.

[34] Candès E J, Eldar Y C, Strohmer T, Voroninski V. Phase retrieval via matrix completion. SIAM Review, 2015, 57(2): 225-251.

[35] Candès E J, Li X D. Solving quadratic equations via phaselift when there are about as many equations as unknowns. Foundations of Computational Mathematics, 2014, 14(5): 1017-1026.

[36] Candès E J, Li X D, Soltanolkotabi M. Phase retrieval from coded diffraction patterns. Applied and Computational Harmonic Analysis, 2015, 39(2): 277-299.

[37] Candès E J, Li X D, Soltanolkotabi M. Phase retrieval via wirtinger flow: Theory and algorithms. IEEE Transactions on Information Theory, 2015, 61(4): 1985-2007.

[38] Candès E J, Plan Y. Tight oracle inequalities for low-rank matrix recovery from a minimal number of noisy random measurements. IEEE Transactions on Information Theory, 2011, 57(4): 2342-2359.

[39] Candès E J, Romberg J. Quantitative robust uncertainty principles and optimally sparse decompositions. Foundations of Computational Mathematics, 2006, 6(2): 227-254.

[40] Candès E J, Romberg J, Tao T. Stable signal recovery from incomplete and inaccurate measurements. Communications on Pure and Applied Mathematics: A Journal Issued by the Courant Institute of Mathematical Sciences, 2006, 59(8): 1207-1223.

[41] Candès E J, Strohmer T, Voroninski V. Phaselift: Exact and stable signal recovery from magnitude measurements via convex programming. Communications on Pure and Applied Mathematics, 2013, 66(8): 1241-1274.

[42] Candès E J, Tao T. Decoding by linear programming. IEEE Transactions on Information Theory, 2005, 51(12): 4203-4215.

[43] Candès E J, Tao T. Near-optimal signal recovery from random projections: Universal encoding strategies? IEEE Transactions on Information Theory, 2006, 52(12): 5406-5425.

[44] Candès E J, Tao T. The Dantzig selector: Statistical estimation when p is much larger than n. The Annals of Statistics, 2007: 2313-2351.

[45] Carrano C J, Olivier S S, Brase J M, Macintosh B A, An J R. Phase retrieval techniques for adaptive optics. In Adaptive Optical System Technologies, volume 3353, pages 658-667. SPIE, 1998.

[46] Casazza P G, Heinecke A, Krahmer F, Kutyniok G. Optimally sparse frames. IEEE Transactions on Information Theory, 2011, 57(11): 7279-7287.

[47] Chang C C, Lin C J. Libsvm: A library for support vector machines. ACM Transactions on Intelligent Systems and Technology (TIST), 2011, 2(3): 1-27.

[48] Chartrand R. Exact reconstruction of sparse signals via nonconvex minimization. IEEE Signal Processing Letters, 2007, 14(10): 707-710.

[49] Chartrand R, Staneva V. Restricted isometry properties and nonconvex compressive sensing. Inverse Problems, 2008, 24(3): 035020.

[50] Chen S S, Donoho D L, Saunders M A. Atomic decomposition by basis pursuit. SIAM Review, 2001, 43(1): 129-159.

[51] Cohen A, Dahmen W G, DeVore R. Compressed sensing and best k-term approximation. Journal of the American Mathematical Society, 2009, 22(1): 211-231.

[52] Dai W, Milenkovic O. Subspace pursuit for compressive sensing signal reconstruction. IEEE Transactions on Information Theory, 2009, 55(5): 2230-2249.

[53] Daubechies I, Han B. The canonical dual frame of a wavelet frame. Applied and Computational Harmonic Analysis, 2002, 12(3): 269-285.

[54] de Castro Y. A remark on the lasso and the Dantzig selector. Statistics & Probability Letters, 2013, 83(1): 304-314.

[55] Debarre T, Aziznejad S, Unser M. Hybrid-spline dictionaries for continuous-domain inverse problems. IEEE Transactions on Signal Processing, 2019, 67(22): 5824-5836.

[56] DeVore R A. Nonlinear approximation. Acta numerica, 1998, 7: 51-150.

[57] DeVore R A. Deterministic constructions of compressed sensing matrices. Journal of Complexity, 2007, 23(4-6): 918-925.

[58] Donoho D L. Compressed sensing. IEEE Transactions on Information Theory, 2006, 52(4): 1289-1306.

[59] Donoho D L. For most large underdetermined systems of linear equations the minimal l_1-norm solution is also the sparsest solution. Communications on Pure and Applied Mathematics, 2006, 59(6): 797-829.

[60] Donoho D L, Elad M. Optimally sparse representation in general (nonorthogonal) dictionaries via $\mathcal{L}^1$ minimization. Proceedings of the National Academy of the United States of America Sciences, 2003, 100(5): 2197-2202.

[61] Donoho D L, Elad M, Temlyakov V N. Stable recovery of sparse overcomplete representations in the presence of noise. IEEE Transactions on Information Theory, 2006, 52(1): 6-18.

[62] Donoho D L, Huo X M. Uncertainty principles and ideal atomic decomposition. IEEE Transactions on Information Theory, 2001, 47(7): 2845-2862.

[63] Donoho D L, Kutyniok G. Microlocal analysis of the geometric separation problem. Communications on Pure and Applied Mathematics, 2013, 66(1): 1-47.

[64] Donoho D L, Stark P B. Uncertainty principles and signal recovery. SIAM Journal on Applied Mathematics, 1989, 49(3): 906-931.

[65] Elad M, Bruckstein A M. A generalized uncertainty principle and sparse representation in pairs of bases. IEEE Transactions on Information Theory, 2002, 48(9): 2558-2567.

[66] Elad M, Milanfar P, Rubinstein R. Analysis versus synthesis in signal priors. Inverse Problems, 2007, 23(3): 947.

[67] Elad M, Starck J L, Querre P, Donoho D L. Simultaneous cartoon and texture image inpainting using morphological component analysis (MCA). Applied and Computational Harmonic Analysis, 2005, 19(3): 340-358.

[68] Eldar Y C, Kutyniok G. Compressed Sensing: Theory and Applications. Cambridge: Cambridge University Press, 2012.

[69] Eldar Y C, Mendelson S. Phase retrieval: Stability and recovery guarantees. Applied and Computational Harmonic Analysis, 2014, 36(3): 473-494.

[70] Faridian A, Hopp D, Pedrini G, Eigenthaler U, Hirscher M, Osten W. Nanoscale imaging using deep ultraviolet digital holographic microscopy. Optics Express, 2010, 18(13): 14159-14164.

[71] Feuer A, Nemirovski A. On sparse representation in pairs of bases. IEEE Transactions on Information Theory, 2003, 49(6): 1579-1581.

[72] Fienup C, Dainty J. Phase retrieval and image reconstruction for astronomy. Image Recovery: Theory and Application, 1987, 231: 275.

[73] Foucart S. A note on guaranteed sparse recovery via l_1-minimization. Applied and Computational Harmonic Analysis, 2010, 29(1): 97-103.

[74] Foucart S. Stability and robustness of l_1-minimizations with Weibull matrices and redundant dictionaries. Linear Algebra and Its Applications, 2014, 441: 4-21.

[75] Foucart S. Dictionary-sparse recovery via thresholding-based algorithms. Journal of Fourier Analysis and Applications, 2016, 22(1): 6-19.

[76] Foucart S. Concave mirsky inequality and low-rank recovery. SIAM Journal on Matrix Analysis and Applications, 2018, 39(1): 99-103.

[77] Foucart S, Gribonval R. Real versus complex null space properties for sparse vector recovery. Comptes Rendus Mathematique, 2010, 348(15-16): 863-865.

[78] Foucart S, Lai M J. Sparsest solutions of underdetermined linear systems via l_q-minimization for $0 < q \leqslant 1$. Applied and Computational Harmonic Analysis, 2009, 26(3): 395-407.

[79] Foucart S, Pajor A, Rauhut H, Ullrich T. The gelfand widths of l_p-balls for $0 < p \leqslant 1$. Journal of Complexity, 2010, 26(6): 629-640.

[80] Foucart S, Rauhut H. An invitation to compressive sensing // A Mathematical Introduction to Compressive Sensing. Basle: Birkhauser, 2013: 1-39.

[81] Ge H M, Chen W G, Ng M K. New restricted isometry property analysis for $\ell_1 - \ell_2$ minimization methods. Journal of the Operations Research Society of China. 2013, 1(2): 227-237.

[82] Genzel M, Kutyniok G, März M. ℓ_1-analysis minimization and generalized (co-) sparsity: When does recovery succeed? Applied and Computational Harmonic Analysis, 2021, 52: 82-140.

[83] Gerhberg R W, Saxton W O. A practical algorithm for the determination of phase from image and diffraction plane picture. Optik (Stuttgart), 1972, 35: 237-246.

[84] Göbel W, Helmchen F. In vivo calcium imaging of neural network function. Physiology, 2007, 22(6): 358-365.

[85] Goldstein T, Osher S. The split Bregman method for L1-regularized problems. SIAM Journal on Imaging Sciences, 2009, 2(2): 323-343.

[86] Goldstein T, Studer C. Phasemax: Convex phase retrieval via basis pursuit. IEEE Transactions on Information Theory, 2018, 64(4): 2675-2689.

[87] Davies M E, Gribonval R. Restricted isometry constants where l_p sparse recovery can fail for $0 < p \leqslant 1$. IEEE Transactions on Information Theory, 2009, 55(5): 2203-2214.

[88] Gribonval R, Nielsen M. Sparse representations in unions of bases. IEEE Transactions on Information Theory, 2003, 49(12): 3320-3325.

[89] Gribonval R, Nielsen M. Highly sparse representations from dictionaries are unique and independent of the sparseness measure. Applied and Computational Harmonic Analysis, 2007, 22(3): 335-355.

[90] Gross D, Krahmer F, Kueng R. A partial derandomization of phaselift using spherical designs. Journal of Fourier Analysis and Applications, 2015, 21(2): 229-266.

[91] Gross D, Krahmer F, Kueng R. Improved recovery guarantees for phase retrieval from coded diffraction patterns. Applied and Computational Harmonic Analysis, 2017, 42(1): 37-64.

[92] Harrison R W. Phase problem in crystallography. Journal of the Royal Statistical Society. Series A, 1993, 10(5): 1046-1055.

[93] Haviv I, Regev O. The restricted isometry property of subsampled Fourier matrices// Geometric Aspects of Functional Analysis, vol. 2169. Lecture Notes in Math. Cham: Springer, 2017: 163-179.

[94] Herzet C, Soussen C, Idier J, Gribonval R. Exact recovery conditions for sparse representations with partial support information. IEEE Transactions on Information Theory, 2013, 59(11): 7509-7524.

[95] Hofstetter E. Construction of time-limited functions with specified autocorrelation functions. IEEE Transactions on Information Theory, 1964, 10(2): 119-126.

[96] Iwen M, Viswanathan A, Wang Y. Robust sparse phase retrieval made easy. Applied and Computational Harmonic Analysis, 2017, 42(1): 135-142.

[97] Jacques L, Laska J N, Boufounos P T, Baraniuk R G. Robust 1-bit compressive sensing via binary stable embeddings of sparse vectors. IEEE Transactions on Information Theory, 2013, 59(4): 2082-2102.

[98] Jaganathan K, Eldar Y, Hassibi B. Phase retrieval with masks using convex optimization. In 2015 IEEE International Symposium on Information Theory (ISIT). Hong Kong: IEEE, 2015: 1655-1659.

[99] Jaganathan K, Eldar Y C, Hassibi B. Phase retrieval: An overview of recent developments. Optical Compressive Imaging, 2016: 279-312.

[100] Jing W F, Meng D Y, Qiao C, Peng Z M. Eliminating vertical stripe defects on silicon steel surface by regularization. Mathematical Problems in Engineering, 2011, 2011(4): 134-146.

[101] Johnson I, Jefimovs K, Bunk O, David C, Dierolf M, Gray J, Renker D, Pfeiffer F. Coherent diffractive imaging using phase front modifications. Physical Review Letters, 2008, 100(15): 155503.

[102] Kabán A. Fractional norm regularization: Learning with very few relevant features. IEEE Transactions on Neural Networks and Learning Systems, 2013, 24(6): 953-963.

[103] Kabanava M, Rauhut H. Analysis l_1-recovery with frames and Gaussian measurements. Acta Applicandae Mathematicae, 2015, 140(1): 173-195.

[104] Klibanov M V, Sacks P E, Tikhonravov A V. The phase retrieval problem. Inverse Problems, 1995, 11(1): 1.

[105] Krahmer F, Needell D, Ward R. Compressive sensing with redundant dictionaries and structured measurements. SIAM Journal on Mathematical Analysis, 2015, 47(6): 4606-4629.

[106] Krahmer F, Ward R. New and improved Johnson-Lindenstrauss embeddings via the restricted isometry property. SIAM Journal on Mathematical Analysis, 2011, 43(3): 1269-1281.

[107] Lai M J, Xu Y Y, Yin W T. Improved iteratively reweighted least squares for unconstrained smoothed ℓ_q minimization. SIAM Journal on Numerical Analysis, 2013, 51(2): 927-957.

[108] Li H P, Li S. Phase retrieval from Fourier measurements with masks. Inverse Problems & Imaging, 2021, 15(5): 1051.

[109] Li H P, Li S. Riemannian optimization for phase retrieval from masked Fourier measurements. Advances in Computational Mathematics, 2021, 47(6): 1-32.

[110] Li H P, Li S, Xia Y. Phasemax: Stable guarantees from noisy sub-gaussian measurements. Analysis and Applications, 2020, 18(5): 861-886.

[111] Li H P, Li S, Xia Y. Sampling complexity on phase retrieval from masked Fourier measurements via wirtinger flow. Inverse Problems, 2022, 38(10): 105004.

[112] Li S, Lin J H. Compressed sensing with coherent tight frames via l_q minimization for $0 < q \leqslant 1$. Inverse Problems & Imaging, 2014, 8(3): 761-777.

[113] Li S, Lin J H, Liu D K, Sun W C. Iterative hard thresholding for compressed data separation. Journal of Complexity, 2020, 59: 101469.

[114] Li S, Liu D K, Shen Y. Adaptive iterative hard thresholding for least absolute deviation problems with sparsity constraints. Journal of Fourier Analysis and Applications, 2023, 29(1): 5.

[115] Li S X, Gao F, Ge G N, Zhang S Y. Deterministic construction of compressed sensing matrices via algebraic curves. IEEE Transactions on Information Theory, 2012, 58(8): 5035-5041.

[116] Li X D, Voroninski V. Sparse signal recovery from quadratic measurements via convex programming. SIAM Journal on Mathematical Analysis, 2013, 45(5): 3019-3033.

[117] Liang Y, Liu C, Luan X Z, Leung K S, Chan T M, Xu Z B, Zhang H. Sparse logistic regression with a $L_{1/2}$ penalty for gene selection in cancer classification. BMC Bioinformatics, 2013, 14(1): 1-12.

[118] Lin J H, Li S. Sparse recovery with coherent tight frames via analysis Dantzig selector and analysis lasso. Applied and Computational Harmonic Analysis, 2014, 37(1): 126-139.

[119] Lin J H, Li S. Restricted q-isometry properties adapted to frames for nonconvex l_q-analysis. IEEE Transactions on Information Theory, 2016, 62(8): 4733-4747.

[120] Lin J H, Li S, Shen Y. New bounds for restricted isometry constants with coherent tight frames. IEEE Transactions on Signal Processing, 2013, 61(3): 611-621.

[121] Lin J H, Li S, Shen Y. Compressed data separation with redundant dictionaries. IEEE Transactions on Information Theory, 2013, 59(7): 4309-4315.

[122] Liu D K, Li S, Shen Y. One-bit compressive sensing with projected subgradient method under sparsity constraints. IEEE Transactions on Information Theory, 2019, 65(10): 6650-6663.

[123] Liu L, Huang W, Chen D R. Exact minimum rank approximation via Schatten p-norm minimization. Journal of Computational and Applied Mathematics, 2014, 267: 218-227.

[124] Li S. Compressed sensing with redundant dictionaries// Proceedings of the Seventh International Congress of Chinese Mathematicians. Vol.Ⅱ. Adv. Lect. Math. (ALM), 44. Somerville, MA: International Press, 2019: 623-654.

[125] Liu Y L, Mi T B, Li S D. Compressed sensing with general frames via optimal-dual-based ℓ_1-analysis. IEEE Transactions on Information Theory, 2012, 58(7): 4201-4214.

[126] Locatello F, Khanna R, Tschannen M, Jaggi M. A unified optimization view on generalized matching pursuit and Frank-Wolfe// Artificial Intelligence and Statistics. Fort Lauderdale: PMLR, 2017: 860-868.

[127] Loewen E G, Popov E. Diffraction Gratings and Applications. Boca Raton: Marcel Dekker, 1997.

[128] Loris I, Verhoeven C. On a generalization of the iterative soft-thresholding algorithm for the case of non-separable penalty. Inverse Problems, 2011, 27(12): 125007.

[129] Luke D R, Burke J V, Lyon R G. Optical wavefront reconstruction: Theory and numerical methods. SIAM Review, 2002, 44(2): 169-224.

[130] Mallat S G, Zhang Z F. Matching pursuits with time-frequency dictionaries. IEEE Transactions on Signal Processing, 1993, 41(12): 3397-3415.

[131] Mendelson S, Pajor A, Tomczak-Jaegermann N. Uniform uncertainty principle for Bernoulli and subgaussian ensembles. Constructive Approximation, 2008, 28(3): 277-289.

[132] Millane R P. Phase retrieval in crystallography and optics. Journal of the Royal Statistical Society. Series A, 1990, 7(3): 394-411.

[133] Millane R P. Recent advances in phase retrieval. Image Reconstruction from Incomplete Data IV, 2006, 6316: 139-149.

[134] Misell D L. A method for the solution of the phase problem in electron microscopy. Journal of Physics D: Applied Physics, 1973, 6(1): L6.

[135] Mo Q. A sharp restricted isometry constant bound of orthogonal matching pursuit. arXiv preprint arXiv: 1501.01708, 2015.

[136] Mo Q, Li S. New bounds on the restricted isometry constant $\delta 2k$. Applied and Computational Harmonic Analysis, 2011, 31(3): 460-468.

[137] Mo Q, Shen Y. A remark on the restricted isometry property in orthogonal matching pursuit. IEEE Transactions on Information Theory, 2012, 56(6): 3654-3656.

[138] Mohan K, Fazel M. New restricted isometry results for noisy low-rank recovery. In 2010 IEEE International Symposium on Information Theory. Austin: IEEE, 2010: 1573-1577.

[139] Mondragon D, Voroninski V. Determination of all pure quantum states from a minimal number of observables. arXiv preprint arXiv: 1306.1214, 2013.

[140] Moravec M L, Romberg J K, Baraniuk R G. Compressive phase retrieval. In Wavelets XII, SPIE, 2007, 6701: 712-722.

[141] Nam S, Davies M E, Elad M, Gribonval R. The cosparse analysis model and algorithms. Applied and Computational Harmonic Analysis, 2013, 34(1): 30-56.

[142] Needell D, Tropp J A. Cosamp: Iterative signal recovery from incomplete and inaccurate samples. Applied and Computational Harmonic Analysis, 2009, 26(3): 301-321.

[143] Netrapalli P, Jain P, Sanghavi S. Phase retrieval using alternating minimization. Advances in Neural Information Processing Systems, 2013, 26: 2796-2804.

[144] Ohlsson H, Yang A, Dong R, Sastry S. Cprl-an extension of compressive sensing to the phase retrieval problem. Advances in Neural Information Processing Systems, 2012, 25: 1376-1384.

[145] Pati Y C, Rezaiifar R, Krishnaprasad P S. Orthogonal matching pursuit: Recursive function approximation with applications to wavelet decomposition, 1993.

[146] Pedarsani R, Yin D, Lee K, Ramchandran K. Phasecode: Fast and efficient compressive phase retrieval based on sparse-graph codes. IEEE Transactions on Information Theory, 2017, 63(6): 3663-3691.

[147] Peng J G, Yue S G, Li H Y. NP/CMP Equivalence: A phenomenon hidden among sparsity models l_0 minimization and l_p minimization for information processing. IEEE Transactions on Information Theory, 2015, 61(7): 4028-4033.

[148] Qian Y T, Jia S, Zhou J, Robles-Kelly A. Hyperspectral unmixing via $l_{1/2}$ sparsity-constrained nonnegative matrix factorization. IEEE Transactions on Geoscience and Remote Sensing, 2011, 49(11): 4282-4297.

[149] Raskutti G, Wainwright M J, Yu B. Restricted eigenvalue properties for correlated Gaussian designs. Journal of Machine Learning Research, 2010, 11(Aug): 2241-2259.

[150] Rauhut H, Schnass K, Vandergheynst P. Compressed sensing and redundant dictionaries. IEEE Transactions on Information Theory, 2008, 54(5): 2210-2219.

[151] Recht B, Fazel M, Parrilo P A. Guaranteed minimum-rank solutions of linear matrix equations via nuclear norm minimization. SIAM Review, 2010, 52(3): 471-501.

[152] Rudelson M, Vershynin R. On sparse reconstruction from Fourier and Gaussian measurements. Communications on Pure and Applied Mathematics, 2008, 61(8): 1025-1045.

[153] Rudelson M, Zhou S H. Reconstruction from anisotropic random measurements. IEEE Transactions on Information Theory, 2013, 59(6): 3434-3447.

[154] Schnars U, Jüptner W P O. Digital recording and numerical reconstruction of holograms. Measurement Science and Technology, 2002, 13(9): R85.

[155] Selesnick I W, Figueiredo M A T. Signal restoration with overcomplete wavelet transforms: comparison of analysis and synthesis priors. In SPIE Optical Engineering+ Applications, pages 74460D-74460D. International Society for Optics and Photonics, 2009.

[156] Shechtman Y, Beck A, Eldar Y C. Gespar: Efficient phase retrieval of sparse signals. IEEE Transactions on Signal Processing, 2014, 62(4): 928-938.

[157] Shechtman Y, Eldar Y C, Szameit A, Segev M. Sparsity based sub-wavelength imaging with partially incoherent light via quadratic compressed sensing. Optics Express, 2011, 19(16): 14807-14822.

[158] Shen Y, Han B, Braverman E. Stable recovery of analysis based approaches. Applied and Computational Harmonic Analysis, 2015, 39(1): 161-172.

[159] Shen Y, Li S. Restricted p-isometry property and its application for nonconvex compressive sensing. Advances in Computational Mathematics, 2012, 37(3): 441-452.

[160] Shen Y, Yu C Y, Shen Y, Li S. An open problem on sparse representations in unions of bases. IEEE Transactions on Information Theory, 2022, 68(7): 4230-4243.

[161] Shen Y, Yu C Y, Shen Y, Li S. On sparse recovery algorithms in unions of orthonormal bases. Journal of Approximation Theory, 2023, 289: 105886.

[162] Strohmer T, Heath R W, Jr. Grassmannian frames with applications to coding and communication. Applied and Computational Harmonic Analysis, 2003, 14(3): 257-275.

[163] Sulam J, Aberdam A, Beck A, Elad M. On multi-layer basis pursuit, efficient algorithms and convolutional neural networks. IEEE Transactions on Pattern Analysis and Machine Intelligence, 2019, 42(8): 1968-1980.

[164] Sun Q Y. Sparse approximation property and stable recovery of sparse signals from noisy measurements. IEEE Transactions on Signal Processing, 2011, 59(10): 5086-5090.

[165] Sun Q Y. Recovery of sparsest signals via ℓ_q-minimization. Applied and Computational Harmonic Analysis, 2012, 32(3): 329-341.

[166] Sun R Y, Luo Z Q. Guaranteed matrix completion via non-convex factorization. IEEE Transactions on Information Theory, 2016, 62(11): 6535-6579.

[167] Tan Z, Eldar Y C, Beck A, Nehorai A. Smoothing and decomposition for analysis sparse recovery. IEEE Transactions on Signal Processing, 2014, 62(7): 1762-1774.

[168] Tavakoli A, Farkas M, Rosset D, Bancal J D, Kaniewski J. Mutually unbiased bases and symmetric informationally complete measurements in bell experiments. Science Advances, 2021, 7(7): eabc3847.

[169] Tibshirani R, Saunders M, Rosset S, Zhu J, Knight K. Sparsity and smoothness via the fused LASSO. Journal of the Royal Statistical Society: Series B, 2005, 67(1): 91-108.

[170] Tillmann A M. Computing the spark: Mixed-integer programming for the (vector) matroid girth problem. Computational Optimization and Applications, 2019, 74(2): 387-441.

[171] Tropp J A. Greed is good: Algorithmic results for sparse approximation. IEEE Transactions on Information Theory, 2004, 50(10): 2231-2242.

[172] Tropp J A. Convex recovery of a structured signal from independent random linear measurements// Sampling Theory, A Renaissance. Basle: Springer, 2015: 67-101.

[173] Vershynin R. Introduction to the non-asymptotic analysis of random matrices. arXiv preprint arXiv: 1011.3027, 2010.

[174] Waldspurger I, dâ Aspremont A, Mallat S. Phase recovery, maxcut and complex semidefinite programming. Mathematical Programming, 2015, 149(1): 47-81.

[175] Wang G, Giannakis G B, Eldar Y C. Solving systems of random quadratic equations via truncated amplitude flow. IEEE Transactions on Information Theory, 2018, 64(2): 773-794.

[176] Wang G, Zhang L, Giannakis G B, Akçakaya M, Chen J. Sparse phase retrieval via truncated amplitude flow. IEEE Transactions on Signal Processing, 2017, 66(2): 479-491.

[177] Wang H M, Li S. The bounds of restricted isometry constants for low rank matrices recovery. Science China Mathematics, 2013, 56(6): 1117-1127.

[178] Wang W D, Zhang F, Wang J J. Low-rank matrix recovery via regularized nuclear norm minimization. Applied and Computational Harmonic Analysis, 2021, 54: 1-19.

[179] Wang Y, Xu Z Q. Phase retrieval for sparse signals. Applied and Computational Harmonic Analysis, 2014, 37(3): 531-544.

[180] Wang Y, Wang J J, Xu Z B. A note on block-sparse signal recovery with coherent tight frames. Discrete Dynamics in Nature and Society, 2013, 2013: 1-6.

[181] Wang Y, Zeng J S, Peng Z M, Chang X Y, Xu Z B. Linear convergence of adaptively iterative thresholding algorithms for compressed sensing. IEEE Transactions on Signal Processing, 2015, 63(11): 2957-2971.

[182] Wei K. Solving systems of phaseless equations via Kaczmarz methods: A proof of concept study. Inverse Problems, 2015, 31(12): 125008.

[183] Wei K, Cai J F, Chan T F, Leung S Y. Guarantees of Riemannian optimization for low rank matrix recovery. SIAM Journal on Matrix Analysis and Applications, 2016, 37(3): 1198-1222.

[184] Wei K, Cai J F, Chan T F, Leung S Y. Guarantees of Riemannian optimization for low rank matrix completion. Inverse Problems & Imaging, 2020, 14(2): 233-265.

[185] Wen J M, Li D F, Zhu F M. Stable recovery of sparse signals via ℓ_p-minimization. Applied and Computational Harmonic Analysis, 2015, 38(1): 161-176.

[186] Wocjan P, Beth T. New construction of mutually unbiased bases in square dimensions. Quantum Information & Computation, 2005, 5(2): 93-101.

[187] Wu R, Chen D R. The improved bounds of restricted isometry constant for recovery via ℓ_p-minimization. IEEE Transactions on Information Theory, 2013, 59(9): 6142-6147.

[188] Xia Y, Li S. Analysis recovery with coherent frames and correlated measurements. IEEE Transactions on Information Theory, 2016, 62(11): 6493.

[189] Xu C, Peng Z M, Jing W F. Sparse kernel logistic regression based on $L_{1/2}$ regularization. Science China Information Sciences, 2013, 56(4): 1-16.

[190] Xu Z Q. Remarks about orthogonal matching pursuit algorithms. Advances in Adaptive Data Analysis, 2012, 4: 1250026.

[191] Xu Z Q. The minimal measurement number problem in phase retrieval: A review of recent developments. arXiv preprint arXiv: 1707.01205, 2017.

[192] Xu Z B, Chang X Y, Xu F M, Zhang H. $l_{1/2}$ regularization: A thresholding representation theory and a fast solver. IEEE Transactions on Neural Networks and Learning Systems, 2012, 23(7): 1013-1027.

[193] Yang M Y, De Hoog F. Orthogonal matching pursuit with thresholding and its application in compressive sensing. IEEE Transactions on Signal Processing, 2015, 63(20): 5479-5486.

[194] Yang Z, Zhang C S, Xie L H. Robustly stable signal recovery in compressed sensing with structured matrix perturbation. IEEE Transactions on Signal Processing, 2012, 60(9): 4658-4671.

[195] Zeng J S, Fang J, Xu Z B. Sparse SAR imaging based on $L_{1/2}$ regularization. Science China Information Sciences, 2012, 55(8): 1755-1775.

[196] Zeng J S, Lin S B, Wang Y, Xu Z B. $L_{1/2}$ regularization: Convergence of iterative half thresholding algorithm. IEEE Transactions on Signal Processing, 2014, 62(9): 2317-2329.

[197] Zeng J S, Xu Z B, Zhang B C, Hong W, Wu Y. Accelerated $L_{1/2}$ regularization based SAR imaging via BCR and reduced newton skills. Signal Processing, 2013, 93(7): 1831-1844.

[198] Zhang R, Li S. Optimal D-RIP bounds in compressed sensing. Acta Mathematica Sinica, English Series, 2015, 31(5): 755-766.

[199] Zhang R, Li S. A proof of conjecture on restricted isometry property constants $\delta_{tk}\left(0<t<\frac{4}{3}\right)$. IEEE Transactions on Information Theory, 2017, 64(3): 1699-1705.

[200] Zhang R, Li S. Optimal RIP bounds for sparse signals recovery via ℓ_p minimization. Applied and Computational Harmonic Analysis, 2019, 47(3): 566-584.

[201] Zhang T. Sparse recovery with orthogonal matching pursuit under RIP. IEEE Transactions on Information Theory, 2011, 57(9): 6215-6221.

[202] Zhou S L, Kong L C, Xiu N H. New bounds for RIC in compressed sensing. Journal of the Operations Research Society of China, 2013, 1(2): 227-237.

[203] Zhu J, Rosset S, Robert Tibshirani, and Trevor Hastie. 1-norm support vector machines. Advances in Neural Information Processing Systems, 2003, 16(1): 16.

索　引

《大数据与数据科学专著系列》已出版书目

（按出版时间顺序）

1. 数据科学——它的内涵、方法、意义与发展　2022.1　徐宗本 唐年胜 程学旗 著
2. 机器学习中的交替方向乘子法　2023.2　林宙辰 李 欢 方 聪 著
3. 动力学刻画的数据科学理论和方法　2024.10　陈洛南　刘　锐　马欢飞　史际帆　著
4. 压缩感知的若干基本理论　2024.11　李　松　沈　益　林俊宏　著